油气藏地质及开发工程国家重点实验室成立三十周年系列专著

致密砂岩储层地球物理识别理论与方法

文晓涛　林　凯　吴　昊　等著

科学出版社
北　京

内容简介

本书以致密砂岩储层为研究对象，基于波动方程数值模拟分析了致密砂岩储层的地震响应特征；开展了多方位、高精度的储层地震识别方法研究；形成了“储层地震响应特征分析—储层预测预处理—基于几何属性、频变信息的储层预测—基于机器学习的储层综合预测”的致密砂岩储层预测方法与技术系列，并在致密砂岩储层岩石物理建模研究、黏弹性各向异性数值模拟、裂缝带地质模型数值模拟、高分辨率时频分析方法等方面有理论与技术的突破。在上述研究的基础上，结合对地质、钻井和测井资料的综合分析，本书总结了致密砂岩储层的基本特征和分布规律，为相似地质地球物理条件下致密砂岩储层的地球物理预测提供了新的思路，发展和完善了致密砂岩储层地球物理识别的理论方法。这对利用地球物理资料尤其是地震资料进行这类非常规储层的勘探与开发具有重要参考价值和指导意义。

本书可供在油气勘探与开发、石油地质等领域从事科研与管理工作的相关专业的高校师生及科研设计单位与管理部门的工作人员参考使用。

图书在版编目(CIP)数据

致密砂岩储层地球物理识别理论与方法/文晓涛等著.—北京：科学出版社，2023.5

ISBN 978-7-03-075487-5

Ⅰ.①致… Ⅱ.①文… Ⅲ.①致密砂岩-砂岩储集层-地球物理勘探-研究 Ⅳ.①P618.130.2

中国国家版本馆 CIP 数据核字(2023)第 077161 号

责任编辑：黄 桥 / 责任校对：彭 映
责任印制：罗 科 / 封面设计：墨创文化

科学出版社出版
北京东黄城根北街16号
邮政编码：100717
http://www.sciencep.com

成都锦瑞印刷有限责任公司印刷
科学出版社发行 各地新华书店经销
*

2023年5月第 一 版 开本：787×1092 1/16
2023年5月第一次印刷 印张：11 3/4
字数：280 000

定价：248.00 元

（如有印装质量问题，我社负责调换）

本 书 作 者

文晓涛　林　凯　吴　昊　周东勇

王文化　李世凯　张懿疆　郝亚炬

杨小江　李　波

前　言

《致密砂岩储层地球物理识别理论与方法》(*Geophysical Identification Theory and Method on Tight Sandstone Reservoir*)一书主要介绍利用地震勘探方法进行致密砂岩储层预测。本书是作者及其所在研究团队近年来在理论研究和实践过程中获得的成果与认识。本书较全面地探讨了致密砂岩储层的地震响应特征、致密砂岩储层地震预测的理论方法、储层内流体地震响应特征及其数值模拟方法、基于机器学习的致密砂岩储层综合预测等。虽然其中的一些内容仍需要进一步的研究，但目前已经取得的部分进展与突破可为后续的研究奠定基础并提供可借鉴的思路，为我国致密砂岩勘探整体水平的提高及相关油田油气储量和产量的增长提供技术支撑。

本书受以下项目资助：①国家自然科学基金青年科学基金项目“基于频变信息的流体识别及流体可动性预测”(编号：41774142)、“含流体孔隙介质倾斜入射地震平面波一阶近似解析理论研究”(编号：42104131)；②国家科技重大专项“四川盆地碎屑岩层系油气富集规律与勘探评价”(编号：2016ZX05002-004)。

本书研究内容由文晓涛教授、林凯博士、吴昊博士、周东勇博士及其所在团队内的研究生完成。这些研究生主要有：王文化、陈淑娜、杨小江、李世凯、张懿疆、聂文亮、秦子雨、肖为、郝亚炬、龚伟、李文秀、刘松鸣、李波、李垒、何健、陈芊澍、何易龙、王锦涛、兰昀霖、张超铭、唐超、刘军、张雨强、刘炀等。由于研究生人数较多，这里不便一一列举，他们的姓名及其成果将在参考文献中列出，在此向所有参考文献的作者表示敬意。

全书共分7章。第1章绪论部分主要介绍了致密砂岩油气藏地球物理预测研究的目的、意义及国内外研究现状与发展方向。第2章主要论述致密砂岩储层的岩石物理特征及建模技术，为后期进行数值模拟提供符合实际地质条件的模型。第3章主要介绍致密砂岩地震波场特征，包括致密砂岩储层数值模拟方法、储层地震波场特征分析、含流体介质的地震波场特征分析。第4章主要介绍基于叠后地震资料的致密砂岩储层预测，包括几何属性、吸收属性及流度属性等。第5章主要介绍基于叠前资料的致密砂岩储层预测，包括模型稀疏双约束反演、各向异性反演等。第6章主要介绍基于机器学习的致密砂岩储层综合预测，所用的机器学习算法包括近似支持向量机、随机森林、深度学习等。第7章主要介绍了本书的相关理论方法在川东北某区须四段致密砂岩储层中的应用。

由于我们的水平和研究能力有限，尽管我们非常细心，书中仍然可能存在谬误之处，请各位专家、同仁批评指正。

作　者

2022年3月

目　录

第1章　绪　　论

随着勘探程度的逐年加深，常规油气藏越来越少，非常规油气藏成为勘探开发的热点。在非常规领域，致密油气藏有着举足轻重的作用。在我国，致密油气资源约占可采油气资源的40%。作为致密油气藏主要类型之一，致密砂岩油气藏的勘探值得重点关注。

致密砂岩油气藏是指孔隙度、渗透率均较低的砂岩油气藏，它是一个相对的概念，国内外没有统一的划分标准。国家能源局发布的我国石油天然气行业标准《油气储层评价方法》（SY/T 6285—2011）中碎屑岩储层类型划分，将孔隙度为10%～＜15%、渗透率为10～＜50mD[①]的储层定义为低孔低渗储层，而将孔隙度为5%～＜10%、渗透率为1～＜10mD的储层定义为特低孔特低渗储层。因其与围岩的差异很小，这一类勘探目标的地震响应弱，受干扰大，地球物理勘探的多解性突出，如何深度挖掘已有资料的有效信息并预测储层的分布是勘探的关键。因此，有必要从三个方面来考虑这个问题：第一，如何建立准确的岩石物理模型，这是后期进行数值模拟和定量解释的基础；第二，如何准确模拟致密砂岩的地震响应特征，这将为后期选择储层预测方法提供支撑；第三，如何深度挖掘致密砂岩储层有别于常规储层的特殊信息，即研发储层预测方法的问题。在此基础上，充分利用多源信息，减少地球物理储层预测的多解性，才有望进一步提高致密砂岩储层预测的精度，为致密砂岩储层勘探提供更大的支撑。

1.1　致密砂岩储层建模及数值模拟

致密砂岩储层具有孔隙度低、渗透率低、非均质性强且普遍发育裂缝等特点，导致其地震响应弱，各向异性强，在实际地震剖面上很难发现明显的特征。因此，采用数值模拟方法获得对储层敏感的属性或参数是进行致密砂岩储层预测的基础。在模拟过程中，有两个问题需要重点考虑：①地质模型建立得准确与否；②数值模拟方法的精度如何。对于第一个问题，研究者往往从岩石物理测试入手。Walls（1982）通过测试发现，在低围压情况下，裂缝提供了孔隙流体流通的主要通道。Golab等（2010）通过在孔隙尺度上对岩心进行CT扫描，得出了“微裂缝可能是油气运移主要通道”的结论。Yan等（2011）基于大地电磁（magnetotelluric，MT）模型，分析了川中致密砂岩的测试数据，讨论了基质模量和孔隙形态变化的影响。陈程等（2015）基于White斑状饱和模型，针对固结程度不同的砂岩，通过数值模拟研究了渗透率对地震波衰减和频散特征的影响。Xu等（2016）对Wyllie等（1956）的方法进行了修正，基于裂缝敏感参数（声波时差、密度差异）来描述致密砂岩储层的裂缝孔隙度。刘倩（2016）认为在储层参数域，通过一组弹性参数等值面的空间交会并结

---

① $1mD=0.986923\times10^{-15}m^2$。

合模型约束条件可以猜测出储层物性参数，在此基础上进一步提出了扩展的岩石物理逆建模方法。郭梦秋等(2017)采用双重孔隙介质结构模拟了致密砂岩的弹性波响应，分析了同时具备两类非均质性岩石中的波传播特征。

国内外学者主要针对双相介质的波场数值模拟问题进行研究，发展了多种数值求解算法，如有限差分法(Zhu and McMechan，1991；Carcione and Helle，1999；裴正林，2006；O' Brien，2010；刘财等，2014)、伪谱法(Sidler et al.，2010)、有限元法(张金波等，2018)等。相比其他方法，有限差分法具有易于实施、灵活多变、适应横向变速和计算高效的优点，因此广泛应用于各类波动方程的正演模拟(Alterman and Karal，1968；Dablain，1986；Robertsson et al.，1994；董良国等，2000；Saenger and Bohlen，2004；张金海等，2007；刘财等，2018)，但是因网格离散带来的数值频散是不可避免的，因此波场模拟的精度会受到影响。此外，对于双相介质波动方程而言，慢纵波比其他两类波(横波、快纵波)的速度更小，使得有限差分法在此类波动方程中的空间网格数值频散问题更为突出。目前用于解决频散问题的方法主要有：①采用较小的空间间隔、时间步长(Liu，2014)，但是该方法需要较大的内存和计算量(刘洋，2014；辛维等，2015)；②结合通量校正传输(flux-corrected transport，FCT)技术来缓解数值频散现象(杨宽德等，2002；周竹生和唐磊，2012；李立平和何兵寿，2017)；③利用数值优化算法求取新的差分系数进行波场正演模拟(Holberg，1987；Zhang and Yao，2013；Liu，2014；Yang et al.，2015；李振春等，2016)。李世凯等(2016)根据卡尔乔内(Carcione)衰减机制，结合叠前相移加插值黏滞-弥散波动方程正演，对三类经典含气砂岩的地震响应特征进行了数值模拟，发现增大含气饱和度可使储层下界面反射产生明显的“时间延迟”；渗透率的增大能够改变介质中流体的流动性，但对含气储层的地震响应影响相对较小。

1.2 致密砂岩储层预测

与常规储层相比，致密砂岩储层具有孔隙结构复杂、非均质性强的特点。对于致密砂岩储层的预测，需要把握以下趋势。

1.2.1 有效储层裂缝带的预测

致密砂岩储层的孔隙度、渗透率都比较低，如果没有裂缝连通，其工业开采价值是比较低的。因此，在致密砂岩储层进行裂缝预测是值得关注的方向。常规的裂缝预测方法主要有 4 种。

(1)利用几何属性确定地震反射的外形及其横向变化。这一类方法的代表为相干体分析技术、构造曲率法、边缘检测技术等，近年来主要向精细和综合方向发展。例如，Chopra 和 Marfurt(2011)通过将相干属性与曲率属性进行融合显示的方法，在突出地质构造特征上取得较好效果；王西文等(2002a，2002b)利用分频地震数据进行相干体检测，得到不同频率信息的相干信息，极大地丰富了相干体信息。

(2)利用物理属性进行裂缝带预测。物理属性包括振幅、频率、相位、速度等动力学及运动学属性，广义而言，阻抗也可包含在内。由于裂缝带速度、密度较围岩有所差异(一般情况下会变小)，因此，裂缝带的地震波运动学及动力学特征也会有明显变化。2000年以来，贺振华教授领导的科研小组利用岩石物理测试分析和数值模拟对裂缝带的地震响应特征进行了分析，得出了“地震波运动学参数对裂缝带的敏感程度远高于运动学参数”的结论，为利用物理属性识别裂缝发育带奠定了基础。Grechka和Kachanov(2006)探讨了在利用多方位、多分量地震资料进行裂缝参数预测时不同裂缝等效介质模型的适用性。这一类方法在进行裂缝带的识别时应注意以下问题：①其识别机理仍需要深入研究，尤其是组合参数对裂缝带的识别能力值得深入探讨；②多解性仍然比较强，裂缝、流体、岩性因素都可造成物理参数的变化。

(3)基于构造应力分析的裂缝带预测。Hunt等(2011)利用叠前弹性反演结果与广义胡克定律相结合的方法对构造应力场进行预测，并根据构造应力与裂缝密度的关系进行裂缝预测。这一类方法的不足在于：建立地层模型是裂缝数值模拟的基础，它主要包括裂缝形成期的构造形态特征、构造期次演化、岩层岩性的空间分布和构造力源。然而地下地质体经过漫长的成岩和构造演化，这些信息往往很难完全定量确定，这就会直接影响裂缝分布规律数值模拟的精度。

(4)基于各向异性理论的裂缝带预测。许多缝洞储层的预测技术是在地震各向异性理论基础上发展形成的。在各向异性的研究中，Hudson(1981，1986)在Eshelby(1957)经典理论基础上，提出了求解裂隙介质中等效弹性参数的计算方法。Crampin(1987)领导的研究小组对地震各向异性进行深入探讨，做了大量开创性研究，取得了许多有益的成果。Thomsen(1995)引入一套各向异性参数，使得这一理论得到了进一步发展，这些研究成果为裂隙介质理论研究、数值模拟和实际裂缝检测方法研究奠定了理论基础。Tsvankin等(2010)对各向异性在勘探和储层描述等方面的发展进行了全面的总结，并指出各向异性模型反演和处理方法的发展将有助于裂缝带的有效检测。陈怀震等(2014)和陈怀震(2015)对振幅随偏移距变化(amplitude variation with offset，AVO)技术进行扩展，利用振幅随方位角变化(amplitude versus azimuth，AVAZ)技术预测了裂缝发育程度和裂缝中充填的流体类型，反映了裂缝引起的介质各向异性。陈志刚等(2018)利用叠前各向异性强度对乍得邦戈尔(Bongor)盆地P潜山裂缝性储层进行了预测。这一类方法的不足在于：①较多地应用于成层性较好的地层，而对于深埋藏的岩性单一的块状泥岩和碳酸盐岩效果较差；②对于AVO、AVAZ来说，要求观测系统的排列长度要大。而目前许多致密储层埋藏深，采集时炮检距小。因此，炮检距或入射角的变化较小，致使这些先进有效的方法失去用武之地。

1.2.2　频变属性在致密储层预测中的应用

一般情况下，致密储层的非均质性比较强，这种非均质性及孔隙流体对波衰减和速度频散会有影响。致密砂岩弹性波速度频散与能量衰减研究，可作为开展时频域储层及流体预测的关键性理论基础(郭梦秋等，2018)。Korneev等(2004)利用低频下的振幅来预测储层的产油率。Goloshubin等(2006)从西林(Silin)的渐进方程出发，推导了低频成像属性，证实了成像属性与实际产油率的关系，将低频成像属性用于储层的产油率预测中。

Goloshubin 等(2008)应用流体流动性能和散射机制推导出了与地震频率相关的流度属性，并用该属性预测储层中流体的流动能力和渗透率。Kozlov 等(2006)基于 Silin 的思路应用地震高频能量和低频能量之比定义一个 K_1 参数来刻画储层孔隙与裂隙连接的边界渗透性能。张生强等(2015)在流体孔隙介质依赖频率的反射系数渐近分析理论基础上，推导出了基于高分辨率稀疏反演谱分解的储层流体流度计算方法。Rusakov 等(2016)利用流度属性估算了地层的渗透率并分析了地层厚度对流度属性的影响。该类方法目前存在的一些不足有：①属性提取过程中一些关键参数(如峰值频率)的选取缺乏依据；②由于该类属性目前主要利用地震信息的低频部分，因此分辨率较低，如何提高分辨率值得研究。

1.3 基于机器学习的储层综合预测

近年来，无论是无监督式学习算法、监督式学习算法还是半监督式学习算法，均稳步推进到储层预测、地震相划分和岩性识别等各个方面，并且都取得了一定的成果。张会等(2011)应用 k 均值聚类(k-means)算法识别深层火山岩含气、含水岩心。顾元等(2013)应用贝叶斯网络划分地震相。刘晓晶等(2016)在贝叶斯理论框架下，应用统计岩石物理模型，将蒙特卡罗随机抽样方法以及期望最大化算法相结合共同完成储层物性参数反演。Wang 等(2018a)应用 k 最邻近分类(k-nearest neighbor，KNN)算法识别岩性。李文秀等(2018)应用近似支持向量机算法判别 AVO 类型。Wei 等(2016)应用随机森林算法预测储层孔隙度。王志宏等(2015)应用随机森林算法识别储层岩性。刘小洪等(2011)应用科霍嫩(Kohonen)神经网络算法划分二维地震相。Luo 等(2016)利用最小二乘支持向量机(least squares support vector machines，LSSVM)算法预测海上油气藏的孔隙度和砂岩分布。何健等(2020)应用随机森林算法对地震属性与裂缝发育程度之间的对应关系进行学习，然后根据学习结果综合判别研究区裂缝发育程度，以提高裂缝带预测精度与准确率。由于地震数据属于大尺度数据，处理起来非常复杂，使用无监督式学习算法进行储层预测、地震相划分和岩性识别等，其结果往往会由于地震数据之间的特征差异较小而存在不确定性等问题；当面对有限的测井数据时使用监督式学习算法进行储层预测、地震相划分和岩性识别等就会感到力不从心。而半监督式学习算法不仅不依赖外界交互，还可以自动地利用未标记样本来提升学习性能，因此，这类算法不仅能满足地震勘探中测井数据量较小的要求，而且能解决预测精度低等问题，是进行储层预测、地震相划分和岩性识别等的不二之选。

第2章　致密砂岩储层岩石物理参数求取与地质建模

致密砂岩储层中由于上覆地层的压实作用，高角度和近于垂直的裂缝容易得到保存。储层裂缝既是油气储存的空间，也是油气运移的通道，所以在油气藏勘探开发中有着重要的地位。致密砂岩中近垂直定向排列的裂缝，可以近似等效为具有水平对称轴的横向各向异性(horizontal transverse isotropy，HTI)介质。本章将构建适用于HTI介质的岩石物理模型，通过自适应基质矿物模量反演方法刻画背景介质，同时利用库斯特-托克索兹(Kuster-Toksöz)理论、汤姆森(Thomsen)裂缝介质理论和各向异性布朗-科林加(Brown-Korringa)理论，往背景岩石添加不同形状(球形、针状、任意形等)的孔隙和裂缝，并对其进行流体替换。利用测井资料对模型所做的背景孔隙度和裂缝孔隙度进行修改迭代，使模型建立计算的速度与测井速度之间的差异小于预先给定的阈值。该模型最大的特点是能够同时反演出裂缝孔隙度和裂缝密度，评价致密砂岩储层。

2.1　岩石物理模型

2.1.1　Kuster-Toksöz 模型

Kuster 和 Toksöz(1974)提出了一种弹性波在双相介质中传播的理论，假设连续介质中均匀地并随机地分布着相互不作用的球形或椭球形孔隙，且孔隙中充满了弹性参数不一致的另一种物质；假设通过介质的弹性波波长远远大于孔隙的特征长度，即长波长假设。利用弹性波散射理论，将这种双相介质等效为一种连续介质，使得入射波通过等效介质产生的位移场和由入射波经每个孔隙散射引起的位移场相同，从而推导出弹性模量的表达式。对于多种包含物形状的有效模量 Kuster-Toksöz 表达式 K_{KT}^* 和 μ_{KT}^*，其经推广后的一种形式可以写成(Kuster and Toksöz，1974；Berryman，1980)：

$$\left(K_{\mathrm{KT}}^*-K_m\right)\frac{K_m+\frac{4}{3}\mu_m}{K_{\mathrm{KT}}^*+\frac{4}{3}\mu_m}=\sum_{i=0}^{N}x_i\left(K_i-K_m\right)P^{mi} \tag{2-1}$$

$$\left(\mu_{\mathrm{KT}}^*-\mu_m\right)\frac{\mu_m+\xi_m}{\mu_{\mathrm{KT}}^*+\xi_m}=\sum_{i=0}^{N}x_i\left(\mu_i-\mu_m\right)Q^{mi} \tag{2-2}$$

式中，K_{KT}^* 和 μ_{KT}^* 分别为 Kuster-Toksöz 模型计算的干岩石骨架体积模量和剪切模量；K_m 和 μ_m 分别为岩石基质矿物体积模量和剪切模量；K_i 和 μ_i 分别为第 i 个包含物的体积模量和剪切模量；x_i 为第 i 个包含物的体积分量，且

$$\xi_m = \frac{\mu_m}{6}\frac{9K_m + 8\mu_m}{K_m + 2\mu_m} \tag{2-3}$$

系数 P^{mi} 和 Q^{mi} 描述了在背景介质 m 中加入包含物材料 i 后的效果。表 2-1 为一些常见形状包含物的 P^{mi} 和 Q^{mi} 表达式。

表 2-1 常见形状包含物的 P^{mi} 和 Q^{mi} 表达式

包含物形状	P^{mi}	Q^{mi}
球体	$\dfrac{K_m + \frac{4}{3}\mu_m}{K_i + \frac{4}{3}\mu_m}$	$\dfrac{\mu_m + \xi_m}{\mu_i + \xi_m}$
针状	$\dfrac{K_m + \mu_m + \frac{1}{3}\mu_i}{K_i + \mu_m + \frac{1}{3}\mu_i}$	$\dfrac{1}{5}\left(\dfrac{4\mu_m}{\mu_m + \mu_i} + 2\dfrac{\mu_m + \gamma_m}{\mu_i + \gamma_m} + \dfrac{K_i + \frac{4}{3}\mu_m}{K_i + \mu_m + \frac{1}{3}\mu_i}\right)$
盘状	$\dfrac{K_m + \frac{4}{3}\mu_i}{K_i + \frac{4}{3}\mu_i}$	$\dfrac{\mu_m + \xi_i}{\mu_i + \xi_i}$
硬币状缝隙	$\dfrac{K_m + \frac{4}{3}\mu_i}{K_i + \frac{4}{3}\mu_i + \pi\alpha\beta_m}$	$\dfrac{1}{5}\left[1 + \dfrac{8\mu_m}{4\mu_i + \pi\alpha(\mu_m + 2\beta_m)} + 2\dfrac{K_i + \frac{2}{3}(\mu_i + \mu_m)}{K_i + \frac{4}{3}\mu_i + \pi\alpha\beta_m}\right]$

注：α 为孔隙纵横比(扁率)；$\beta_m = \mu_m \dfrac{3K_m + \mu_m}{3K_m + 4\mu_m}$，$\gamma_m = \mu_m \dfrac{3K_m + \mu_m}{3K_m + 7\mu_m}$。

干燥空腔可以通过把包含物模量设为零来模拟，流体饱和空腔可以通过把流体剪切模量设为零来模拟。注意，因为空腔彼此之间是隔离的，流体不能互相流动，因此这种方法模拟的是非常高的频率下饱和岩石的属性，适用于超声实验室条件。在低频情况下，当波动引起的孔隙压力有充分时间通过流体流动来达到平衡时，最好先求干燥空腔的等效模量，再用低频加斯曼(Gassmann)理论来往空腔加入流体。

2.1.2 Thomsen 裂缝介质模型

致密砂岩中的近垂直定向排列裂缝，可以等效为 HTI 介质。而一个 HTI 介质可以用 5 个独立的常数来描述，这样的介质的弹性常数可以表示为一个矩阵。

HTI 介质的弹性矩阵为

$$\begin{bmatrix} c_{11} & c_{12} & c_{13} & 0 & 0 & 0 \\ c_{21} & c_{22} & c_{23} & 0 & 0 & 0 \\ c_{31} & c_{32} & c_{33} & 0 & 0 & 0 \\ 0 & 0 & 0 & c_{44} & 0 & 0 \\ 0 & 0 & 0 & 0 & c_{55} & 0 \\ 0 & 0 & 0 & 0 & 0 & c_{66} \end{bmatrix}$$

其中，$c_{66}=\frac{1}{2}\left(c_{11}-c_{22}\right)$。

部分参数的计算过程如下：

$$c_{11}=\frac{\rho v_{\mathrm{P}90}^{2}}{1+2\varepsilon} \tag{2-4}$$

$$c_{33}=\rho v_{\mathrm{P}90}^{2} \tag{2-5}$$

$$c_{44}=\left(1+2\gamma\right)\rho v_{\mathrm{S}90}^{2} \tag{2-6}$$

$$c_{66}=\rho v_{\mathrm{S}90}^{2} \tag{2-7}$$

$$c_{13}=\sqrt{2\delta_{11}\left(c_{11}-c_{66}\right)+\left(c_{11}-c_{66}\right)^{2}}-c_{66} \tag{2-8}$$

$$c_{23}=c_{33}-2c_{44} \tag{2-9}$$

其中，

$$v_{\mathrm{P}0}=\sqrt{\frac{K+\frac{4\mu}{3}}{\rho}}\approx v_{\mathrm{P}20}\left(1+\frac{\sigma^{2}}{1-2\sigma}\varepsilon\right) \tag{2-10}$$

$$v_{\mathrm{S}0}=\sqrt{\frac{\mu}{\rho}}=v_{\mathrm{S}90} \tag{2-11}$$

$$E_{\mathrm{sat}}=\frac{9K_{\mathrm{sat}}\mu_{\mathrm{sat}}}{3K_{\mathrm{sat}}+\mu_{\mathrm{sat}}} \tag{2-12}$$

$$E_{\mathrm{dry}}=\frac{9K_{\mathrm{dry}}\mu_{\mathrm{dry}}}{3K_{\mathrm{dry}}+\mu_{\mathrm{dry}}} \tag{2-13}$$

$$\sigma_{\mathrm{sat}}=\frac{3K_{\mathrm{sat}}-2\mu_{\mathrm{sat}}}{2\left(3K_{\mathrm{sat}}+\mu_{\mathrm{sat}}\right)} \tag{2-14}$$

$$\sigma_{\mathrm{dry}}=\frac{3K_{\mathrm{dry}}-2\mu_{\mathrm{dry}}}{2\left(3K_{\mathrm{dry}}+\mu_{\mathrm{dry}}\right)} \tag{2-15}$$

$$\varepsilon=\frac{8}{3}\left(1-\frac{K_{f}}{K_{m}}\right)D_{ci}\frac{\left(1-\sigma_{\mathrm{dry}}^{2}\right)E_{\mathrm{sat}}}{\left(1-\sigma_{\mathrm{sat}}^{2}\right)E_{\mathrm{dry}}}e \tag{2-16}$$

$$\gamma=\frac{8}{3}\left(\frac{1-2\sigma_{\mathrm{dry}}}{2-\sigma_{\mathrm{dry}}}\right)e \tag{2-17}$$

$$\delta=2\left(1-\sigma_{\mathrm{sat}}\right)\varepsilon-2\frac{1-2\sigma_{\mathrm{sat}}}{1-\sigma_{\mathrm{sat}}}\gamma \tag{2-18}$$

$$e=\frac{3}{4\pi}\cdot\frac{\varphi_{c}}{c/a} \tag{2-19}$$

$$D_{ci}=\left\{1-\frac{K_{f}}{K_{m}}+\frac{K_{f}}{\mathrm{dry}\left(\varphi_{c}+\varphi_{p}\right)}\cdot\left[\left(1-\frac{K_{\mathrm{dry}}}{K_{m}}\right)+A_{c}\left(\sigma_{\mathrm{dry}}\right)e\right]\right\}^{-1} \tag{2-20}$$

$$A_{c}\left(\sigma_{\mathrm{dry}}\right)=\frac{16}{9}\left(\frac{1-\sigma_{\mathrm{dry}}^{2}}{1-2\sigma_{\mathrm{dry}}^{2}}\right) \tag{2-21}$$

基质的弹性矩阵：

$$\begin{bmatrix} co_{11} & co_{12} & co_{13} & 0 & 0 & 0 \\ co_{21} & co_{22} & co_{23} & 0 & 0 & 0 \\ co_{31} & co_{32} & co_{33} & 0 & 0 & 0 \\ 0 & 0 & 0 & co_{44} & 0 & 0 \\ 0 & 0 & 0 & 0 & co_{55} & 0 \\ 0 & 0 & 0 & 0 & 0 & co_{66} \end{bmatrix}$$

$$\lambda = K_m - \frac{2}{3}\mu_m \tag{2-22}$$

$$co_{11} = \lambda + 2\mu \tag{2-23}$$

$$co_{12} = \lambda \tag{2-24}$$

$$co_{11} = \mu_m \tag{2-25}$$

式中，K_m 为岩石基质矿物体积模量；μ_m 为岩石基质矿物剪切模量。

2.1.3 Brown-Korringa 各向异性流体替换模型

Brown 和 Korringa 提出由已知各向异性岩石骨架的有效弹性张量得到填充液体后的饱和岩石的有效弹性张量：

$$S_{ijkl}^{(\mathrm{dry})} - S_{ijkl}^{(\mathrm{sat})} = \frac{\left(S_{ijkl}^{(\mathrm{dry})} - S_{ijkl}^{0}\right)\left(S_{kl\alpha\alpha}^{(\mathrm{dry})} - S_{kl\alpha\alpha}^{0}\right)}{\left(S_{\alpha\alpha\beta\beta}^{(\mathrm{dry})} - S_{\alpha\alpha\beta\beta}^{0}\right) + \left(\beta_{\mathrm{fl}} - \beta_0\right)\phi} \tag{2-26}$$

式中，$S_{ijkl}^{(\mathrm{dry})}$ 为干岩石骨架有效弹性柔性张量；$S_{ijkl}^{(\mathrm{sat})}$ 为孔隙流体饱和岩石有效弹性柔性张量；S_{ijkl}^{0} 为组成矿物有效弹性柔性张量；β_{fl} 为孔隙流体可压缩系数；β_0 为基质矿物可压缩系数；ϕ 为孔隙度。

2.1.4 简化 Xu-White 模型

常规 Xu-White 模型引入微分等效介质理论，但仍存在一个问题，那就是孔隙空间必须划分得足够小。但是如何将孔隙空间划分得足够小，一直没有量化概念，Berryman (1980)提出把增量孔隙空间划分得极小的定量化概念，即孔隙增量接近 0（$\mathrm{d}\phi$ 趋近于 0）时，基于微分等效介质理论的 Kuster-Toksöz 方程就会收敛为常微分方程：

$$(1-\phi)\frac{\mathrm{d}K}{\mathrm{d}\phi} = \frac{1}{3}\left(K_{\mathrm{fl}} - K\right)\sum_{i=S,C} v_l T_{iijj}\left(\alpha_l\right) \tag{2-27}$$

$$(1-\phi)\frac{\mathrm{d}\mu}{\mathrm{d}\phi} = \frac{1}{5}\left(\mu_{\mathrm{fl}} - \mu\right)\sum_{i=S,C} v_l F\left(\alpha_l\right) \tag{2-28}$$

当干岩石泊松比 σ_{dry} 为定值时，定义系数 P 和 Q：

$$P = \frac{1}{3}\sum_{i=S,C} v_f T_{iijj}\left(\alpha_l\right) \tag{2-29}$$

$$Q = \frac{1}{5}\sum_{i=S,C} v_f F_{iijj}\left(\alpha_l\right) \tag{2-30}$$

当 P 为定值：

$$\frac{\mathrm{d}\left[(1-\phi)^{-P}K\right]}{\mathrm{d}\phi}=(1-\phi)^{-P}\frac{\mathrm{d}K}{\mathrm{d}\phi}+KP(1-\phi)^{-P-1} \tag{2-31}$$

根据式(2-31)可以得出对于给定的 ϕ，$(1-\phi)^{-P}K(\phi)$ 是常数论。因此：

$$(1-\phi)^{-P}K(\phi)=K(0) \tag{2-32}$$

当 $K(0)$ 为基质矿物体积模量 k_0 时，有下式：

$$K(\phi)=K_0(1-\phi)^P \tag{2-33}$$

同理可得

$$\mu(\phi)=\mu_0(1-\phi)^Q \tag{2-34}$$

式中，$K(\phi)$ 和 $\mu(\phi)$ 分别为带有孔隙度 ϕ 和孔隙扁率 α 信息的干岩石骨架体积模量和剪切模量，相当于 Gassmann 方程中的 K_{dry} 和 μ_{dry}，单位为 GPa。

对于有任意扁率包含物的 P 和 Q，用如下公式计算：

$$P=\frac{1}{3}T_{iijj}(\alpha) \tag{2-35}$$

$$Q=\frac{1}{5}F(\alpha) \tag{2-36}$$

式中，张量 T_{iijj} 将均匀远场应变场和椭球包含物的应变联系起来。Berryman(1980)给出了计算 P 和 Q 所需的有关标量：

$$T_{iijj}(\alpha)=\frac{3F_1}{F_2} \tag{2-37}$$

$$F(\alpha)=\frac{2}{F_3}+\frac{1}{F_4}+\frac{F_4F_5+F_6F_7-F_8F_9}{F_2F_4} \tag{2-38}$$

$$F_1=1+A\left[\frac{3}{2}(g+\gamma)-R\left(\frac{3}{2}g+\frac{5}{2}\gamma-\frac{4}{3}\right)\right] \tag{2-39}$$

$$\begin{aligned}F_2=&1+A\left[1+\frac{3}{2}(g+\gamma)-\frac{R}{2}(3g+5\gamma)\right]+B(3-4R)\\&+\frac{A}{2}(A+3B)(3-4R)\left[g+\gamma-R\left(g-\gamma+2v^2\right)\right]\end{aligned} \tag{2-40}$$

$$F_3=1+\frac{A}{2}\left[R(2-\gamma)-\frac{1+\alpha^2}{\alpha^2}g(R-1)\right] \tag{2-41}$$

$$F_4=1+\frac{A}{2}\left[3\gamma+g-R(g-\gamma)\right] \tag{2-42}$$

$$F_5=A\left[R\left(g+\gamma-\frac{4}{3}\right)-g\right]+B\gamma(3-4R) \tag{2-43}$$

$$F_6=1+A\left[1+g-R(\gamma+g)+B\gamma(3-4R)\right] \tag{2-44}$$

$$F_7=2+\frac{A}{4}\left[9\gamma+3g-R(5\gamma+3g)\right]+B\gamma(3-4R) \tag{2-45}$$

$$F_8 = A\left[1-2R+\frac{g}{2}(R+1)+\frac{\gamma}{2}(5R-3)\right]+B(1-\gamma)(3-4R) \tag{2-46}$$

$$F_9 = A\left[g(R-1)-R\gamma\right]+B\gamma(3-4R) \tag{2-47}$$

$$R=\frac{3\mu}{3K+4\mu}=\frac{1-2\sigma}{2-2\sigma} \tag{2-48}$$

$$g=\frac{\alpha^2}{1-\alpha^2}(3\gamma-2) \tag{2-49}$$

$$\gamma=\frac{\alpha}{\left(1-\alpha^2\right)^{3/2}}\left[\cos^{-1}(\alpha)-\alpha\sqrt{1-\alpha^2}\right] \tag{2-50}$$

式中，σ为干岩石泊松比；α为包含物的孔隙扁率。

2.1.5 基于 Gassmann 方程的自适应基质矿物模量反演模型

地震岩石物理学研究领域中 Gassmann 理论常用表达式：

$$K_{\text{sat}} = K_{\text{dry}} + f \tag{2-51}$$

$$f=\frac{\left(1-\dfrac{K_{\text{dry}}}{K_{\text{sat}}}\right)^2}{\dfrac{\phi}{K_{\text{fl}}}+\dfrac{1-\phi}{K_0}+\dfrac{K_{\text{dry}}}{K_0^2}} \tag{2-52}$$

$$\mu_{\text{sat}} = \mu_{\text{dry}} \tag{2-53}$$

式中，K_0、K_{sat}、K_{dry}和K_{fl}分别为基质矿物、饱和岩石、干岩石骨架和孔隙流体体积模量，单位为 GPa；在已知饱和度S_{w}的情况下，K_{fl}用伍德(Wood)公式求取；μ_{sat}、μ_{dry}分别为饱和岩石和干岩石骨架剪切模量，单位为 GPa；ϕ为孔隙度；f代表流体-岩石混合项，也称 Gassmann 流体因子。

同时，饱和流体岩石纵横波速度公式为

$$V_{\text{P}}=\sqrt{\frac{K_{\text{sat}}+\frac{4}{3}\mu_{\text{dry}}}{\rho_{\text{sat}}}}=\sqrt{\frac{K_{\text{dry}}+\frac{4}{3}\mu_{\text{dry}}+f}{\rho_{\text{sat}}}}=\sqrt{\frac{S+f}{\rho_{\text{sat}}}} \tag{2-54}$$

$$V_{\text{S}}=\sqrt{\frac{\mu_{\text{dry}}}{\rho_{\text{sat}}}} \tag{2-55}$$

式中，V_{P}、V_{S}分别为饱和流体岩石纵波和横波速度，单位为 km/s；ρ_{sat}为饱和流体岩石密度，单位为 g/cm^3；$S=K_{\text{dry}}+\frac{4}{3}\mu_{\text{dry}}$为干岩石骨架项。

定义纵波模量$M=\rho_{\text{sat}}V_{\text{P}}^2$，式(2-54)转化为加斯曼-博伊特-吉尔茨马(Gassmann-Biot-Geertsma)方程：

$$M=K_{\text{dry}}+\frac{4}{3}\mu_{\text{dry}}+f \tag{2-56}$$

为计算K_{dry}，必须将式(2-56)进行改造，因此引入 Biot 系数β和干岩石泊松比σ_{dry}：

$$\beta = 1 - \frac{K_{\mathrm{dry}}}{K_0} \tag{2-57}$$

$$Y = \frac{3\left(1-\sigma_{\mathrm{dry}}\right)}{\left(1+\sigma_{\mathrm{dry}}\right)} = 1 + \frac{4K_{\mathrm{dry}}}{3\mu_{\mathrm{dry}}} \tag{2-58}$$

将式(2-57)和式(2-58)代入式(2-56)，整理可以得到 Gassmann-Boit-Geertsma 方程一元二次表达式：

$$(Y-1)\beta^2 + \left[Y\phi\left(\frac{K_0}{K_{\mathrm{fl}}}-1\right) - Y + \frac{M}{K_0}\right]\beta - \phi\left(Y-\frac{M}{K_0}\right)\left(\frac{K_0}{K_{\mathrm{fl}}}-1\right) = 0 \tag{2-59}$$

已知双相介质模型对应的V_{P}、V_{S}、ϕ、S_{w}、K_0和σ_{dry}，用式(2-59)求解方程可得β，代入式(2-57)得到K_{dry}，再用式(2-52)计算 Gassmann 流体因子f。

考虑到纵波阻抗Z_{P}和横波阻抗Z_{S}的表达式为

$$Z_{\mathrm{P}} = \rho_{\mathrm{sat}} V_{\mathrm{P}}，\quad Z_{\mathrm{S}} = \rho_{\mathrm{sat}} V_{\mathrm{S}} \tag{2-60}$$

将式(2-54)和式(2-55)代入式(2-60)，得到纵横波阻抗新的表达式：

$$Z_{\mathrm{P}}^2 = \rho_{\mathrm{sat}}^2 V_{\mathrm{P}}^2 = \frac{S+f}{\rho_{\mathrm{sat}}}\rho_{\mathrm{sat}}^2 = \rho_{\mathrm{sat}}\left(S+f\right) \tag{2-61}$$

$$Z_{\mathrm{S}}^2 = \rho_{\mathrm{sat}}^2 V_{\mathrm{S}}^2 = \frac{\mu_{\mathrm{sat}}}{\rho_{\mathrm{sat}}}\rho_{\mathrm{sat}}^2 = \rho_{\mathrm{sat}}\mu_{\mathrm{sat}} \tag{2-62}$$

定义可利用干岩石泊松比σ_{dry}计算的系数c，得到纵横波阻抗组合表达式：

$$Z_{\mathrm{P}}^2 - cZ_{\mathrm{S}}^2 = \rho_{\mathrm{sat}}\left(S+f-c\mu_{\mathrm{sat}}\right) \tag{2-63}$$

如果能够找到能使$c\mu_{\mathrm{sat}}$与干岩石骨架项S相等的c值，即$S = c\mu_{\mathrm{sat}}$，可得到拉塞尔(Russell)流体因子：

$$f = \frac{\left(Z_{\mathrm{P}}^2 - cZ_{\mathrm{S}}^2\right)}{\rho_{\mathrm{sat}}} \tag{2-64}$$

和

$$c = \frac{K_{\mathrm{dry}}}{\mu_{\mathrm{dry}}} + \frac{4\mu_{\mathrm{dry}}}{3\mu_{\mathrm{sat}}} = \frac{K_{\mathrm{dry}}}{\mu_{\mathrm{dry}}} + \frac{4}{3} = \left(\frac{V_{\mathrm{P}}}{V_{\mathrm{S}}}\right)_{\mathrm{dry}}^2 = \frac{2\left(1-\sigma_{\mathrm{dry}}\right)}{1-2\sigma_{\mathrm{dry}}} \tag{2-65}$$

式中，c为 Russell 调节系数，无量纲。

从两个不同的角度对相同的流体因子f进行求解，在变化范围内不断调整K_0和σ_{dry}，以两个流体因子项之差最小为收敛状态，收敛状态对应的K_0和σ_{dry}即为最优反演岩石物理参数。如果K_0值在给出的对应同一纯矿物变化范围内时(Mavko，1998)，即说明正确。

想要获取准确的自适应基质矿物模量，就要自适应地确定模量对应的区间，才能体现自适应的特点，突出变化的等效基质矿物模量值。

根据输入的岩石纵波速度V_{P}、横波速度V_{S}、密度ρ_{sat}、孔隙度ϕ、饱和度S_{w}，首先计算饱和岩石体积模量K_{sat}和剪切模量μ_{sat}：

$$K_{\mathrm{sat}} = \rho\left(V_{\mathrm{P}}^2 - \frac{4}{3}V_{\mathrm{S}}^2\right)，\quad \mu_{\mathrm{sat}} = \rho V_{\mathrm{S}}^2 \tag{2-66}$$

然后需要确定基质矿物体积模量 K_0 和干岩石泊松比 σ_{dry} 对应的取值范围，对于基质矿物体积模量 K_0，根据 Biot 系数表达式和岩石基质参数-岩石骨架参数关系式：

克里夫(Krief)关系式为

$$K_{dry} = K_0 (1-\phi)^{[3/(1-\phi)]} \tag{2-67a}$$

普赖德(Pride)关系式为

$$K_{dry} = K_0 \frac{1-\phi}{1+\alpha\phi} \tag{2-67b}$$

可得

Krief 关系式为

$$K_0 = K_{dry} (1-\phi)^{[3/(\phi-1)]} \tag{2-68a}$$

Pride 关系式为

$$K_0 = K_{dry} \frac{1+\alpha\phi}{1-\phi} \tag{2-68b}$$

进一步，利用岩石物理学中关于体积模量的相对关系：

$$K_0 > K_{sat} > K_{dry} \tag{2-69}$$

可得

Krief 关系式为

$$K_{sat} < K_0 = K_{dry} (1-\phi)^{[3/(\phi-1)]} < K_{sat} (1-\phi)^{[3/(\phi-1)]} \tag{2-70a}$$

Pride 关系式为

$$K_{sat} < K_0 = K_{dry} \frac{1+\alpha\phi}{1-\phi} < K_{sat} \frac{1+\alpha\phi}{1-\phi} \tag{2-70b}$$

式中，α 为岩石的固结系数，考虑岩石的固结程度，取值范围通常为 2～20。

显然，式(2-70)确定了 K_0 变化区间的上限与下限值。对于干岩石泊松比 σ_{dry}，其取值范围通常为 0.0～0.45，由式(2-65)可得对应的 Russell 调节系数 c 取值范围为 2.0～11.0。

基于 Gassmann-Boit-Geertsma 方程一元二次表达式和 Russell 推导的流体因子计算式，总结出自适应基质矿物体积模量反演流程图，如图 2-1 所示。

特别需要说明的是，考虑到流体因子均为正值，由式(2-64)可得 $\left(\frac{V_P}{V_S}\right)_{sat}^2 > c$。但是 c 值最小为 2，当比值小于 2 时，判断该测井点为异常点，这也是分析判断测井数据是否异常的一种方法。

实例：图 2-2 所示的纵波速度与孔隙度的交汇图出现两类变化趋势，说明岩石基质复杂，图 2-3 是选取的研究井的部分测井曲线(图 2-3 中的 a、b 为实际测井曲线，c～h 为自适应方法的计算结果)，其厚度为 130m，测井解释有 2 个气层和 1 个水层，见图中矩形框标识。

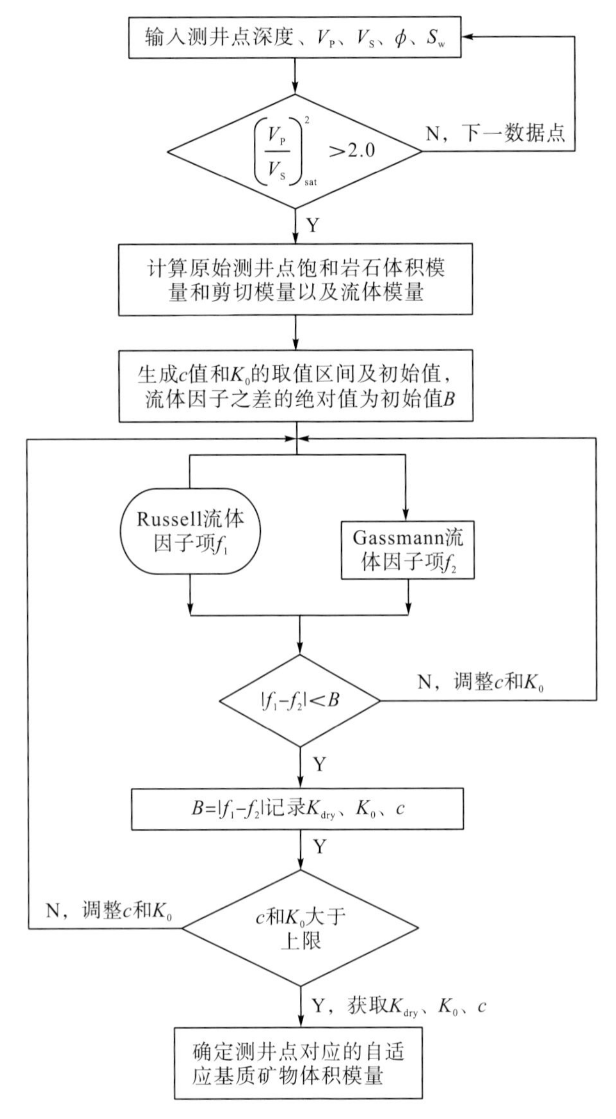

图 2-1　自适应基质矿物体积模量反演流程

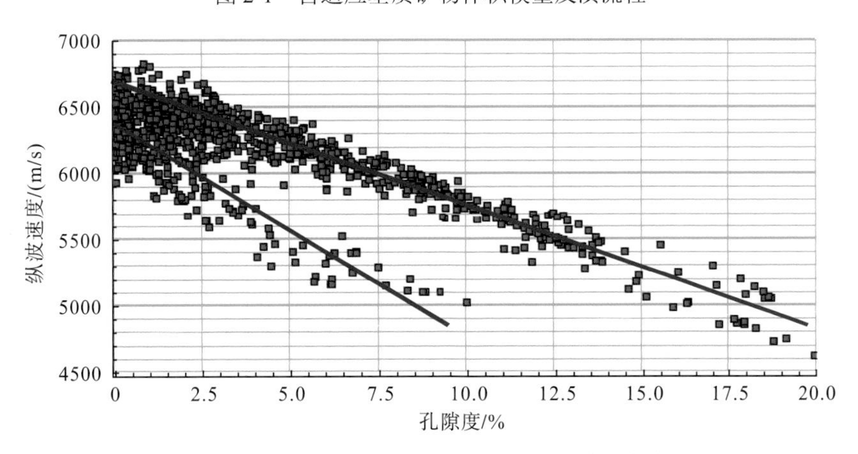

图 2-2　研究井饱和岩石纵波速度与孔隙度的交会图

图 2-3 中曲线 c 为反演的 Russell 流体识别因子，可以看到水层和气层在该项有明显的差异，数量级差异 10 倍以上，有效地突出了水层，与测井解释的水层位置一致，反证了自适应反演模量的正确性。图 2-3 中曲线 d 和曲线 e 分别为反演的每一测井点基质矿物体积反演模量和干岩石泊松比。

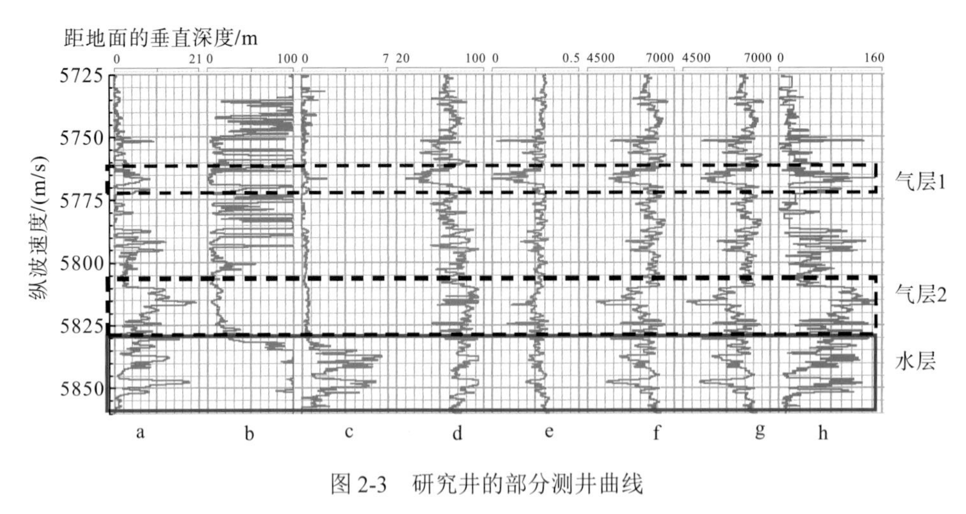

图 2-3　研究井的部分测井曲线

a. 孔隙度/%; b. 含水饱和度/%; c. 流体因子/GPa; d. 反演模量/GPa; e. 干岩石泊松比; f. 饱水速度/(m/s); g. 饱气速度/(m/s); h. 饱水饱气速度差/(m/s)

2.2　致密砂岩储层建模

建模具体步骤如下。

(1) 利用测井曲线信息，采用自适应基质矿物模量反演理论反演基质矿物体积模量和剪切模量。

(2) 采用基于数字高程模型(digital elevation model，DEM)理论的 Kuster-Toksöz 方程将孔隙逐步添加到岩石基质中，从而计算得到干岩石骨架的体积模量和剪切模量；再应用 Gassmann 理论将流体添加到岩石的孔隙中，求取流体饱和的各向同性背景介质的弹性模量。

(3) 根据 Thomsen 裂缝介质理论，往流体饱和的各向同性背景介质中加入裂缝系统，计算 HTI 介质的弱各向异性参数，并根据弱各向异性参数求取 HTI 介质的弹性矩阵。

(4) 利用各向异性流体替换的 Brown-Korringa 理论，将流体添加到岩石裂缝中，从而得到流体饱和岩石的弹性模量。

(5) 根据求得的流体饱和岩石的弹性模量，求取岩石的纵波速度，再利用测井已知的纵波速度作为约束条件，反演出裂缝孔隙度，从而进行裂缝型流体饱和岩石模量的修正，进一步提高计算精度。在最优精度条件下确定岩石裂缝孔隙度和裂缝密度。

建模流程如图 2-4 所示。

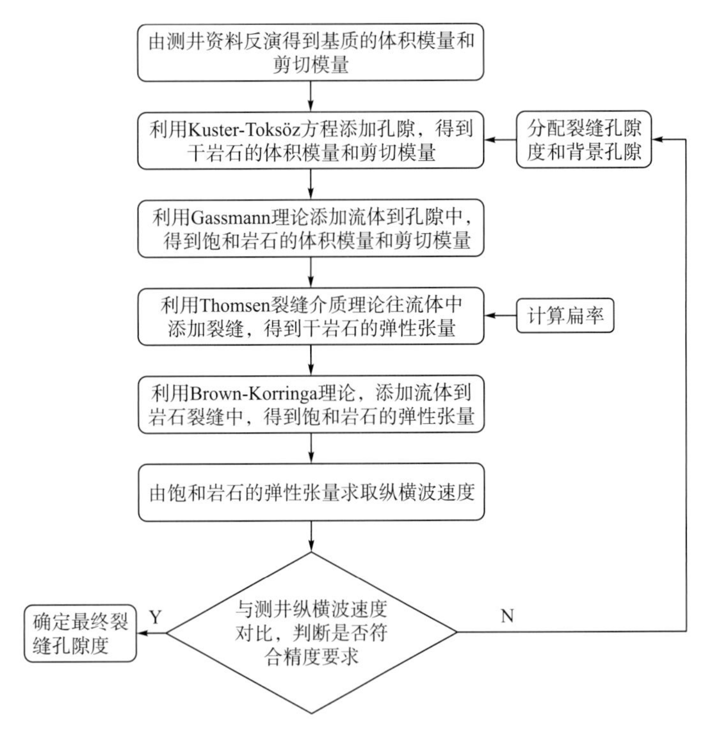

图 2-4　致密砂岩储层建模流程

2.3 应用效果

选择 YL173 井进行方法实验，输入该井的纵横波速度、密度、孔隙度、含水饱和度和泥值含量数据，进行反演计算。实验结果如图 2-5～图 2-7 所示。

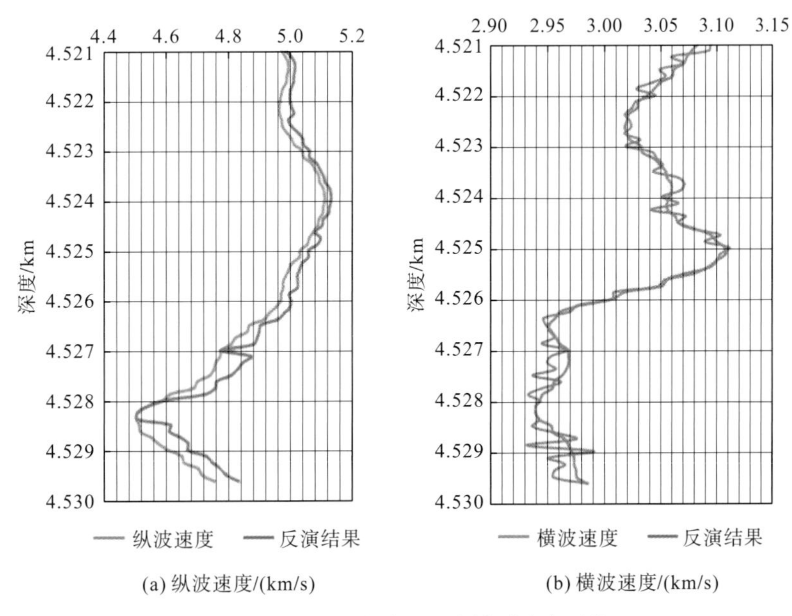

图 2-5　YL173 井球状孔隙模型速度对比

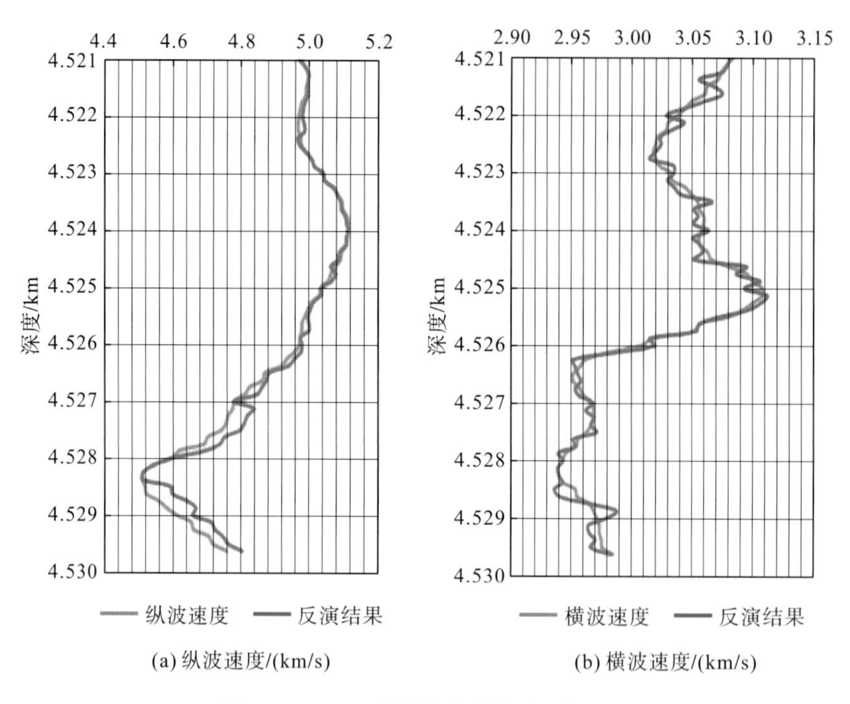

(a) 纵波速度/(km/s)　　(b) 横波速度/(km/s)

图 2-6 YL173 井针状孔隙模型速度对比

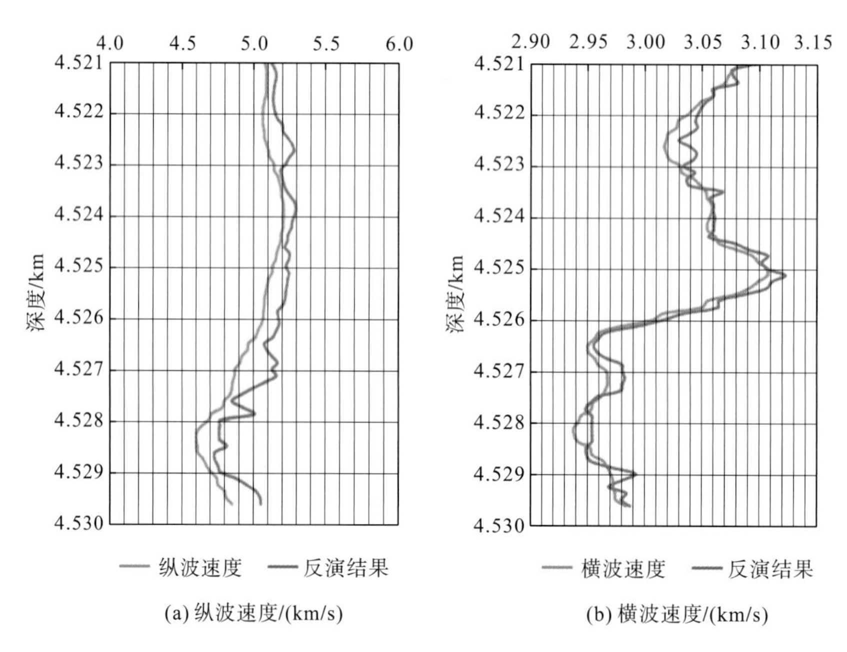

(a) 纵波速度/(km/s)　　(b) 横波速度/(km/s)

图 2-7 YL173 井任意形状孔隙模型速度对比

背景定义为不同形状孔隙后，通过模型构建可以反演纵横波速度。可以看到，针状孔隙模型反演的纵横波速度与原始测井差异小，且变化趋势一致，说明该区域孔隙主要为针状孔隙。同时该模型能够同时反演出裂缝孔隙度和裂缝密度，评价致密砂岩储层。

YL173 井反演裂缝密度变化范围为 0.06～0.11，裂缝孔隙度变化范围为 0.002～

0.016（图 2-8）。该区域裂缝发育，为致密砂岩储层。通过模型，可以定量计算该区域裂缝密度和裂缝孔隙度，评价区域储层。

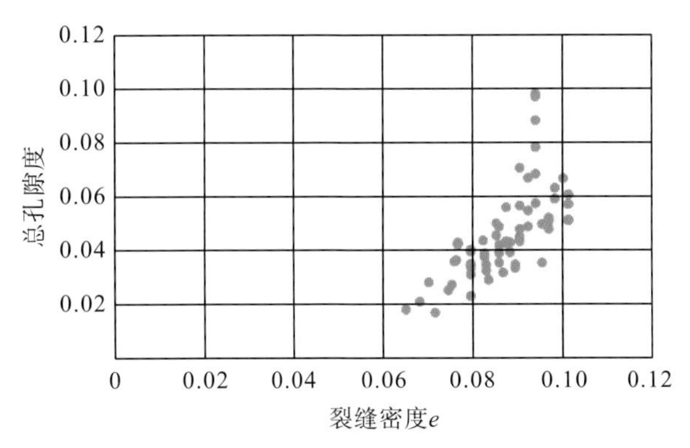

(a) 总孔隙度与裂缝密度交会图

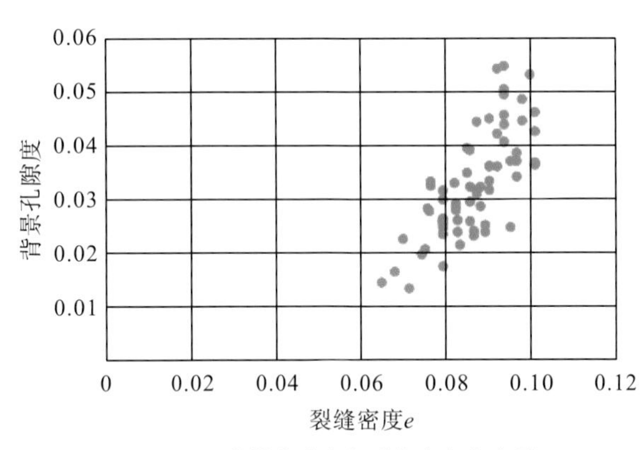

(b) 背景孔隙度与裂缝密度交会图

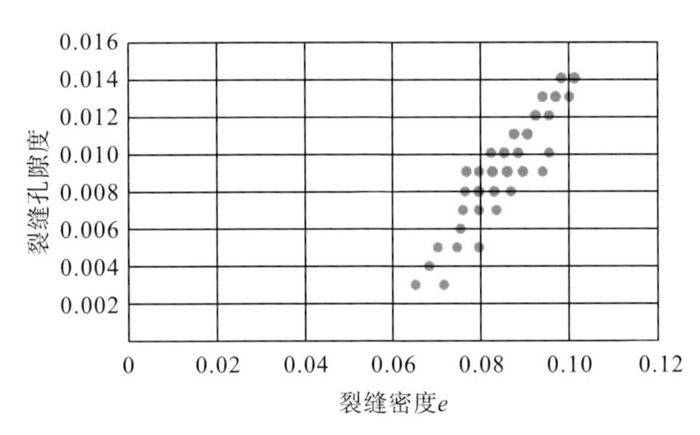

(c) 裂缝孔隙度与裂缝密度交会图

图 2-8　裂缝密度与各种孔隙度交会图

第3章 致密砂岩储层地震响应特征分析

3.1 致密砂岩储层数值模拟方法

3.1.1 黏弹 TTI 介质地震波场数值模拟

地壳中的岩石在应力场的作用下，介质原本的各向同性可能会变成各向异性，应力导致形成了择优取向排列的裂缝、裂隙及孔隙，地下流体可能逐渐充填到其中，此时当地震波传播时将表现出各向异性特征。Crampin(1987)据此提出广泛扩容各向异性(extensive dilatancy anisotropy，EDA)介质，此后关于各向异性模型的研究日趋深入，并逐渐发展到当前最能适应多种复杂裂缝走向的具有任意倾斜对称轴的横向各向同性(transverse isotropy with a tilted axis of symmetry，TTI)介质，在Carcione(2007)引入新的黏弹性各向异性本构关系后，关于地震波在含流体介质中产生各向异性特征的研究成为一大热点。本章将基于黏弹 TTI 介质的波动方程，利用交错网格进行差分，结合完全匹配层边界条件，讨论不同弹性参数下地震波的各向异性特征，旨在为进一步理解复杂地层构造下的地球物理响应提供理论帮助。

3.1.1.1 二维三分量黏弹 TTI 介质弹性波方程

1. 各向异性介质本构关系

广义胡克定律能够描述介质中应力与应变的关系，即所谓的本构关系，它是弹性体固有的物理性质，表达式为

$$\sigma_{ij} = C_{ijkl} e_{kl} \tag{3-1}$$

式中，e_{kl} 表示应变张量；C_{ijkl} 表示介质的刚度张量，即弹性矩阵，各下标变量的取值范围均为1、2、3，分别代表x、y、z方向。根据刚度张量的对称性：$C_{ijkl} = C_{jikl}$，$C_{ijkl} = C_{ijlk}$ 及 $C_{ijkl} = C_{klij}$，独立弹性常数的个数减少为 21 个。将其写成沃伊特(Voigt)矩阵形式 $C_{ijkl} = C_{mn}(m,n=1,2,\cdots,6)$，对应关系为：$11 \to 1$，$22 \to 2$，$33 \to 3$，$23 \to 4$，$32 \to 4$，$13 \to 5$，$31 \to 5$，$12 \to 6$，$21 \to 6$。于是，可将式(3-1)改写为

$$\begin{bmatrix} \sigma_{11} \\ \sigma_{22} \\ \sigma_{33} \\ \sigma_{23} \\ \sigma_{31} \\ \sigma_{12} \end{bmatrix} = \begin{bmatrix} C_{11} & C_{12} & C_{13} & C_{14} & C_{15} & C_{16} \\ C_{21} & C_{22} & C_{23} & C_{24} & C_{25} & C_{26} \\ C_{31} & C_{32} & C_{33} & C_{34} & C_{35} & C_{36} \\ C_{41} & C_{42} & C_{43} & C_{44} & C_{45} & C_{46} \\ C_{51} & C_{52} & C_{53} & C_{54} & C_{55} & C_{56} \\ C_{61} & C_{62} & C_{63} & C_{64} & C_{65} & C_{66} \end{bmatrix} \cdot \begin{bmatrix} e_{11} \\ e_{22} \\ e_{33} \\ 2e_{23} \\ 2e_{31} \\ 2e_{12} \end{bmatrix} \tag{3-2}$$

上式可简写为

$$\boldsymbol{\sigma} = \boldsymbol{C} \times \boldsymbol{\varepsilon} \tag{3-3}$$

即为各向异性弹性体的本构方程。

根据牛顿第二定律，弹性波场的运动微分方程可写成如下形式：

$$\rho \frac{\partial^2 \boldsymbol{U}}{\partial t^2} = \boldsymbol{L}\boldsymbol{\sigma} + \rho \boldsymbol{F} \tag{3-4}$$

式中，$\boldsymbol{U} = (u_x, u_y, u_z)^{\mathrm{T}}$ 为质点的位移矢量；$\frac{\partial^2}{\partial t^2}$ 为时间方向的二阶导数；$\boldsymbol{F}=(f_x, f_y, f_z)^{\mathrm{T}}$ 为单位质量元素的体力矢量；ρ 为介质密度；$\boldsymbol{\sigma}$ 为应力矢量；$\boldsymbol{L}$ 为散度算子矩阵：

$$\boldsymbol{L} = \begin{bmatrix} \frac{\partial}{\partial x} & 0 & 0 & 0 & \frac{\partial}{\partial z} & \frac{\partial}{\partial y} \\ 0 & \frac{\partial}{\partial y} & 0 & \frac{\partial}{\partial z} & 0 & \frac{\partial}{\partial x} \\ 0 & 0 & \frac{\partial}{\partial z} & \frac{\partial}{\partial y} & \frac{\partial}{\partial x} & 0 \end{bmatrix} \tag{3-5}$$

式中，$\frac{\partial}{\partial x}$、$\frac{\partial}{\partial y}$、$\frac{\partial}{\partial z}$ 分别代表 x、y、z 方向上的偏导。

这里为了简化计算，同时给出各向异性介质中横波分裂现象的数值模拟结果，假设所有向量在 y 方向上的偏导都为零，推出二维三分量应力-速度关系方程：

$$\begin{cases} \rho \frac{\partial v_x}{\partial t} = \frac{\partial \sigma_{xx}}{\partial x} + \frac{\partial \sigma_{xz}}{\partial z} \\ \rho \frac{\partial v_y}{\partial t} = \frac{\partial \sigma_{xy}}{\partial x} + \frac{\partial \sigma_{yz}}{\partial z} \\ \rho \frac{\partial v_z}{\partial t} = \frac{\partial \sigma_{xz}}{\partial x} + \frac{\partial \sigma_{zz}}{\partial z} \end{cases} \tag{3-6}$$

式中，v_x、v_y、v_z 分别代表质点在 x、y、z 方向上的振动速度；σ_{xx}、σ_{zz} 代表 x、z 方向上的正应力；σ_{xz} 为剪切应力。

利用几何方程，我们能够得到介质中质点位移与应变之间的关系：

$$\boldsymbol{\varepsilon} = \boldsymbol{L}^{\mathrm{T}} \boldsymbol{U} \tag{3-7}$$

式中，$\boldsymbol{\varepsilon}$ 表示应变矢量；$\boldsymbol{L}^{\mathrm{T}}$ 表示偏导算子 $\boldsymbol{L}$ 的转置矩阵。

2. 黏弹 TTI 介质弹性波波动方程

1) TTI 介质与 Bond 变换

在三维观测系统中，TI(横向各向同性)介质对称轴与观测 z 轴的夹角称为极化角，记作 θ，与 x 轴的夹角称为方位角，记作 φ。当 TI 介质的对称轴绕着 z 轴旋转时，形成极化各向异性(polar anisotropy)，在达到 90°时变为 VTI(具有垂直对称轴的横向各向同性)介质；当 TI 介质绕着 x 轴旋转时，形成方位各向异性(azimuth anisotropy)，在达到 90°时变为 HTI(具有水平对称轴的横向各向同性)介质；当 TI 介质同时存在极化各向异性和方位各向异性特征时，即称为 TTI 介质。三种经典各向异性介质的模型示意图如图 3-1 所示。

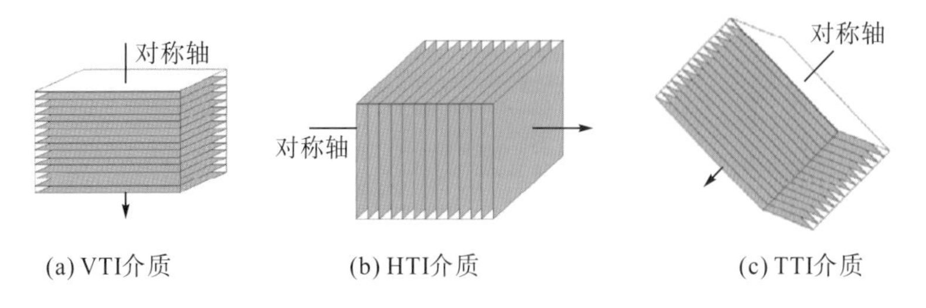

(a) VTI介质　(b) HTI介质　(c) TTI介质

图 3-1　各向异性介质模型

从 TI 介质到 TTI 介质的整个坐标旋转过程可以用弹性矩阵的形式，通过邦德(Bond)变换得到

$$\boldsymbol{C}' = \boldsymbol{M}_\theta \boldsymbol{M}_\varphi \cdot \boldsymbol{C}_0 \cdot \boldsymbol{M}_\varphi^{\mathrm{T}} \boldsymbol{M}_\theta^{\mathrm{T}} \tag{3-8}$$

式中，$\boldsymbol{C}_0$ 为坐标旋转前 TI 介质的弹性矩阵；$\boldsymbol{C}'$ 为坐标旋转后 TTI 介质的弹性矩阵；$\boldsymbol{M}_\theta$ 和 $\boldsymbol{M}_\varphi$ 分别代表极化各向异性矩阵和方位各向异性矩阵；$\boldsymbol{M}_\theta^{\mathrm{T}}$ 和 $\boldsymbol{M}_\varphi^{\mathrm{T}}$ 则为二者的转置矩阵，利用方位角 φ 和极化角 θ 可得到：

$$\boldsymbol{M}_\theta = \begin{bmatrix} \cos^2\theta & 0 & \sin^2\theta & 0 & -\sin 2\theta & 0 \\ 0 & 1 & 0 & 0 & 0 & 0 \\ \sin^2\theta & 0 & \cos^2\theta & 0 & \sin 2\theta & 0 \\ 0 & 0 & 0 & \cos\theta & 0 & \sin\theta \\ \frac{1}{2}\sin 2\theta & 0 & -\frac{1}{2}\sin 2\theta & 0 & \cos 2\theta & 0 \\ 0 & 0 & 0 & -\sin\theta & 0 & \cos\theta \end{bmatrix} \tag{3-9}$$

$$\boldsymbol{M}_\varphi = \begin{bmatrix} \cos^2\varphi & \sin^2\varphi & 0 & 0 & 0 & -\sin 2\varphi \\ \sin^2\varphi & \cos^2\varphi & 0 & 0 & 0 & \sin 2\varphi \\ 0 & 0 & 1 & 0 & 0 & 0 \\ 0 & 0 & 0 & \cos\varphi & \sin\varphi & 0 \\ 0 & 0 & 0 & -\sin\varphi & \cos\varphi & 0 \\ \frac{1}{2}\sin 2\varphi & -\frac{1}{2}\sin 2\varphi & 0 & 0 & 0 & \cos 2\varphi \end{bmatrix} \tag{3-10}$$

根据横向各向同性介质的对称性，可将 TTI 介质的弹性矩阵写成如下形式(吴国忱，2006)：

$$\boldsymbol{C}' = \begin{bmatrix} C_{11} & C_{12} & C_{13} & C_{14} & C_{15} & C_{16} \\ C_{12} & C_{22} & C_{23} & C_{24} & C_{25} & C_{26} \\ C_{13} & C_{23} & C_{33} & C_{34} & C_{35} & C_{36} \\ C_{14} & C_{24} & C_{34} & C_{44} & C_{45} & C_{46} \\ C_{15} & C_{25} & C_{35} & C_{45} & C_{55} & C_{56} \\ C_{16} & C_{26} & C_{36} & C_{46} & C_{56} & C_{66} \end{bmatrix} \tag{3-11}$$

将式(3-9)、式(3-10)和式(3-11)代入式(3-8)可解出：

$$
\begin{aligned}
C_{11} &= \cos^2\theta\cos^2\varphi\left(\cos^2\theta\cos^2\varphi C_{11}^0 + \sin^2\varphi C_{12}^0 + \cos^2\varphi\sin^2\theta C_{13}^0\right) \\
&\quad + \sin^2\theta\cos^2\varphi\left(\cos^2\theta\cos^2\varphi C_{13}^0 + \sin^2\varphi C_{23}^0 + \cos^2\varphi\sin^2\theta C_{33}^0\right) \\
&\quad + \sin^2\varphi\left(\cos^2\theta\cos^2\varphi C_{12}^0 + \sin^2\varphi C_{22}^0 + \cos^2\varphi\sin^2\theta C_{23}^0\right) \\
&\quad + \sin^2 2\varphi\left(\sin^2\theta C_{44}^0 + \cos^2\theta C_{66}^0\right) + \cos^4\varphi\sin^2 2\theta C_{55}^0
\end{aligned}
\tag{3-12}
$$

矩阵中其余弹性参数同样可写成式(3-12)的形式，这里不再赘述。

2)黏弹 TTI 介质弹性波动方程。

根据 Carcione(1990)研究得到的黏弹各向异性理论，地震波在地下介质传播过程中发生的吸收衰减作用主要是由多种弛豫机制造成的，根据黏弹性介质的本构关系能够体现这些弛豫机制。对于广义线性黏弹性介质，应力与应变的关系可利用式(3-1)改写成：

$$
\sigma_{ij}(x,t) = \boldsymbol{\Psi}_{ijkl}(x,t) * \dot{\varepsilon}_{kl}(x,t) \tag{3-13}
$$

式中，$\boldsymbol{\Psi}_{ijkl}$ 表示四阶弛豫张量；$\dot{\varepsilon}_{kl}$ 表示对应变进行时域差分；$*$ 则表示时域的褶积运算。

若令

$$
\boldsymbol{T}_I = \left(T_1, T_2, T_3, T_4, T_5, T_6\right)^{\mathrm{T}} = \left(\sigma_{xx}, \sigma_{yy}, \sigma_{zz}, \sigma_{yz}, \sigma_{zx}, \sigma_{xy}\right)^{\mathrm{T}}
$$

$$
\boldsymbol{S}_J = \left(S_1, S_2, S_3, S_4, S_5, S_6\right)^{\mathrm{T}} = (e_{xx}, e_{yy}, e_{zz}, 2e_{yz}, 2e_{zx}, 2e_{xy})^{\mathrm{T}}
$$

则方程(3-13)可简写为

$$
\boldsymbol{T}_I(x,t) = \Psi_{IJ}(x,t) * \dot{\boldsymbol{S}}_J(x,t) \tag{3-14}
$$

该方程为描述黏弹各向异性介质地震波场信息的基础，基于广义标准线性体，假设

$$
\Psi_{ij} = \left[A_{ij} + A_{ij}^{(1)}\chi_1 + A_{ij}^{(2)}\chi_2\right]H(t) = \left[A_{ij} + A_{ij}^{(v)}\chi_v\right]H(t) \tag{3-15}
$$

式中，$H(t)$ 为单位阶跃函数；A_{ij} 和 $A_{ij}^{(v)}(v=1,2)$ 均为空间函数，它们均可在一定条件下利用各向异性介质的弹性常数算出，具体表达式可参见 Carcione(1990)的研究；χ_v 表示不同弛豫机制对应的弛豫函数，当 v=1 时，表示纵波，当 v=2 时，表示横波，且有

$$
\chi_v(t) = \left[1 - \sum_{l=1}^{L_v}\left(1 - \frac{\tau_{\varepsilon l}^{(v)}}{\tau_{\sigma l}^{(v)}}\right)\mathrm{e}^{-\frac{t}{\tau_{\sigma l}^{v}}}\right] \qquad (v=1,2) \tag{3-16}
$$

式中，$\tau_{\sigma l}^{(v)}$ 和 $\tau_{\varepsilon l}^{(v)}$ 分别代表第 l 个弛豫机制下应力和应变的松弛时间；L_v 为弛豫机制总数。

进一步结合运动微分方程(3-4)和几何方程(3-7)，同时引入记忆变量来消除式(3-14)存在的褶积运算，可得黏弹各向异性介质中应力与应变的关系：

$$
\boldsymbol{T}_I = \left[A_{mn} + A_{mn}^{(v)}\chi_v(0)\right]\boldsymbol{S}_J + A_{mn}^{(v)}\sum_{l=1}^{L_v}\boldsymbol{\xi}_{Jl}^{(v)} \tag{3-17}
$$

式中，m、n 的取值范围为 1～6，即介质弹性矩阵的维度；$\xi_{Jl}^{(v)}$ 表示记忆变量，且有

$$
\frac{\partial \boldsymbol{\xi}_{Jl}^{(v)}}{\partial t} = \boldsymbol{S}_J\varphi_{vl}(0) - \frac{\boldsymbol{\xi}_{Jl}^{(v)}}{\tau_{\sigma l}^{(v)}} \qquad (l = 1, 2, \cdots, L_v) \tag{3-18}
$$

引入 Bond 坐标旋转矩阵变量，即可得到任意不同极化角和方位角的黏弹 TTI 介质应力应变关系式：

$$\begin{aligned}\boldsymbol{T}_I &= \boldsymbol{M}\left\{\left[A_{mn} + A_{mn}^{(v)}\chi(0)\right]\boldsymbol{S}_J + A_{mn}^{(v)}\sum_{l=1}^{L_v}\boldsymbol{\xi}_{Jl}^{(v)}\right\} \\ &= \boldsymbol{C}_{IJ}{}'\boldsymbol{S}_J + \boldsymbol{M}A_{mn}^{(v)}\sum_{l=1}^{L_v}\xi_{Jl}^{(v)}\end{aligned} \tag{3-19}$$

式中，$\boldsymbol{M}$ 为极化角和方位角的坐标旋转矩阵；$\boldsymbol{C}_{IJ}{}'$ 为黏弹 TTI 介质弹性矩阵。

结合式(3-6)，我们可以解出黏弹 TTI 介质的应力-速度关系：

$$\begin{aligned}\frac{\partial \sigma_{xx}}{\partial t} &= c_{11}'\frac{\partial v_x}{\partial x} + c_{13}'\frac{\partial v_z}{\partial z} + c_{14}'\frac{\partial v_y}{\partial z} + c_{15}'\left(\frac{\partial v_x}{\partial z} + \frac{\partial v_z}{\partial x}\right) + c_{16}'\frac{\partial v_y}{\partial x} \\ &\quad + k'\xi_{xx} + 2c_{55}'\xi_{zz}\end{aligned} \tag{3-20a}$$

$$\begin{aligned}\frac{\partial \sigma_{zz}}{\partial t} &= c_{13}'\frac{\partial v_x}{\partial x} + c_{33}'\frac{\partial v_z}{\partial z} + c_{34}'\frac{\partial v_y}{\partial z} + c_{35}'\left(\frac{\partial v_x}{\partial z} + \frac{\partial v_z}{\partial x}\right) + c_{36}'\frac{\partial v_y}{\partial x} \\ &\quad + k'\xi_{xx} - 2c_{55}'\xi_{zz}\end{aligned} \tag{3-20b}$$

$$\frac{\partial \sigma_{yz}}{\partial t} = c_{14}'\frac{\partial v_x}{\partial x} + c_{34}'\frac{\partial v_z}{\partial z} + c_{44}'\frac{\partial v_y}{\partial z} + c_{45}'\left(\frac{\partial v_x}{\partial z} + \frac{\partial v_z}{\partial x}\right) + c_{46}'\frac{\partial v_y}{\partial x} + c_{44}'\xi_{yz} \tag{3-20c}$$

$$\frac{\partial \sigma_{xz}}{\partial t} = c_{15}'\frac{\partial v_x}{\partial x} + c_{35}'\frac{\partial v_z}{\partial z} + c_{45}'\frac{\partial v_y}{\partial z} + c_{55}'\left(\frac{\partial v_x}{\partial z} + \frac{\partial v_z}{\partial x}\right) + c_{56}'\frac{\partial v_y}{\partial x} + c_{55}'\xi_{xz} \tag{3-20d}$$

$$\frac{\partial \sigma_{xy}}{\partial t} = c_{16}'\frac{\partial v_x}{\partial x} + c_{36}'\frac{\partial v_z}{\partial z} + c_{46}'\frac{\partial v_y}{\partial z} + c_{56}'\left(\frac{\partial v_x}{\partial z} + \frac{\partial v_z}{\partial x}\right) + c_{66}'\frac{\partial v_y}{\partial x} + c_{66}'\xi_{xy} \tag{3-20e}$$

式中，c_{ij}' 为黏弹 TTI 介质的弹性常数；$k' = \frac{1}{2}\left(c_{11}' + c_{33}'\right) - c_{55}'$；$\xi_{xx}$、$\xi_{zz}$、$\xi_{yz}$、$\xi_{xz}$、$\xi_{xy}$ 为记忆变量，根据式(3-18)可得

$$\frac{\partial \xi_{xx}}{\partial t} = \frac{1}{\tau_\sigma^{(1)}}\left[\left(\frac{\tau_\sigma^{(1)}}{\tau_\varepsilon^{(1)}} - 1\right)\left(\frac{\partial v_x}{\partial x} + \frac{\partial v_z}{\partial z}\right) - \xi_{xx}\right] \tag{3-21a}$$

$$\frac{\partial \xi_{zz}}{\partial t} = \frac{1}{2\tau_\sigma^{(2)}}\left[\left(\frac{\tau_\sigma^{(2)}}{\tau_\varepsilon^{(2)}} - 1\right)\left(\frac{\partial v_x}{\partial x} - \frac{\partial v_z}{\partial z}\right) - 2\xi_{zz}\right] \tag{3-21b}$$

$$\frac{\partial \xi_{yz}}{\partial t} = \frac{1}{\tau_\sigma^{(2)}}\left[\left(\frac{\tau_\sigma^{(2)}}{\tau_\varepsilon^{(2)}} - 1\right)\frac{\partial v_y}{\partial z} - \xi_{yz}\right] \tag{3-21c}$$

$$\frac{\partial \xi_{xz}}{\partial t} = \frac{1}{\tau_\sigma^{(2)}}\left[\left(\frac{\tau_\sigma^{(2)}}{\tau_\varepsilon^{(2)}} - 1\right)\left(\frac{\partial v_z}{\partial x} + \frac{\partial v_x}{\partial z}\right) - \xi_{xz}\right] \tag{3-21d}$$

$$\frac{\partial \xi_{xy}}{\partial t} = \frac{1}{\tau_\sigma^{(2)}}\left[\left(\frac{\tau_\sigma^{(2)}}{\tau_\varepsilon^{(2)}} - 1\right)\frac{\partial v_y}{\partial x} - \xi_{xy}\right] \tag{3-21e}$$

式中，$\tau_\sigma^{(\nu)} = \frac{1}{\omega Q_\nu}\left(\sqrt{Q_\nu^2 + 1} - 1\right)$，$\tau_\varepsilon^{(\nu)} = \frac{1}{\omega Q_\nu}\left(\sqrt{Q_\nu^2 + 1} + 1\right)$，$\nu = 1,2$，分别对应纵、横波弛豫机制；$Q_\nu$ 为纵、横波品质因子；$\omega = 2\pi f_m$，f_m 为松弛峰值的中心频率。

3.1.1.2　黏弹 TTI 介质数值模拟

介质的弹性矩阵决定了地震波在其中传播时所发生的速度与能量变化，不同弹性参数下，各向异性介质的波场信息千差万别。因此，利用数值模拟手段来描述弹性矩阵对各向异性介质地震波场特征的影响是十分必要的。根据能量守恒定律，介质弹性矩阵各阶行列式均必须为正值，在本章我们要讨论的黏弹 TTI 介质则需要满足一般横向各向同性介质的约束条件：$C_{11} \geqslant C_{66} \geqslant 0$，$C_{33} \geqslant 0$，$C_{55} \geqslant 0$，$C_{13}^2 \leqslant 3_{33}(C_{11} - C_{66})$。

设计 3 组共 400 个要满足的均匀黏弹 TTI 介质模型，参数如表 3-1 所示，模型的方位角为 45°，极化角为 60°，x 和 z 方向上的空间步长为 $\Delta x = \Delta z = 5\text{m}$，时间步长 $\Delta t = 1\text{ms}$，纵、横波品质因子分别为 80 和 60。在进行地震波动方程正演时，选用 30Hz 里克子波作为震源，根据高阶交错网格有限差分法，给出时间为 2 阶、空间为 10 阶精度的数值模拟结果，其中三分量波场快照(400ms)如图 3-2 所示，弹性波波场记录如图 3-3 所示。

表 3-1　黏弹 TTI 介质弹性与物性参数

模型编号	C_{11}	C_{13}	C_{33}	C_{44}	C_{66}	$\rho/(\text{g/cm}^3)$
1	26.23	3.09	8.96	1.93	3.5	3.0
2	26.23	−3.09	8.96	1.93	3.5	3.0
3	26.23	−3.09	8.96	1.93	1.6	3.0

比较图 3-2 中模型 1 和模型 2 的三分量波场快照，C_{13} 从 3.09 变为−3.09，拟纵波(qP)波前面的椭圆形态均更加明显，但椭圆长轴方向与观测坐标系之间的夹角变化速度基本未变慢。在各向异性介质中，椭圆的长轴方向为质点振动速度最快的方向，而在短轴方向上最慢。观察拟快横波(qS1)和拟慢横波(qS2)可知，qS1 波波前面也更接近椭圆形，它与 qP 波波前面发生的耦合逐渐被解开，同时其椭圆长轴方向发生了轻微的变化，可见 C_{13} 的变化对 qS1 波的传播造成了一定的影响；相比而言，qS2 波波前面、传播方向均变化不大。

观察图 3-3 中模型 1 和模型 2 的弹性波波场记录可知，当 TI 介质对称轴存在一定的方位角和极化角时，纵、横波记录的同相轴均不对称。改变 C_{13} 后，qP 波记录的同相轴开始偏离中心位置，且与 qS1 波记录发生交叉耦合，形成“三叉区”，进一步增加了波场信息的复杂性；qS2 波记录的同相轴位置未发生明显变化，而 qS1 波同相轴则继续偏离中心位置，随着偏移距的增大，其初至时间也逐渐减小。以上这些现象说明了 C_{13} 的大小对 qP 波和 qS1 波的速度和波前面形态有着显著的影响。

比较图 3-2 中模型 2 与模型 3 的三分量波场快照，可见当弹性常数中的 C_{66} 不同时，qP 波和 qS1 波的波前面形态并无明显的变化，而 qS2 波的波前面形态则更趋近于椭圆，且长轴方向与观测 z 轴的夹角也发生了变化；结合对比图 3-3 中两个模型的弹性波波场记录可知，qP 波和 qS1 波记录基本未发生变化，而模型 3 中 qS2 波的反射同相轴则逐渐向中心位置移动，其初至时间也发生了显著的变化，相比模型 2 表现出了一定的延迟；此外，由于 C_{13} 未改变，qS1 波和 qP 波反射未受影响，依然存在耦合现象。

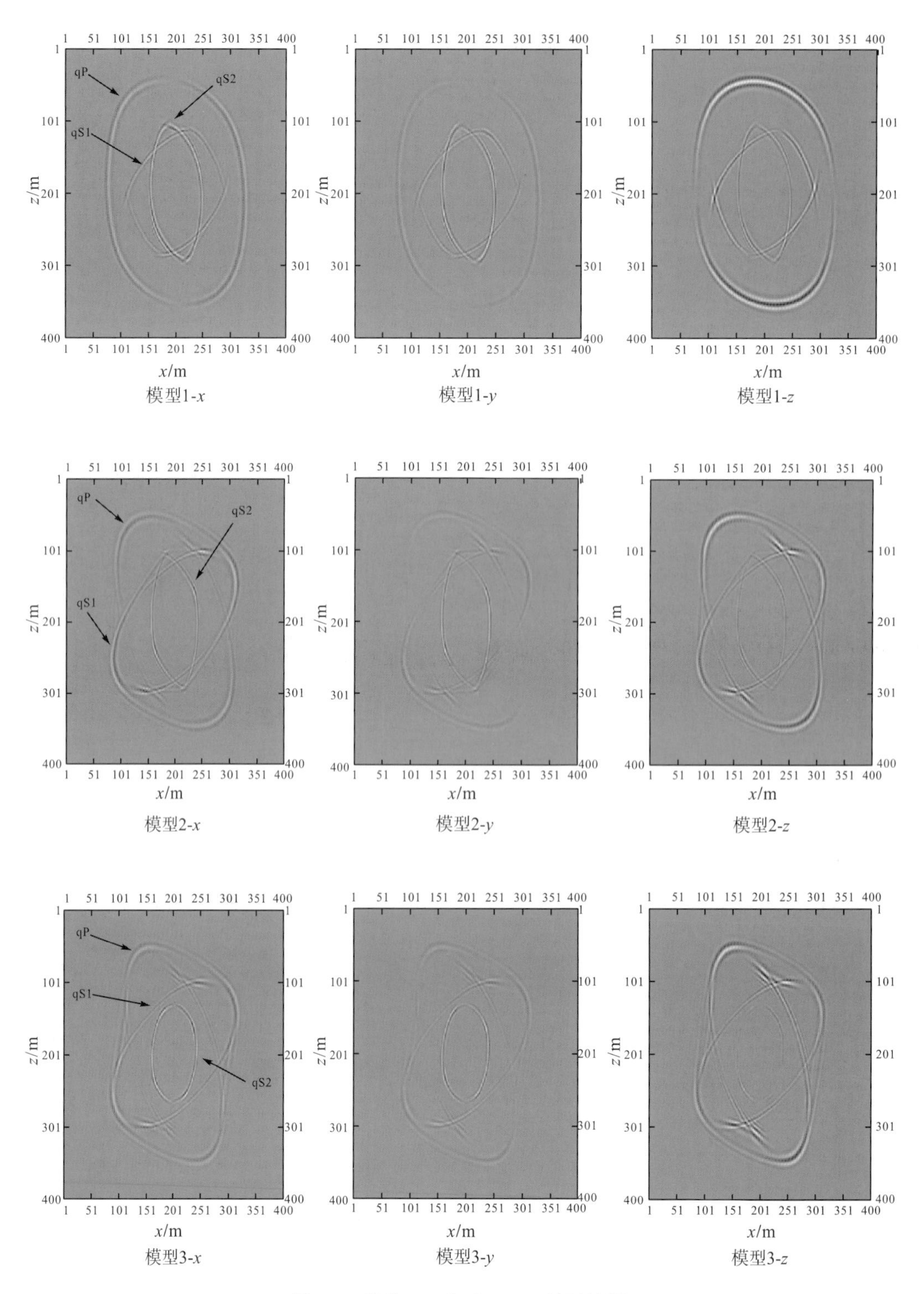

图 3-2 黏弹 TTI 介质 400ms 波场快照

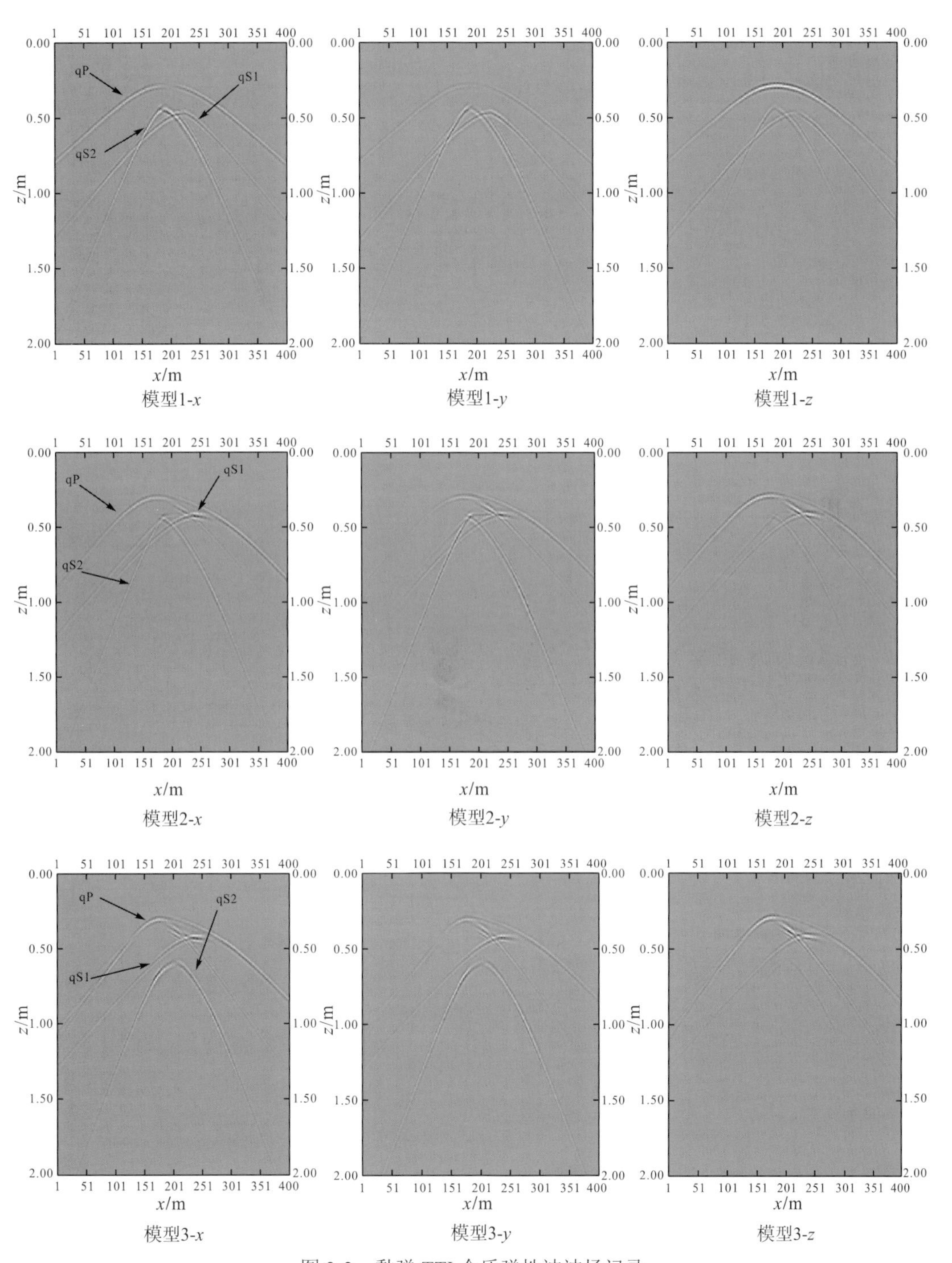

图 3-3 黏弹 TTI 介质弹性波波场记录

通过观察不同弹性常数（C_{13} 和 C_{66}）对黏弹各向异性介质波场特征的影响可知，改变 C_{13} 能够对 qP 波和 qS1 波的波前面形态和反射波记录造成显著的影响，而 C_{66} 的大小则与 qS2 波的波场特征有着紧密的联系；在弹性波波场记录中，我们能够清楚地看到由于不同地震波之间的耦合而形成的“三叉区”，该现象进一步复杂化了地震波场信息，在实际地震记录中，这样的现象数不胜数，因此如何将这样的信息“解耦”，将成为今后地球物理正演领域的一项重要研究课题。

为了更直观地反映介质纵、横波品质因子的大小对地震波传播的影响，设置三种不同的黏弹 TTI 介质模型，其中各模型的弹性矩阵与表 3-1 中的模型 1 一致，对应的纵、横波品质因子 Q_P 和 Q_S 分别为：80 和 60、80 和 40、40 和 40。通过数值模拟我们可以得到如图 3-4 所示的(500m,1000m)处质点的三分量地震记录。从图中结果可以看出，qP 波和 qS 波三分量地震记录均会因品质因子的不同而表现出衰减方面的差异，且相比之下，qS 波的衰减幅度更大；品质因子越小，由介质的黏滞性造成的地震波能量的衰减就更强，纵波品质因子越小，qP 波振幅的衰减就更严重，说明 Q_P 的大小能够影响介质膨胀滞弹性形变；相对地，横波品质因子越小，qS1 波和 qS2 波振幅的衰减都更严重，说明 Q_S 的大小对介质剪切滞弹性形变有着显著的影响。此外，无论是纵波还是横波，当对应品质因子变小时，地震记录中的子波形态均会发生一些变化，如波形变宽、波峰出现时间延迟等。

对黏弹各向异性介质波场信息的数值模拟，能够帮助我们理解含流体复杂介质中地震波传播与响应特征，这顺应了当今石油地球物理勘探学界对于裂缝性储层越来越重视的趋势，为国内外专家学者更加深入地预测有效裂缝油气藏提供了一定理论帮助。

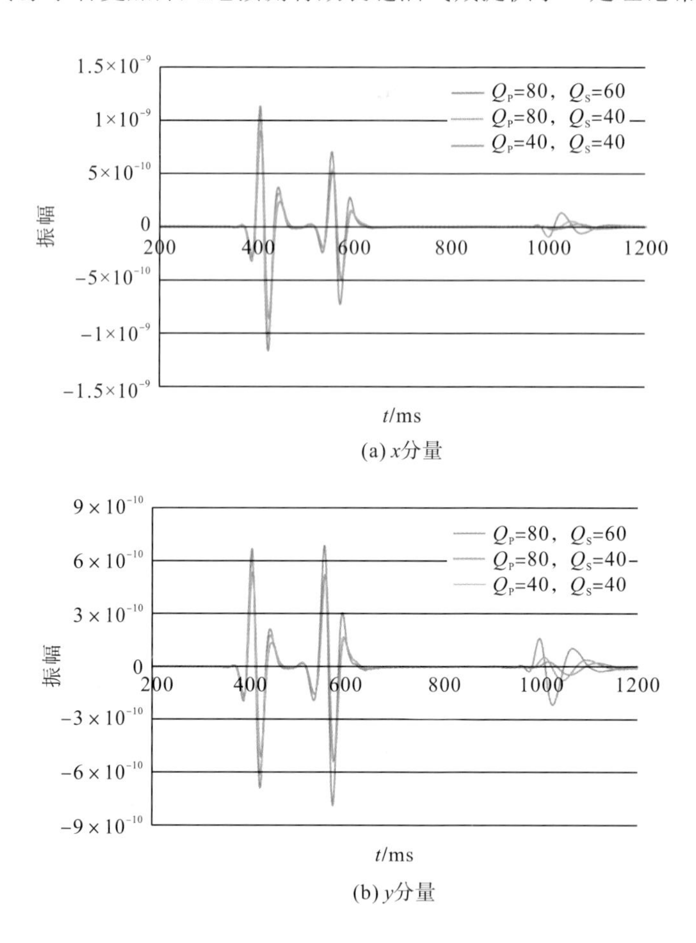

(a) x分量

(b) y分量

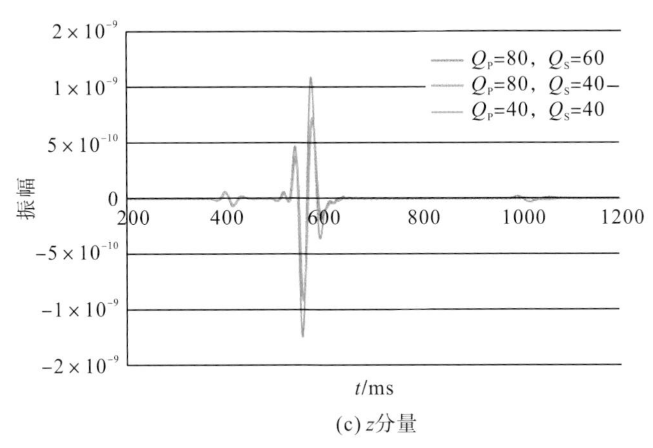

(c) z分量

图 3-4　(500m,1500m)处质点三分量波场记录

3.1.2　含流体各向异性介质地震波场数值模拟

对致密砂岩而言，裂缝对储层的改造至关重要，因此在进行致密砂岩储层的数值模拟时，一定要考虑裂缝的影响。

根据线性滑动理论，裂缝对于岩石骨架的各向异性特征存在十分显著的影响，这里给出 HTI 介质的有效弹性矩阵：

$$
\boldsymbol{C}=\begin{bmatrix}
M(1-\Delta_{\mathrm{N}}) & \lambda(1-\Delta_{\mathrm{N}}) & \lambda(1-\Delta_{\mathrm{N}}) & 0 & 0 & 0 \\
\lambda(1-\Delta_{\mathrm{N}}) & M(1-\chi^2\Delta_{\mathrm{N}}) & \lambda(1-\chi\Delta_{\mathrm{N}}) & 0 & 0 & 0 \\
\lambda(1-\Delta_{\mathrm{N}}) & \lambda(1-\chi\Delta_{\mathrm{N}}) & M(1-\chi^2\Delta_{\mathrm{N}}) & 0 & 0 & 0 \\
0 & 0 & 0 & \mu & 0 & 0 \\
0 & 0 & 0 & 0 & \mu(1-\Delta_{\mathrm{T}}) & 0 \\
0 & 0 & 0 & 0 & 0 & \mu(1-\Delta_{\mathrm{T}})
\end{bmatrix} \tag{3-22}
$$

式中，λ 和 μ 为弹性介质的拉梅常数，$M=\lambda+2\mu$，$\chi=\dfrac{\lambda}{M}$，$\Delta_{\mathrm{N}}=\dfrac{MZ_{\mathrm{N}}}{1+MZ_{\mathrm{N}}}$，$\Delta_{\mathrm{T}}=\dfrac{\mu Z_{\mathrm{T}}}{1+\mu Z_{\mathrm{T}}}$，$Z_{\mathrm{N}}$ 和 Z_{T} 分别表示垂直和平行于裂缝面的附加柔度。根据 Kozlov(2004)的研究，有

$$
Z_{\mathrm{N}}=\frac{2}{3}Bce^3\sqrt{\frac{c}{K^2p}}D \tag{3-23}
$$

$$
Z_{\mathrm{T}}=\left(1-\frac{1}{2}v\right)ce^3\sqrt{\frac{2c}{3(1-v)\mu^2p}} \tag{3-24}
$$

式中，e 表示裂缝密度，它由相互平行的裂缝面之间的平均间隔及裂缝面与参考面之间的距离决定；$B=\left[\dfrac{1+v}{1-v}\right]^{\frac{2}{3}}$，其中 v 为岩石的泊松比；K 表示干岩石的体积模量；c 为表征裂缝面粗糙度的参数；p 表示垂直于裂缝面的有效压力，这里即为地层静压力与孔隙压力的差值；D 为 Thomsen(1995)定义的流体影响因子(fluid influence factor)：

$$D = \psi D_1 + (1-\psi) D_2 \tag{3-25}$$

式中，$\psi = \dfrac{\phi}{\phi_t}$，其中$\phi$为开孔的孔隙度，$\phi_t$为总的孔隙度；$D_1$和$D_2$分别表示开孔流体影响因子和封闭孔流体影响因子。因此，式(3-25)等号右侧前后两项分别表示开孔和封闭孔对流体的作用，本章在进行数值模拟时仅考虑开孔对地震波传播的影响，因此这里只给出开孔流体影响因子的计算式：

$$D_1 \approx \left[1 - \frac{2K_f K_s BFce^3}{3\phi K(K_s - K_f)}\sqrt{\frac{cK}{3p}}\right]^{-1} \tag{3-26}$$

$$F = \left\{1 + (1-\mathrm{i})\frac{3}{2b}\sqrt{\frac{\phi K_f \kappa}{2\eta_f \omega}}\right\}^{-1} \tag{3-27}$$

式中，K_s和K_f分别为岩石骨架和孔隙流体的体积模量；κ为介质渗透率；η_f为孔隙流体的黏滞系数；ω为圆频率；i为虚数单位；b表示裂缝的平均尺寸，这里我们根据赫德森(Hudson)的微小裂隙假设，认为裂缝为硬币状且拥有很小的横纵比。根据式(3-27)可知，基于双孔介质的 HTI 介质的刚度矩阵为复数矩阵，其中虚部能够用来表征所含流体的非弹性性质，即介质对地震波的衰减性质。

在研究岩石物理模型的地震响应特征时，首先对介质的频散属性进行分析是十分必要的，根据 Carcione 的衰减频散原理，给出介质中纵波速度和品质因子的计算公式：

$$V_P = \sqrt{\frac{(Z_{N0} + Z_N)^{-1} + \frac{4}{3}\mu}{\rho}} \tag{3-28}$$

$$Q = \frac{\mathrm{Re}(V_P^2)}{\mathrm{Im}(V_P^2)} \tag{3-29}$$

式中，ρ为介质密度；Z_{N0}表示干燥时各向同性背景岩石的有效柔度，在数值模拟时将其等效为干岩石体积模量的倒数。

为了研究双孔介质的地震波场特征，我们需要先计算其弹性矩阵。根据 Thomsen 弱各向异性理论，这里给出旋转不变系统下横向各向同性介质的关键参数：

$$\varepsilon = 2(1-G)\mu Z_N \tag{3-30}$$

$$\gamma = \frac{\mu Z_T}{2} \tag{3-31}$$

$$\delta = \frac{2\mu(1-G)(GZ_T - Z_N)}{1 - G + \mu(Z_T - Z_N)} \tag{3-32}$$

式中，G为纵横波速度比的平方，这里设定为经验值 0.25。于是根据 Thomsen 三参数即可求取双孔介质的各向异性弹性矩阵：

$$C_{66} = \mu \tag{3-33}$$

$$C_{55} = C_{44} = \frac{\mu}{(1+\mu Z_T)} \tag{3-34}$$

$$C_{33}=\frac{\mu}{\left(G+\mu Z_{\mathrm{N}}\right)} \tag{3-35}$$

$$C_{13}=\left(1-2G\right)C_{33} \tag{3-36}$$

$$C_{11}=\left[1+4\left(1-G\right)\mu Z_{\mathrm{N}}\right]C_{33} \tag{3-37}$$

结合黏弹各向异性介质地震正演理论，我们将对其地震波传播规律进行研究，并给出介质物性参数对波场特征影响的数值模拟结果。

地震波在各向异性介质中传播时，由于其弹性参数的不同而表现出不同的各向异性特征，黏弹各向异性介质的弹性矩阵可扩展为复数矩阵，其中虚部用于反映介质的黏滞特性，而根据 Zhu 和 Tsvankin(2006)的研究，相应的品质因子也应为矩阵张量的形式 $\boldsymbol{Q}$，根据这种形式得到的弹性波理论能够很好地适应不同频率下的品质因子变化，因此能够将其应用到一般的频变岩石物理模型中进行数值模拟分析。利用弹性矩阵的实部和虚部来表示各向异性品质因子张量：

$$Q_{ij}=\frac{\mathrm{Re}\left(C_{ij}\right)}{\mathrm{Im}\left(C_{ij}\right)} \tag{3-38}$$

基于横向各向同性介质的矩阵张量形式，给出 VTI 介质的品质因子矩阵：

$$\boldsymbol{Q}=\begin{bmatrix} Q_{11} & Q_{12} & Q_{13} & 0 & 0 & 0 \\ Q_{12} & Q_{11} & Q_{13} & 0 & 0 & 0 \\ Q_{13} & Q_{13} & Q_{33} & 0 & 0 & 0 \\ 0 & 0 & 0 & Q_{55} & 0 & 0 \\ 0 & 0 & 0 & 0 & Q_{55} & 0 \\ 0 & 0 & 0 & 0 & 0 & Q_{66} \end{bmatrix} \tag{3-39}$$

式中，Q_{12}可以利用Q_{66}和部分介质弹性常数求出：

$$Q_{12}=Q_{11}\frac{C_{11}-2C_{66}}{C_{11}-2C_{66}\dfrac{Q_{11}}{Q_{66}}} \tag{3-40}$$

因此，我们在进行衰减各向异性正演时所需的5个参数分别为Q_{11}、Q_{13}、Q_{33}、Q_{55}、Q_{66}。

为了直观地反映介质的衰减各向异性特征，我们根据 Thomsen 参数的形式，给出依赖方向的品质因子各向异性参数，它包括 5 个独立的分量，其中有两个与品质因子呈倒数关系的参考量(Q_{P0}和Q_{S0})，以及 3 个用于反映介质在不同方向上的衰减各向异性的无量纲量(ε_Q、δ_Q和γ_Q)。有

$$Q_{\mathrm{P0}}=Q_{33}\left(\sqrt{1+\frac{1}{Q_{33}^{2}}}-1\right)\approx\frac{1}{2Q_{33}} \tag{3-41}$$

$$Q_{\mathrm{S0}}=Q_{55}\left(\sqrt{1+\frac{1}{Q_{55}^{2}}}-1\right)\approx\frac{1}{2Q_{55}} \tag{3-42}$$

式中，Q_{P0}表示 P 波衰减系数；Q_{S0}表示横波衰减系数，它能够表征 SH 波在对称轴方向和各向同性面方向上的衰减。

在 Thomsen 速度各向异性理论中，γ 用于表示 SH 波各向异性强度，而这里我们用 γ_Q 来表示介质在两个方向上的衰减各向异性差异，进而反映 SH 波的衰减各向异性幅度，对各向同性介质来说，$\gamma_Q=0$。根据品质因子的张量矩阵可将其写作：

$$\gamma_Q = \frac{Q_{55} - Q_{66}}{Q_{66}} \tag{3-43}$$

同样地，ε_Q 的定义与 Thomsen 参数中的 ε 类似，ε 反映介质纵波各向异性强度，$\varepsilon=0$ 时纵波无各向异性，ε_Q 则用于表征介质的纵波衰减各向异性强度。根据 Chichinina 等(2004)的研究，将其表达式写作：

$$\varepsilon_Q = \frac{Q_{33} - Q_{11}}{Q_{11}} \tag{3-44}$$

Thomsen 参数中 δ 是影响垂直 TI 介质对称轴方向附近的 P 波速度大小的参数，而 δ_Q 则用于描述垂向附近 P 波衰减各向异性随角度的变化，这里当相位角等于 0° 时，将其定义为

$$\delta_Q = \frac{\dfrac{Q_{33} - Q_{55}}{Q_{55}} C_{55} \dfrac{\left(C_{13} + C_{33}\right)^2}{C_{33} - C_{55}} + 2\dfrac{Q_{33} - Q_{13}}{Q_{13}} C_{13}\left(C_{13} + C_{55}\right)}{C_{33}\left(C_{33} - C_{55}\right)} \tag{3-45}$$

一旦给定了上述衰减各向异性参数，我们就可以反推得到介质的衰减各向异性张量矩阵的各分量。下面我们将基于衰减各向异性理论对黏弹 TTI 介质的本构关系进行重新定义和推导。

线性黏弹介质的应力-应变关系式可写成如下形式：

$$\sigma_{ij} = \Psi_{ijkl} * \dot{\varepsilon}_{kl} = \dot{\Psi}_{ijkl} * \varepsilon_{kl} \tag{3-46}$$

式中，弛豫函数 Ψ 决定了介质的黏弹特性，它能够利用广义标准线性体(generalized standard linear solid，GSLS)进行解释，单个的标准线性体(standard linear solid，SLS)包括两个独立的机械系统，一个系统包含机械弹簧和缓冲器，其中弹簧等效为附加的弹性模量 E_1，缓冲器则等效为材料的黏度 η；另一个系统则仅有一个弹簧，表示附加的弹性模量 E_2，多个 SLS 系统共同组成了 GSLS 系统，而每一个独立的 SLS 系统都称作一个弛豫机制。对一般的各向异性介质而言，弛豫函数可写作：

$$\Psi_{ij}\left(t\right) = C_{ij}^{R}\left[1 - \frac{1}{L}\sum_{l=1}^{L}\left(1 - \frac{\tau_{ij}^{\varepsilon l}}{\tau^{\sigma l}}\right)\mathrm{e}^{-\frac{t}{\tau^{\sigma l}}}\right] lH(t) \tag{3-47}$$

式中，$\tau^{\sigma l}$ 和 $\tau_{ij}^{\varepsilon l}$ 分别表示在第 l 个弛豫机制中应力和应变的弛豫时间；L 为弛豫机制的总数；$H\left(t\right)$ 为单位阶跃函数；$C_{ij}^{R} = \Psi_{ij}\left(t \to \infty\right)$ 则对应低频极限 $\left(\omega = 0\right)$ 情况下的弛豫模量，它与黏弹介质的复数弹性矩阵 C_{ij} 的实部有关：

$$C_{ij}^{R} = \mathrm{Re}\left(C_{ij}\right)\left[\frac{1}{L}\sum_{l=1}^{L}\frac{1 + \omega_r^2 \tau^{\sigma l}\tau_{ij}^{\varepsilon l}}{1 + (\omega_r \tau^{\sigma l})^2}\right]^{-1} \tag{3-48}$$

式中，在参考频率 ω_r 下，对于各向异性弛豫向量 Ψ 而言，应力的弛豫时间 $\tau^{\sigma l}$ 是恒定的，

而应变的弛豫时间 $\tau_{ij}^{\varepsilon l}$ 则拥有不同的分量。这里在进行数值模拟时，应用的弛豫机制越多，我们所能得到的频带就越宽，结果中品质因子就越接近常数。

Blanch 等(1995)提出了一个无量纲的参数 τ，用于反映各向同性介质中的黏弹性衰减，τ 越大，品质因子 Q 越小，其表达式为

$$\tau = \frac{\tau^{\varepsilon l}}{\tau^{\sigma l}} - 1 \tag{3-49}$$

而对于各向异性黏弹介质，可将其定义为矩阵向量的形式：

$$\tau_{ij} = \frac{\tau_{ij}^{\varepsilon l}}{\tau^{\sigma l}} - 1 \tag{3-50}$$

同样地，τ_{ij} 越大，Q_{ij} 越小，介质对地震波的衰减能力越强。在弹性体中，黏弹介质的应力与应变时间应保持一致，于是可以给出各向异性品质因子关于 τ_{ij} 和应力弛豫时间的计算式(Bai and Tsvankin，2016)：

$$Q_{ij} = \frac{L + \tau_{ij} \sum_{l=1}^{L} \frac{\left(\omega_r \tau^{\sigma l}\right)^2}{1 + \left(\omega_r \tau^{\sigma l}\right)^2}}{\tau_{ij} \sum_{l=1}^{L} \frac{\omega_r \tau^{\sigma l}}{1 + \left(\omega_r \tau^{\sigma l}\right)^2}} \tag{3-51}$$

因此我们只要利用 Q_{ij}，就可以通过最小二乘反演得到介质 τ_{ij} 和 $\tau^{\sigma l}$，这里给出积分算式，不做进一步推导：

$$J\left(\tau^{\sigma l}, \tau_{ij}\right) = \int_{\omega_2}^{\omega_1} \left[\frac{1}{Q_{ij}\left(\omega, \tau^{\sigma l}, \tau_{ij}\right)} - \frac{1}{Q_{\mathrm{con}}} \right] \mathrm{d}\omega \tag{3-52}$$

在计算得到不同弛豫机制下的弛豫时间之后，我们即可根据弛豫函数对介质的各向异性特征做进一步描述。将式(3-50)代入弛豫函数表达式(3-47)，并将下标写成四阶形式，则有

$$\Psi_{mnpq}(t) = C_{mnpq}^{R} \left(1 + \frac{\tau_{mnpq}}{L} \sum_{l=1}^{L} \mathrm{e}^{-\frac{t}{\tau^{\sigma l}}} \right) H(t) \tag{3-53}$$

再将上式代入应力-应变关系式(3-46)，对等式两边在时间方向上同时求导得

$$\begin{aligned} \dot{\sigma}_{mn} &= \dot{\Psi}_{mnpq}(t) * \dot{\varepsilon}_{pq} \\ &= C_{mnpq}^{U} \dot{\varepsilon}_{pq} - \frac{1}{L}\left(C_{mnpq}^{U} - C_{mnpq}^{R}\right) \left(\sum_{l=1}^{L} \frac{\mathrm{e}^{-\frac{t}{\tau^{\sigma l}}}}{\tau^{\sigma l}} \right) H(t) * \dot{\varepsilon}_{pq} \end{aligned} \tag{3-54}$$

式中，C_{mnpq}^{U} 为非弛豫模量，$C_{mnpq}^{U} = C_{mnpq}^{R}\left(1 + \tau_{mnpq}\right)$。

这里利用记忆变量来消除式(3-54)中的褶积运算：

$$\frac{\partial \sigma_{mn}}{\partial t} = \frac{1}{2} C_{mnpq}^{U} \left(v_{p,q} + v_{q,p} \right) + \sum_{l=1}^{L} \xi_{mn}^{l} \tag{3-55}$$

式中，$v_{p,q}$ 表示第 p 个速度分量对 x_q 的偏导；ξ_{mn}^{l} 表示第 l 个弛豫机制对应的记忆变量：

$$\frac{\partial \xi_{mn}^{l}}{\partial t}=-\frac{1}{\tau^{\sigma l}}\left[\frac{1}{2L}\left(C_{mnpq}^{U}-C_{mnpq}^{R}\right)\left(v_{p,q}+v_{q,p}\right)+\xi_{mn}^{l}\right] \tag{3-56}$$

结合 TTI 介质坐标旋转理论，可推导出基于黏弹各向异性理论的黏弹 TTI 介质二维三分量应力-速度关系：

$$\frac{\partial \sigma_{xx}}{\partial t}=C_{11}^{U}\frac{\partial v_x}{\partial x}+C_{13}^{U}\frac{\partial v_z}{\partial z}+C_{15}^{U}\left(\frac{\partial v_x}{\partial z}+\frac{\partial v_z}{\partial x}\right)+C_{14}^{U}\frac{\partial v_y}{\partial z}+C_{16}^{U}\frac{\partial v_y}{\partial x}+\sum_{l=1}^{L}\xi_{xx}^{l} \tag{3-57a}$$

$$\frac{\partial \sigma_{zz}}{\partial t}=C_{13}^{U}\frac{\partial v_x}{\partial x}+C_{33}^{U}\frac{\partial v_z}{\partial z}+C_{35}^{U}\left(\frac{\partial v_x}{\partial z}+\frac{\partial v_z}{\partial x}\right)+C_{34}^{U}\frac{\partial v_y}{\partial z}+C_{36}^{U}\frac{\partial v_y}{\partial x}+\sum_{l=1}^{L}\xi_{xx}^{l} \tag{3-57b}$$

$$\frac{\partial \sigma_{yz}}{\partial t}=C_{14}^{U}\frac{\partial v_x}{\partial x}+C_{34}^{U}\frac{\partial v_z}{\partial z}+C_{44}^{U}\frac{\partial v_y}{\partial z}+C_{45}^{U}\left(\frac{\partial v_x}{\partial z}+\frac{\partial v_z}{\partial x}\right)+C_{46}^{U}\frac{\partial v_y}{\partial x}+\sum_{l=1}^{L}\xi_{yz}^{l} \tag{3-57c}$$

$$\frac{\partial \sigma_{xz}}{\partial t}=C_{15}^{U}\frac{\partial v_x}{\partial x}+C_{35}^{U}\frac{\partial v_z}{\partial z}+C_{45}^{U}\frac{\partial v_y}{\partial z}+C_{55}^{U}\left(\frac{\partial v_x}{\partial z}+\frac{\partial v_z}{\partial x}\right)+C_{56}^{U}\frac{\partial v_y}{\partial x}+\sum_{l=1}^{L}\xi_{xz}^{l} \tag{3-57d}$$

$$\frac{\partial \sigma_{xy}}{\partial t}=C_{16}^{U}\frac{\partial v_x}{\partial x}+C_{36}^{U}\frac{\partial v_z}{\partial z}+C_{46}^{U}\frac{\partial v_y}{\partial z}+C_{56}^{U}\left(\frac{\partial v_x}{\partial z}+\frac{\partial v_z}{\partial x}\right)+C_{66}^{U}\frac{\partial v_y}{\partial x}+\sum_{l=1}^{L}\xi_{xy}^{l} \tag{3-57e}$$

令 $C'_{mnpq}=C_{mnpq}^{U}-C_{mnpq}^{R}$，根据式(3-57)可得记忆变量的计算公式：

$$\frac{\partial \xi_{xx}^{l}}{\partial t}=-\frac{1}{\tau^{\sigma l}}\left\{\frac{1}{L}\left[C'_{11}\frac{\partial v_x}{\partial x}+C'_{13}\frac{\partial v_z}{\partial z}+C'_{16}\frac{\partial v_y}{\partial x}+C'_{15}\left(\frac{\partial v_x}{\partial z}+\frac{\partial v_z}{\partial x}\right)+C'_{14}\frac{\partial v_y}{\partial z}\right]+\xi_{xx}^{l}\right\} \tag{3-58a}$$

$$\frac{\partial \xi_{zz}^{l}}{\partial t}=-\frac{1}{\tau^{\sigma l}}\left\{\frac{1}{L}\left[C'_{13}\frac{\partial v_x}{\partial x}+C'_{33}\frac{\partial v_z}{\partial z}+C'_{36}\frac{\partial v_y}{\partial x}+C'_{35}\left(\frac{\partial v_x}{\partial z}+\frac{\partial v_z}{\partial x}\right)+C'_{34}\frac{\partial v_y}{\partial z}\right]+\xi_{zz}^{l}\right\} \tag{3-58b}$$

$$\frac{\partial \xi_{yz}^{l}}{\partial t}=-\frac{1}{\tau^{\sigma l}}\left\{\frac{1}{L}\left[C'_{14}\frac{\partial v_x}{\partial x}+C'_{34}\frac{\partial v_z}{\partial z}+C'_{46}\frac{\partial v_y}{\partial x}+C'_{45}\left(\frac{\partial v_x}{\partial z}+\frac{\partial v_z}{\partial x}\right)+C'_{44}\frac{\partial v_y}{\partial z}\right]+\xi_{yz}^{l}\right\} \tag{3-58c}$$

$$\frac{\partial \xi_{xz}^{l}}{\partial t}=-\frac{1}{\tau^{\sigma l}}\left\{\frac{1}{L}\left[C'_{15}\frac{\partial v_x}{\partial x}+C'_{35}\frac{\partial v_z}{\partial z}+C'_{56}\frac{\partial v_y}{\partial x}+C'_{55}\left(\frac{\partial v_x}{\partial z}+\frac{\partial v_z}{\partial x}\right)+C'_{45}\frac{\partial v_y}{\partial z}\right]+\xi_{xz}^{l}\right\} \tag{3-58d}$$

$$\frac{\partial \xi_{xy}^{l}}{\partial t}=-\frac{1}{\tau^{\sigma l}}\left\{\frac{1}{L}\left[C'_{16}\frac{\partial v_x}{\partial x}+C'_{36}\frac{\partial v_z}{\partial z}+C'_{66}\frac{\partial v_y}{\partial x}+C'_{56}\left(\frac{\partial v_x}{\partial z}+\frac{\partial v_z}{\partial x}\right)+C'_{46}\frac{\partial v_y}{\partial z}\right]+\xi_{xy}^{l}\right\} \tag{3-58e}$$

在进行地震波场数值模拟时，我们采用了交错网格对应力-速度方程和记忆变量方程进行离散差分，同时利用完全匹配层作为吸收边界，具体差分公式这里不再进行推导。

3.1.3 有限差分的频散现象及解决方案

波动方程正演模拟技术按照地震波的传播特性可大体分为双程波波动方程数值模拟和单程波波动方程数值模拟(图 3-5)。有限差分在这两类波动方程数值模拟中都有着广泛的应用，其具有计算速度快、占用内存小和易于编程实现的优势。然而，时间方向和空间方向分别使用较粗的时间采样间隔和空间网格步长时会产生严重的数值频散。实际上，地震子波可以看成是由多个正弦波组成的复合信号，对于利用有限差分求解波动方程而言，不同频率的正弦波传播速度与实际介质不同，会产生特有的数值频散现象。数值频散是有限差分方法所固有的属性，可以看成是一种由于网格离散化而产生的伪波动。利用有限差分求解波动方程在时间域和空间域同时进行，按照数值相速度和真实传播速度的相对大小，可分为时间频散和空间频散。时间频散误差会使相速度变大而出现“波至超前”，空间频散误差会使相速度变小而出现“波至拖尾”，较明显时会严重影响正演模拟的精度。

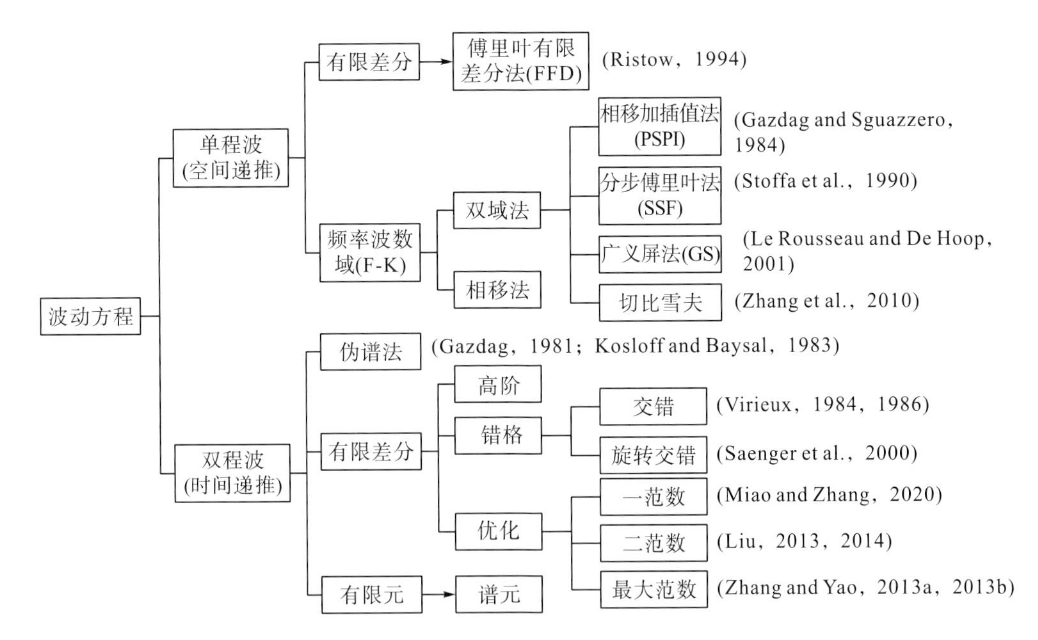

图 3-5　波动方程正演模拟技术分类示意图

FFD：Fourier finite difference；PSP：phase shift plus interpolation；SSF：split step Fourier；GS：generalized screen

目前已经提出一些能很好地解决时间数值频散的方法，包括拉克斯-温德洛夫(Lax-Wendroff)方法、基于时空域频散关系的常系数优化方法和时间频散变换。Gao 等(2018，2019)的研究证明了 Koene 等(2018)提出的时间频散变换甚至能完全去除时间采样间隔远大于稳定性极限条件时产生的时间数值频散误差。因此，我们这里重点关注如何压制空间数值频散。通常用于压制空间数值频散的方法有以下几种：①采用较小的空间步长，这会大大增加计算量和所需计算内存；②空间方向采用高阶差分格式；③利用通量校正传输(FCT)技术也可达到缓解数值频散现象的效果;④基于利用优化算法求取新的差分系数进行波动方程数值模拟。在相同阶数下，相对于传统泰勒级数展开方法，常系数优化有限差分方法在较大波数域区间精度更高，因此能取得更好的数值频散压制效果。Holberg(1987)首次提出通过最小化给定空间频带内群速度的峰值相对误差来优化空间有限差分 FD 算子，但是对群速度的最大相对误差没有严格的限制，会导致模拟结果与精确解有较大偏差。Liu(2013)基于二范数建立目标函数，采用最小二乘(least square，LS)法优化近似求取差分系数。此外，Zhang 和 Yao(2013a)、Yang 等(2017)、He 等(2019)基于无穷范数建立目标函数求解有限差分系数用于波动方程数值模拟。Zhang 和 Yao(2013b)基于无穷范数采用极小化极大(minimax，MA)近似建立目标函数，用模拟退火算法求得了声波方程空间导数的有限差分系数，并且给出了 0.0001 的误差容限。Yang 等(2017)采用雷米兹(Remez)迭代算法求解空间一阶偏导数交错网格差分系数。He 等(2019)在 Yang 等(2017)的基础上引入新的约束条件，得到“等波纹”解，获得理论上最宽有效频带。

隐格式有限差分方法相比显格式有限差分方法往往具有更高的精度和更好的稳定性，其可分为时间方向隐格式和空间方向隐格式的有限差分方法，但是它们往往需要大量的矩阵运算（尤其是时间方向隐格式），这限制了隐格式有限差分方法的实际推广应用。Liu 和 Sen（2009）受到 Claerbout（1985）的研究内容启发，提出了一种新的利用隐格式求解空间导数的有限差分方法，其声波方程的数值模拟实验证明了在不增加计算量的前提下，新的低阶隐格式有限差分方法可以取得与高阶显格式有限差分方法类似的模拟精度。针对二阶空间导数的任意偶数阶精度的隐格式有限差分方法可以表示为

$$\frac{\partial^2 p}{\partial x^2} \approx \frac{\dfrac{\delta^2 p}{\delta x^2}}{1+b\varDelta^2\dfrac{\delta^2}{\delta x^2}} = \frac{\dfrac{1}{\Delta x^2}\left[c_0 p_0 + \sum_{m=1}^{M} c_m\left(p_{-m}+p_{+m}\right)\right]}{1+b\varDelta^2\dfrac{\delta^2}{\delta x^2}} \tag{3-59}$$

经过一系列简化推导，我们可以在波数域中将隐格式有限差分方法的相对误差表达式写为

$$\varPsi(\beta)=2b(1-\cos\beta)+\frac{\sum_{m=1}^{M} c_m\left[1-\cos(m\beta)\right]}{\beta^2}-1 \tag{3-60}$$

式中，$\beta = k\varDelta x$ 且 $\beta\in[0,\pi]$。利用传统泰勒级数展开法或者 Remez 迭代算法求解上式目标函数，可以获得空间导数的隐格式有限差分系数 c_m，接着可以将其用于波动方程的隐格式有限差分法数值模拟。

图 3-6 展示了空间导数算子高阶隐格式有限差分近似的数值误差曲线。可以看出，无论是传统泰勒级数展开法还是 Remez 迭代算法，阶数（2*M*）越大，频散曲线获得的频带覆盖范围均越广，理论计算精度也越高；传统泰勒级数展开法求得的隐格式有限差分系数即使在很高的阶数（2*M*=100）时在大波数区间依然存在明显的误差；利用 Remez 迭代算法求得的隐式差分系数在较低的阶数（2*M*=16）时可以取得近似谱精度（π）的频带覆盖范围，这意味着我们可以使用很短的有限差分算子长度取得非常好的数值频散压制效果。

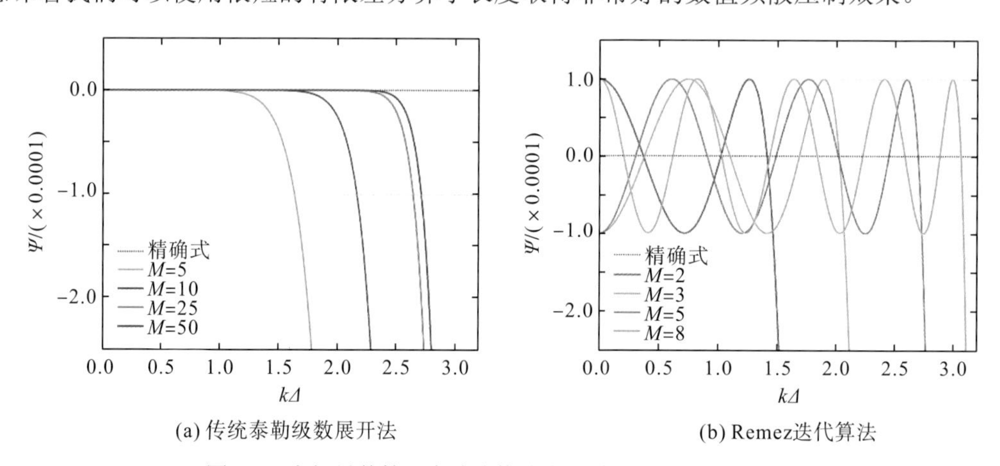

(a) 传统泰勒级数展开法　(b) Remez迭代算法

图 3-6　空间导数算子高阶隐格式有限差分近似的数值误差

3.2　地震响应特征分析

3.2.1　衰减、频散与渗透率的关系

根据某区的井资料和利用第 2 章的公式获得的弹性参数，建立相应的模型，并进行数值模拟。设定地层有效压力为 100MPa，裂缝密度为 0.1，孔隙度为 5%。由图 3-7 可以看出，一方面，在渗透率增大的过程中，地震纵波速度急剧减小，且在渗透率极低(1mD 以内)的情况下，其减小得更加明显；另一方面，在频率从 0Hz 增大到 100Hz 的过程中，纵波速度所受到的影响相对较小，且仅仅在低渗时才产生相对明显的变化。由图 3-7(b)可知，逆品质因子在低频段随着渗透率的增大呈现出典型的“先增后减”的趋势。图 3-8 为孔隙度为 10%，其他参数不变时地震纵波速度[图 3-8(a)]和逆品质因子[图 3-8(b)]与渗透率的关系及频散特征，比较图 3-7 与图 3-8 可看出，当孔隙度增大时，规律基本不变，但逆品质因子的峰值向渗透率减小的方向移动，即在渗透率较小(在低频段小于 1mD)时，品质因子即可达到极小值，对地震波的吸收达到最大。

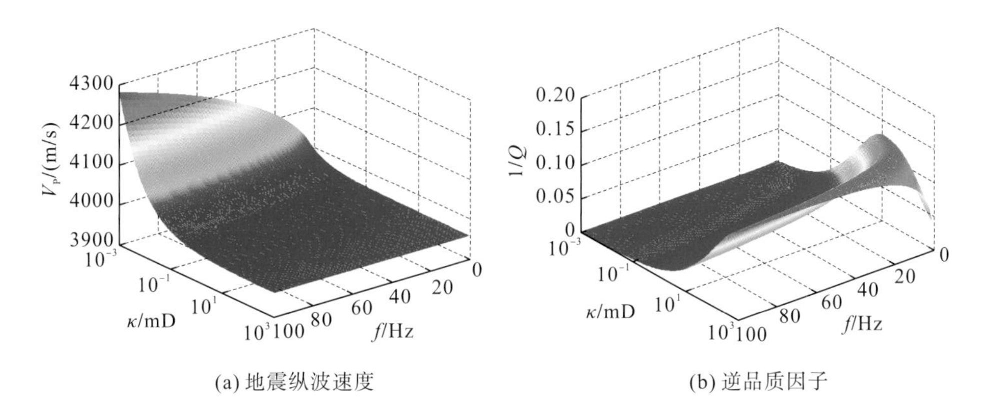

(a) 地震纵波速度　　(b) 逆品质因子

图 3-7　地震纵波速度、逆品质因子与渗透率及频率的关系(孔隙度为 5%)

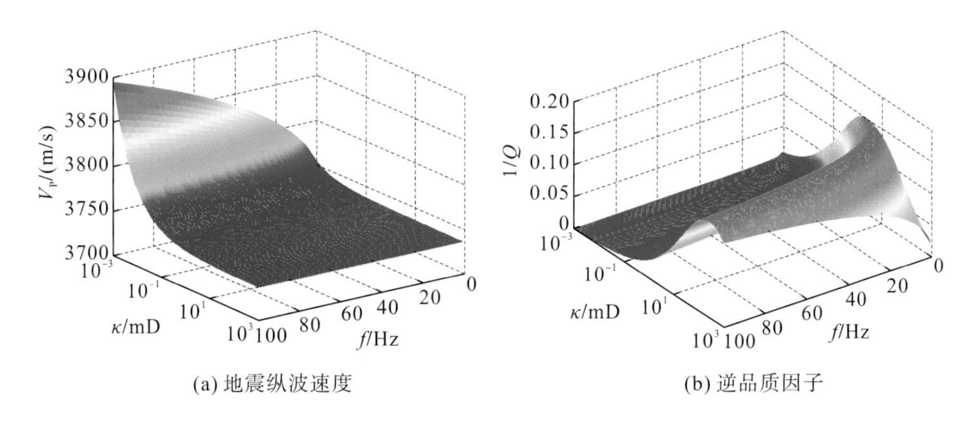

(a) 地震纵波速度　　(b) 逆品质因子

图 3-8　地震纵波速度、逆品质因子与渗透率及频率的关系(孔隙度为 10%)

图 3-9 给出了当频率分别为 1Hz、10Hz、25Hz、50Hz、100Hz 时，裂缝诱导法向柔度 Z_N 随渗透率和地层有效压力变化的关系曲面。由图中结果可知，不同频率下柔度 Z_N 的曲面变化趋势基本一致：随渗透率的增大而增大，在低渗(小于 10mD)情况下增长更加快速，之后逐渐保持平缓；随地层压力的增大而减小，且在低压(小于 10MPa)情况下减小得更剧烈。

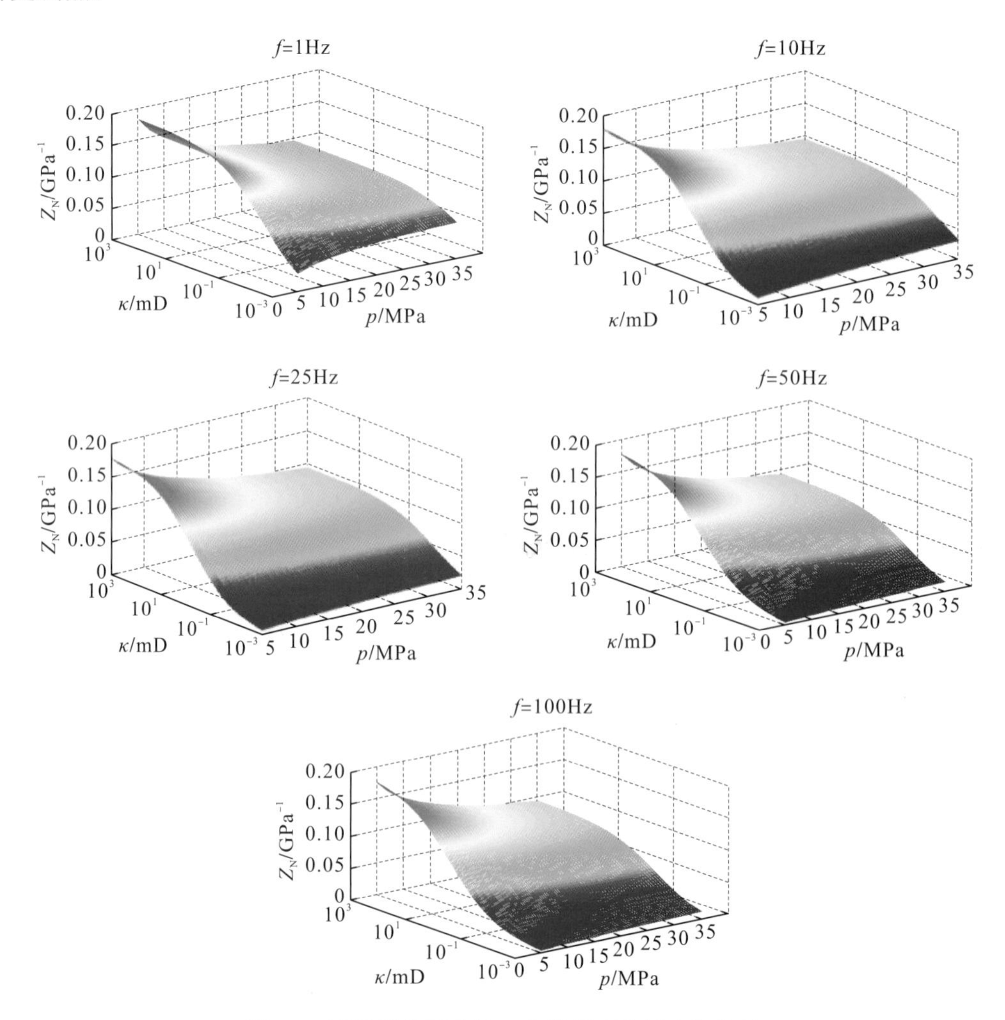

图 3-9 不同频率下柔度 Z_N 与渗透率和压力的关系

比较不同频率下的数值模拟结果可知，低频时法向柔度对地层有效压力的依赖性更强，即曲面在有效压力变化的方向上更“陡”；同时，在低渗情况下，柔度变化较快，在低频段，渗透率增大到 0.1mD 后，Z_N 的变化就开始变得平缓，而高频时渗透率在增大到约 10mD 后，Z_N 的变化才开始趋于平缓。

图 3-10 为不同地层压力下纵波速度的频散特征及与渗透率的关系，从图中可以看出压力变化时，纵波速度绝对数值有一定的变化，但其频散特征及与渗透率的关系不变。

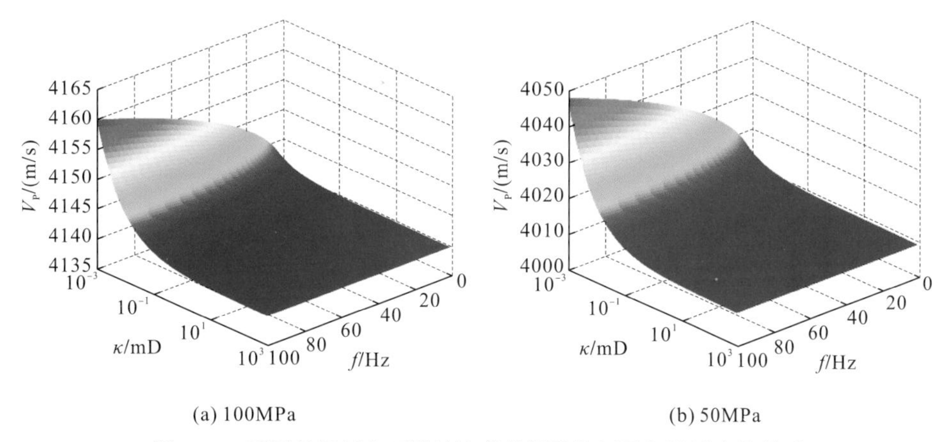

图 3-10　不同地层压力下纵波速度的频散特征及与渗透率的关系

图 3-11 和图 3-12 分别为不同裂缝密度下均匀双孔介质模型 350ms 波场快照，有限差分精度为时间 2 阶、空间 10 阶。在进行地震波场正演时，采用的震源为 30Hz 的里克子波，其位于 400×400 的网格模型的正中心，时间步长给定为 1ms，x 和 z 方向上的空间步长均为 5m，完全匹配层厚度为 500m。

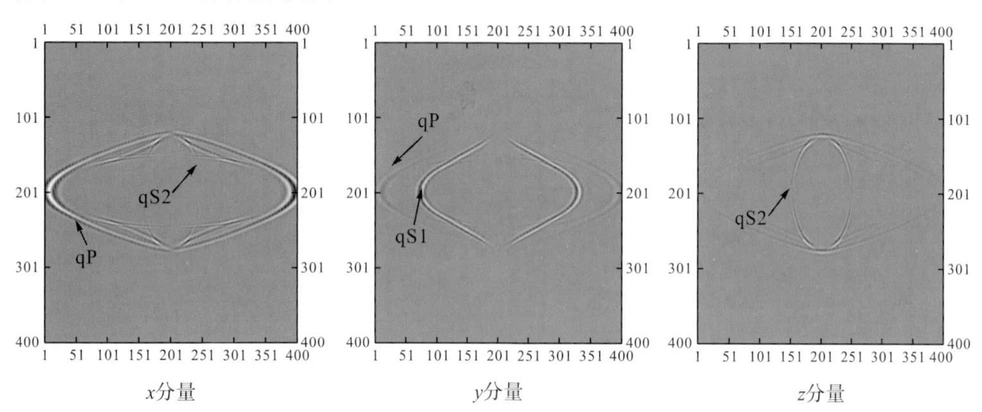

图 3-11　裂缝密度为 0.05 时双孔介质模型 350ms 波场快照

注：横、纵坐标均表示网格点数

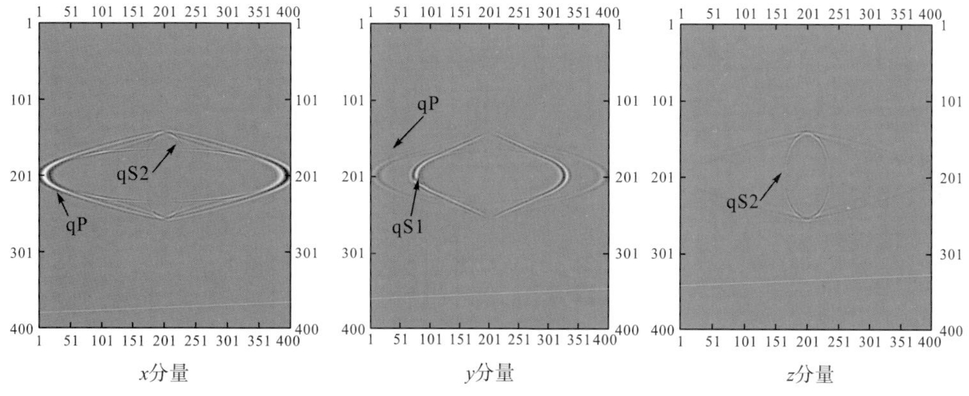

图 3-12　裂缝密度为 0.1 时双孔介质模型 350ms 波场快照

注：横、纵坐标均表示网格点数

根据图中结果，地震波在传播至双孔介质时，波场信息包含 qP 波和 qS 波，波前面均似椭圆。qS 波发生了横波分裂现象，分化为 qS1 波和 qS2 波，它们波前面椭圆的长轴方向为其振动最快的方向，二者长轴互相垂直，分别代表与各向同性裂缝面平行和垂直的方向，这都是十分明显的各向异性传播特征。

比较不同裂缝密度时双孔介质的波场特征，观察 x 分量波场快照，发现 qP 波椭圆波前面长轴的长度未发生明显变化，说明裂缝密度的增大对其振动速度的影响并不明显；观察 y 分量波场快照，发现 qS1 波波前面的形态变化与 qP 波类似，即椭圆长轴长度变化不大，短轴长度减小，说明横波在平行于裂缝面方向上的振动速度分量未受明显影响；根据 z 分量波场快照，能够明显地观察到 qS2 波波前面的形态变化，垂向上的椭圆长轴变小，说明横波在裂缝密度增大时，其垂直于裂缝面方向上的速度发生明显的衰减，各向异性特征明显。

图 3-13 为裂缝密度发生变化时的单点地震记录，从图中可以看出：①由于裂缝密度增大导致地震波速度减小，检波器接收到的地震波也存在一定的时间延迟；②裂缝密度的增大也会使各地震波分量的能量发生衰减，原因在于：根据衰减各向异性理论，裂缝密度的改变会影响介质中应力与应变的弛豫时间，从而改变各向异性品质因子张量的大小，进而造成一定的衰减。

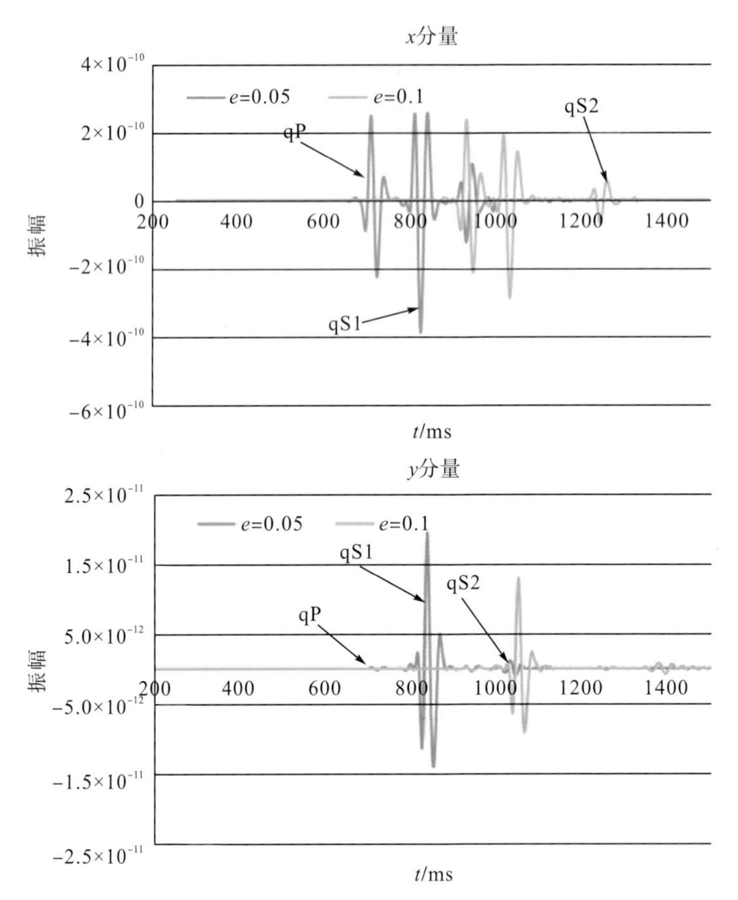

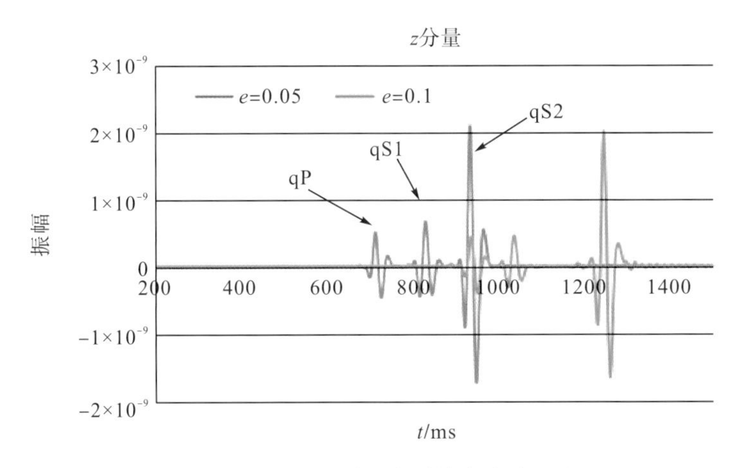

图3-13　不同裂缝密度时单点地震记录

介质中流体的存在也能够对地震波的传播造成非常明显的能量衰减，由于这里我们应用的是黏弹介质波动方程，因此在利用它对双孔介质中流体的影响进行讨论时，需要首先假设介质中只含有一种流体，且无流体流动，即考虑整个模型中基质与流体的综合效应。

为了讨论不同流体对地震波传播的影响，这里利用Chen等(2016)的研究中油和气的物性参数进行地震波场正演。其中，油的体积模量和黏滞系数分别为1.2488GPa和1.2687cP(1cP=10^{-3}Pa·s)，气的体积模量和黏滞系数分别为0.0606GPa和0.0254cP。将参数代入双孔模型的流体影响因子，计算复数弹性矩阵，进而得到各向异性品质因子矩阵，进行地震波场数值模拟，可得如图3-14和图3-15所示的波场快照。

从图中结果可以看出，qP波和qS波表现出典型的各向异性特征(椭圆形波前面)，同时流体的变化也能够对其波场信息造成一定的影响，主要表现为：含不同流体时地震纵波波前面形态无明显变化，能量发生一定的衰减；横波分裂现象则明显受到影响，qS2波波前面形态发生显著变化，椭圆长轴大幅减小，说明储层含气时，质点在垂直于各向同性裂缝面方向上的振动速度迅速减小，相较而言，qS1波变化相对较轻微。

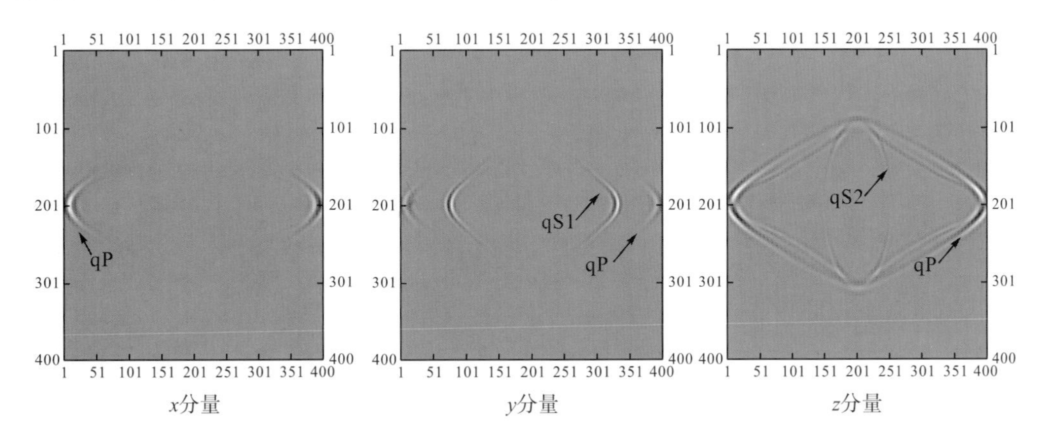

图3-14　饱含油时双孔介质模型350ms波场快照
注：横、纵坐标均表示网格点数

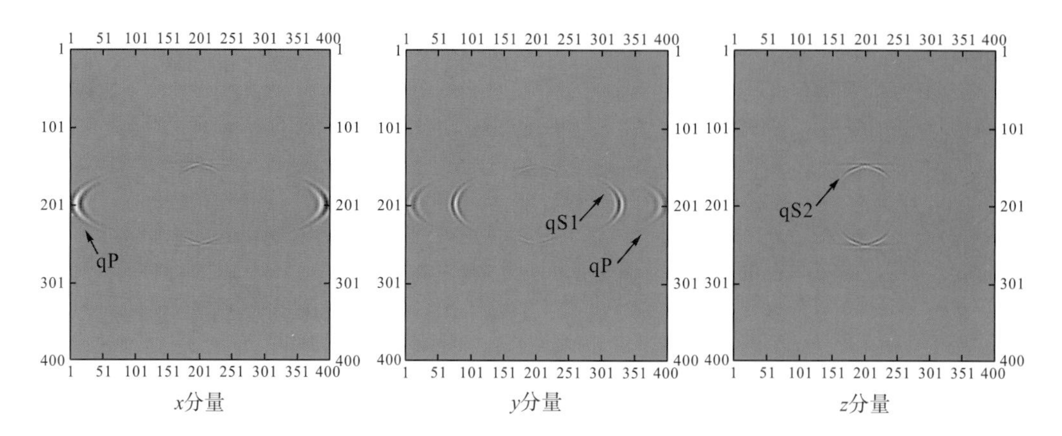

图 3-15 饱含气时双孔介质模型 350ms 波场快照

注：横、纵坐标均表示网格点数

综上所述，无论是介质中的流体还是裂缝密度，均能对地震波在双孔介质中的传播造成一定的影响。然而需要指出的是，这里我们利用衰减各向异性理论对含流体介质中地震波场规律进行的一些数值模拟仅为理论上的探讨，实际地层条件复杂多变且难寻规律。同时，我们在进行数值模拟时需要假设介质中仅含一种流体且无流体流动，否则必须基于 Biot 理论进行双相介质的数值模拟，这也是目前的研究成果存在的不足之处。目前要利用单一理论进行地震正演仍是一个无法破解的难题，要完善地震波在复杂地质环境中的传播理论，还需要业界学者的共同努力和耐心钻研。

3.2.2 裂缝带地震响应特征分析

图 3-16 为不同倾角裂缝及网状裂缝的数值模拟结果。速度参数参考了研究区井资料。根据含裂隙混合介质的赫德森(Hudson)理论将每个裂缝发育带分为两部分：周围的基质视为围体，裂缝视为包体，利用克里斯托夫(Christoff)矢量方程组求取裂缝带的等效纵波速度。分析该图可看出：对于不同倾角的裂缝，网状裂缝带反射最强，垂直裂缝反射最弱，水平裂缝且具有一定倾角的裂缝反射能量介于网状裂缝带和垂直裂缝之间。

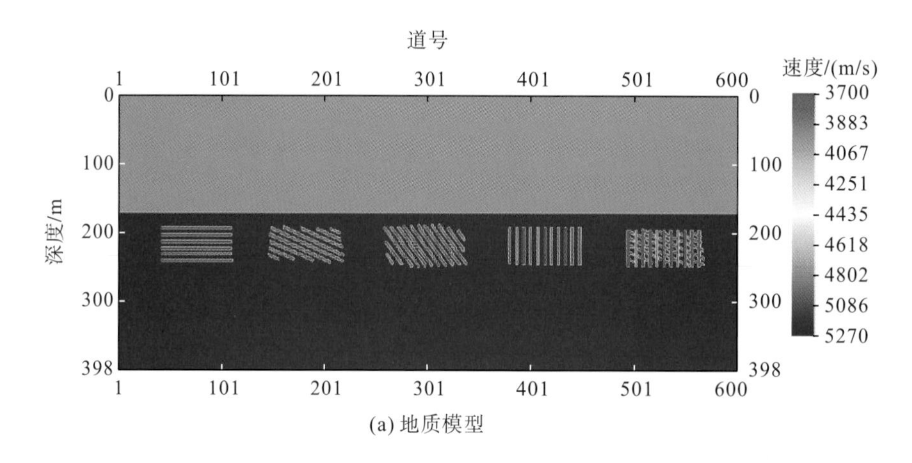

(a) 地质模型

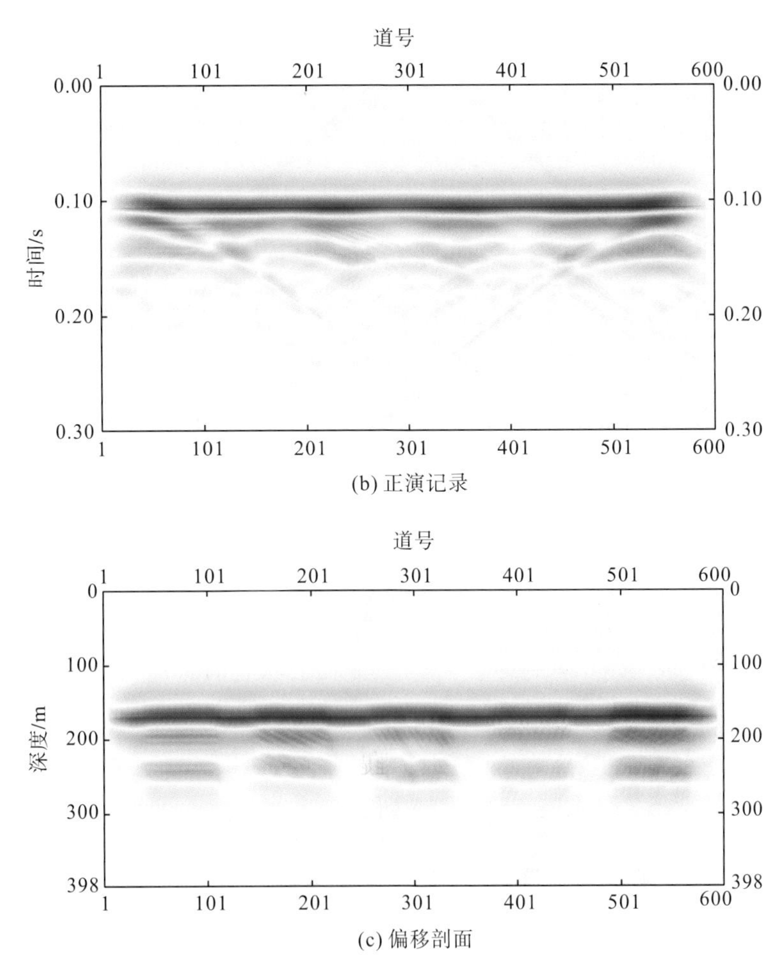

图 3-16　不同倾角裂缝及网状裂缝地震响应特征

第 4 章　基于叠后地震资料的致密砂岩储层预测

4.1　地震资料预处理

致密砂岩储层的地震响应弱，在进行储层预测时需要进行提高信噪比的预处理，本书采用构造导向滤波进行提高信噪比的处理。结构导向滤波主要是在各向异性扩散方程的基础上，通过构造能反映图像局部结构的梯度结构张量(gradient structure tensor，GST)来实现平滑滤波的一种全方位滤波方法。而梯度结构张量是由图像数据的一阶偏微分组成的半正定矩阵，它主要用来反映图像的局部纹理结构信息。因此，结构导向滤波中使用梯度结构张量可以在图像降噪过程中平滑噪声的同时保持图像边缘。而在实际应用中，为了更加准确地反映图像中纹理区域的连续性，通常运用连续性因子变量来指示图像的纹理特征。最后在计算有关参量的基础上，建立结构方位滤波方程，从而实现对图像的降噪处理。因此，有效而准确地计算图像的梯度结构张量、扩散张量等参量，是基于结构导向滤波的图像降噪方法的关键，有关原理在许多文献中有详细介绍，此处不再赘述。

图 4-1(a)为原始叠后地震剖面，图 4-1(b)为对该剖面进行构造导向滤波的结果。对比两图可以发现，经过构造导向滤波后，地震资料的信噪比明显提高，断层断点更加清晰，断裂带内部细节更丰富，如图 4-1(b)中黑色箭头所示。这样的资料有利于构造精细解释和后期的储层预测。

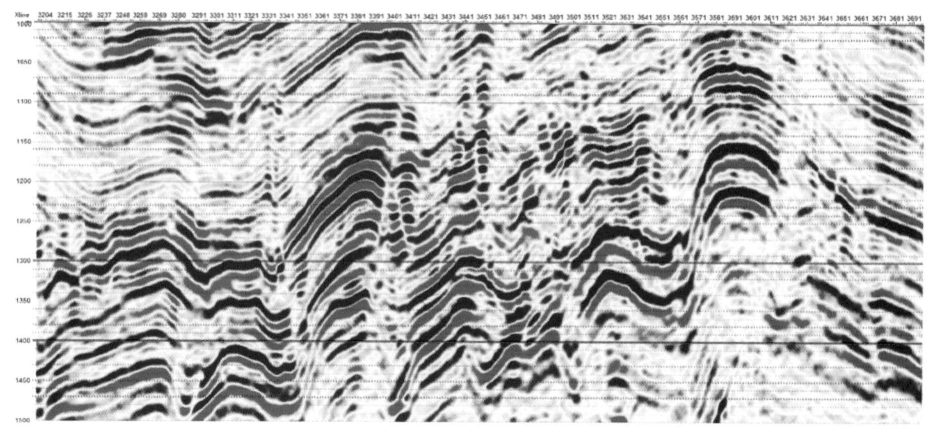

(a) 原始叠后地震剖面

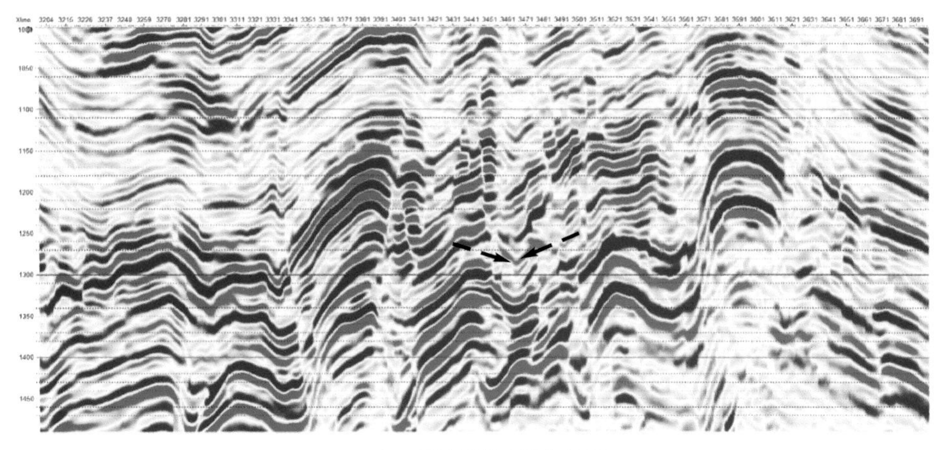

(b) 各向异性扩散滤波效果图

图 4-1　原始地震剖面与滤波后效果对比图

4.2　基于几何属性的致密砂岩储层预测

前已述及，致密砂岩储层发育程度受裂缝带的影响较大，而裂缝带与构造形态有一定的关系，因此可利用几何属性对致密砂岩储层发育程度进行间接的评价。在几何属性中，曲率属性是近 20 年来研究者广泛关注的属性之一。以下以曲率属性为例来说明全方位及优势方位的储层预测。

4.2.1　全方位储层预测——以曲率分析为例

在几何地震学中，地质体上的任何一个反射点 $r(t,x,y)$ 在三维时间域地震数据体中可以写作标量 $u(t,x,y)$，其梯度 $\mathrm{grad}(u)$ 是沿不同方向反射面的方差比，其结果为此反射点的视倾角向量：

$$\mathrm{grad}(u)=\frac{\partial u}{\partial x}\boldsymbol{i}+\frac{\partial u}{\partial y}\boldsymbol{j}+\frac{\partial u}{\partial t}\boldsymbol{k}=p_x\boldsymbol{i}+q_y\boldsymbol{j}+r_t\boldsymbol{k} \tag{4-1}$$

式中，p_x、q_y、r_t 分别为沿 x、y、t 方向上的视倾角分量。如图 4-2 所示，φ、θ 分别为方位角和倾角。

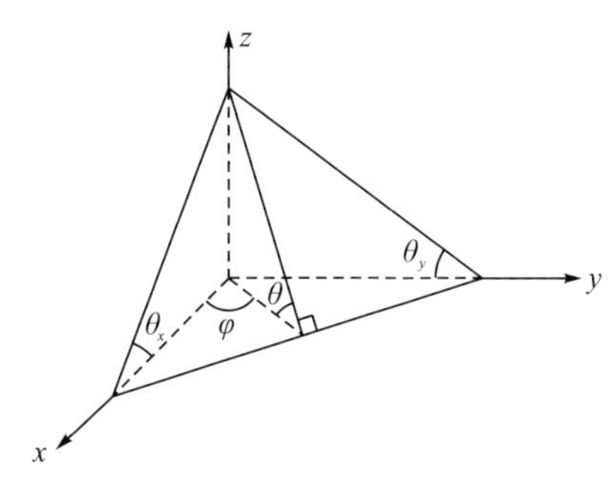

图 4-2　三维空间中方位角、倾角同视倾角的关系(Marfurt，2006)

将视倾角参数 p、q 代入曲线曲率表达式中，可以分别得到沿 x、y 方向的曲率分量：

$$\begin{cases} k_x = \dfrac{\partial^2 u(t,x,y)}{\partial^2 x} \Big/ \left\{1+\left[\dfrac{\partial u(t,x,y)}{\partial x}\right]^2\right\}^{3/4} = \dfrac{\partial p}{\partial x} \Big/ \left(1+p^2\right)^{3/2} \\ k_y = \dfrac{\partial^2 u(t,x,y)}{\partial^2 y} \Big/ \left\{1+\left[\dfrac{\partial u(t,x,y)}{\partial y}\right]^2\right\}^{3/2} = \dfrac{\partial p}{\partial y} \Big/ \left(1+p^2\right)^{3/2} \end{cases} \tag{4-2}$$

由式(4-2)可知，结合地震数据体和对应的倾角数据体，可以很容易地获得某点的曲率值。

对于视倾角，我们可以采用复数地震道分析法获得，可以将地震信号分解成包含复数道的解析信号，表示为

$$\mathrm{comu}(t) = u(t) + \mathrm{i}\,v(t) \tag{4-3}$$

式中，$\mathrm{comu}(t)$ 为信号中的实地震道；$u(t)$ 经过希尔伯特变换之后即为 $v(t)$，表示信号中的虚地震道。Taner 等(1979)在复数地震道三瞬参数分析原理的基础上，通过复数地震道分析法获得地震信号的瞬时频率、瞬时振幅和瞬时相位。其中，瞬时振幅 $A(t)$ 可表示为

$$A(t) = u^2(t) + v^2(t) \tag{4-4}$$

瞬时振幅能够反映地震波能量的瞬时变化情况，它是信号 $u(t)$ 的包络。由于地震反射信号的能量与反射面上下层阻抗差异有关，因此我们可以通过瞬时振幅来判断储层的岩性与物性。

瞬时相位可以用于对反射界面连续性较差的弱反射波进行追踪，也可以对发生极性改变的反射波进行追踪。地震资料处理过程中，需要利用瞬时余弦相位对相关地震几何属性进行提取以及计算，所以瞬时相位 $\theta(t)$ 可以表示为

$$\theta(t) = \tan^{-1}\left[\frac{v(t)}{u(t)}\right] \tag{4-5}$$

瞬时频率表示瞬时相位随着时间变化的快慢程度，即随着时间的变化，地震道的信号频率分量的变化情况是对地震波传播效应以及地下沉积特征的一种响应。瞬时频率可用来指示地层的厚度以及进行低频异常的油气类检测和断层、裂缝带区域的识别。所以，瞬时频率 $\omega(t)$ 可以表示为

$$\omega(t) = \frac{1}{2\pi}\frac{\mathrm{d}\theta(t)}{\mathrm{d}t} \tag{4-6}$$

Luo 等(1996)和 Barnes(1996)发现三维地震数据体的视倾角可以利用瞬时频率和瞬时波数进行提取。三维地震数据体中瞬时频率 ω 可以用式(4-7)来表示：

$$\omega(t) = \frac{\partial \phi}{\partial t} = \frac{u(t)\dfrac{\partial u^{\mathrm{H}}(t)}{\partial t} - \partial u^{\mathrm{H}}(t)\dfrac{\partial u(t)}{\partial t}}{\{[u(t)]^2 + [u^{\mathrm{H}}(t)]^2\}^2} \tag{4-7}$$

式中，ϕ 表示瞬时相位；$u(t)$ 表示初始的地震资料信号；$u^{\mathrm{H}}(t)$ 为地震信号关于时间 t 的希尔伯特变换。

为了使微分运算在计算过程中不再受噪声所干扰，Claerbout(1985)利用新的方法估算瞬时频率，可表示为

$$\omega(t,x,y)=\frac{\partial\varphi(t,x,y)}{\partial x}=\frac{u^{\mathrm{H}}(t)}{2t}\frac{\left[u^{\mathrm{H}}(t+t)-u^{\mathrm{H}}(t-t)\right]u(t)-[u(t+t)-u(t-t)]u^{\mathrm{H}}(t)}{[u(t)]^2+[u^{\mathrm{H}}(t)]^2} \tag{4-8}$$

式中，$u(t)$ 表示初始地震资料信号；$u^{\mathrm{H}}(t)$ 表示初始地震信号对应的希尔伯特变换。然后计算沿 x 方向和 y 方向的瞬时波数：

$$\begin{cases}k_x(t,x,y)=\dfrac{\partial\varphi(t,x,y)}{\partial x}=\dfrac{u^{\mathrm{H}}(x)}{2x}\dfrac{\left[u^{\mathrm{H}}(x+x)-u^{\mathrm{H}}(x-x)\right]u(y)-\left[u(x+x)-u(x-x)\right]u^{\mathrm{H}}(x)}{\left[u(x)\right]^2+\left[u^{\mathrm{H}}(x)\right]^2}\\ k_y(t,x,y)=\dfrac{\partial\varphi(t,x,y)}{\partial y}=\dfrac{u^{\mathrm{H}}(y)}{2y}\dfrac{\left[u^{\mathrm{H}}(y+y)-u^{\mathrm{H}}(y-y)\right]u(y)-\left[u(y+y)-u(y-y)\right]u^{\mathrm{H}}(y)}{\left[u(y)\right]^2+\left[u^{\mathrm{H}}(y)\right]^2}\end{cases} \tag{4-9}$$

根据瞬时频率和瞬时波数，我们可以计算视倾角 p、q：

$$\begin{cases}p=k_x/\omega\\ q=k_y/\omega\end{cases} \tag{4-10}$$

式中，p、q 分别为 x 方向与 y 方向上的视倾角分量。

假设趋势面方程为二次函数：

$$Z(x,y)=ax^2+by^2+cxy+dx+ey+f \tag{4-11}$$

对方程(4-11)进行微分计算，并将 p、q 代入方程中计算，可以得到趋势面方程系数：

$$\begin{cases}a=\dfrac{1}{2}\dfrac{\partial^2 Z}{\partial x^2}=\dfrac{1}{2}\dfrac{\partial p}{\partial x}\\ b=\dfrac{1}{2}\dfrac{\partial^2 Z}{\partial y^2}=\dfrac{1}{2}\dfrac{\partial q}{\partial y}\\ c=\dfrac{\partial^2 Z}{\partial x\partial y}=\dfrac{1}{2}\left(\dfrac{\partial q}{\partial y}+\dfrac{\partial p}{\partial x}\right)\end{cases} \tag{4-12}$$

三维体曲率属性较二维面曲率属性在实际生产中的实用性更强，对于地下地质构造刻画更真实，能够更好地反映出地层中的岩石岩性变换情况，可以用来检测地下地层中的非均质性等。在曲率体的计算中，涉及微分运算，为提高运算精度与运算效率，本书借助 Di 和 Gao(2014)的理论发展了基于坐标变换的三维旋转表面曲率属性计算方法，该方法的基本思想是借助某点处地震反射构造倾角数据，对地球直角坐标系进行三维坐标旋转，使得曲面在新的坐标系中为水平面，一阶导数为零，然后直接利用二阶导数计算该区域曲率属性。该方法较常规方法的优点是简化了计算的步骤，提高了计算的精度，对于断层或裂缝带的识别能力更强，刻画效果更明显。

推导可得，倾角 θ 和方位角 φ 分别为

$$\theta(t)=\tan^{-1}\left(\sqrt{d^2+e^2}\right) \tag{4-13}$$

$$\varphi=\tan^{-1}\left(\frac{e}{d}\right) \tag{4-14}$$

新方法是在基于地球直角坐标系旋转后的新坐标系中对每个样本的二阶导数采用复地震道分析方法进行曲率属性计算，在旋转后的新系统中，x_1 轴沿倾斜方位角方向，z_1 轴

与过原点的表面垂直，x_0、y_0、z_0 分别表示原始坐标系中的坐标参数，x_1、y_1、z_1 分别表示坐标系更新后的坐标参数。具体操作步骤为：把 z_1 轴作为旋转轴，方位角 φ 为旋转角度，将原始的坐标系统 x_0-y_0-z_0 沿顺时针(右侧)进行旋转，得到新的 x_1-y_1-z_0 系统，然后将 y_1 作为旋转轴，倾角 θ 为旋转角度将 x_1-y_1-z_0 系统沿顺时针(右侧)进行旋转，经过两次旋转得到新的 x_1-y_1-z_1 坐标系统，各步骤如图 4-3 所示。

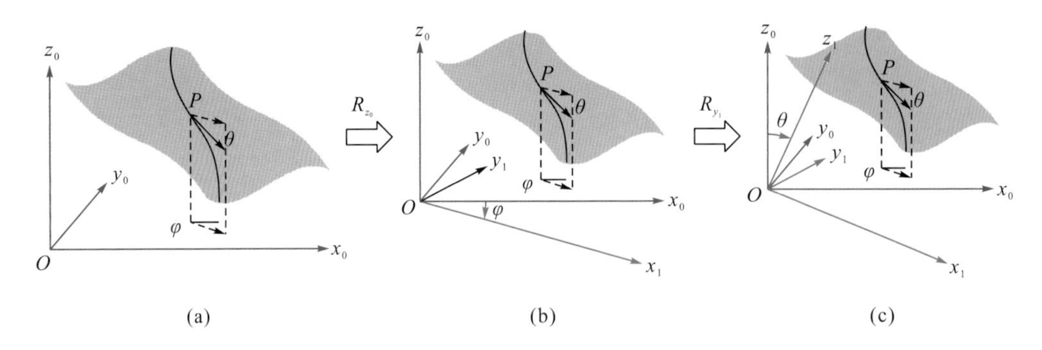

图 4-3　坐标转换示意图(引自 Di and Gao，2016)

原始坐标系统 x_0-y_0-z_0 经过图 4-3 的两个步骤旋转成新的 x_1-y_1-z_1 坐标系统，沿方位角旋转后得到的 x_1 轴与过倾斜面的 z_1 轴垂直。在数学中，上述两步旋转可以用两个旋转矩阵相乘的结果来表示：

$$\begin{bmatrix} x_1 \\ y_1 \\ z_1 \end{bmatrix} = R_{y_1}(\theta) R_{z_0}(\varphi) \begin{bmatrix} x_0 \\ y_0 \\ z_0 \end{bmatrix} \tag{4-15}$$

其中：

$$R_{y_1}\left(\theta\right) = \begin{bmatrix} \cos\theta_y & 0 & -\sin\theta_y \\ 0 & 1 & 0 \\ \sin\theta_y & 0 & \cos\theta_y \end{bmatrix} \tag{4-16}$$

$$R_{z_0}(\varphi) = \begin{bmatrix} \cos\varphi_z & \sin\varphi_z & 0 \\ -\sin\varphi_z & \cos\varphi_z & 0 \\ 0 & 0 & 1 \end{bmatrix} \tag{4-17}$$

式中，θ_y 和 φ_z 分别表示沿 y_1 轴和 z_0 轴顺时针旋转的角度。

根据 Di 和 Gao(2014)的理论，旋转后新曲面的一阶导数 $\dfrac{\partial z_1}{\partial x_1}$ 和 $\dfrac{\partial z_1}{\partial y_1}$ 可表示为

$$\frac{\partial z_1}{\partial x_1} = \boldsymbol{n} \cdot \boldsymbol{M}_{A1}，\quad \frac{\partial z_1}{\partial y_1} = \boldsymbol{n} \cdot \boldsymbol{M}_{A2} \tag{4-18}$$

$$\boldsymbol{n} = [\cos\varphi\sin\theta, \sin\varphi\cos\theta, \sin\theta] \tag{4-19}$$

式中，$\boldsymbol{n}$ 是原始坐标系中与局部曲面垂直的单位矢量。$\boldsymbol{M}_{A1}$ 和 $\boldsymbol{M}_{A2}$ 为 x_1 - y_1 - z_1 新坐标系中的一阶导数向量，可用下式表示：

$$\boldsymbol{M}_{A1}=\begin{bmatrix}\cos\varphi\sin\theta+\sin\varphi\cos\theta\dfrac{\partial x_0}{\partial y_0}-\sin\theta\dfrac{\partial x_0}{\partial z_0}\\\cos\varphi\sin\theta\dfrac{\partial y_0}{\partial x_0}+\sin\varphi\cos\theta-\sin\theta\dfrac{\partial y_0}{\partial z_0}\\\cos\varphi\sin\theta\dfrac{\partial z_0}{\partial x_0}+\sin\varphi\cos\theta\dfrac{\partial z_0}{\partial y_0}-\sin\theta\end{bmatrix}\tag{4-20}$$

$$\boldsymbol{M}_{A2}=\begin{bmatrix}-\sin\varphi+\cos\varphi\dfrac{\partial x_0}{\partial y_0}\\-\sin\varphi\dfrac{\partial y_0}{\partial x_0}+\cos\varphi\\-\sin\varphi\dfrac{\partial z_0}{\partial x_0}+\cos\varphi\dfrac{\partial z_0}{\partial y_0}\end{bmatrix}\tag{4-21}$$

经计算，在新坐标系统中$\dfrac{\partial z_1}{\partial x_1}=0$，$\dfrac{\partial z_1}{\partial y_1}=0$，结果表明该点即为新系统的原点。

对于旋转后的二阶导数，采取类似的计算方法，$\dfrac{\partial^2 z_1}{\partial x_1^{\ 2}}$、$\dfrac{\partial^2 z_1}{\partial x_1\partial y_1}$以及$\dfrac{\partial^2 z_1}{\partial y_1^{\ 2}}$可分别表示为

$$\frac{\partial^2 z_1}{\partial x_1^{\ 2}}=\boldsymbol{n}\cdot\boldsymbol{M}_{B1}\text{，}\quad\frac{\partial^2 z_1}{\partial x_1\partial y_1}=\boldsymbol{n}\cdot\boldsymbol{M}_{B2}\text{，}\quad\frac{\partial^2 z_1}{\partial y_1^{\ 2}}=\boldsymbol{n}\cdot\boldsymbol{M}_{B3}\tag{4-22}$$

$\boldsymbol{M}_{B1}$、$\boldsymbol{M}_{B2}$和$\boldsymbol{M}_{B3}$为x_1-y_1-z_1坐标系中的二阶导数向量，可以表示为

$$\boldsymbol{M}_{B1}=\begin{bmatrix}\sin^2\varphi\cos^2\theta\dfrac{\partial^2 x_0}{\partial y_0^{\ 2}}-2\sin\varphi\cos\theta\sin\theta\dfrac{\partial^2 x_0}{\partial y_0\partial z_0}+\sin^2\theta\dfrac{\partial^2 x_0}{\partial z_0^{\ 2}}\\\cos^2\varphi\cos^2\theta\dfrac{\partial^2 y_0}{\partial x_0^{\ 2}}-2\cos\varphi\cos\theta\sin\theta\dfrac{\partial^2 y_0}{\partial x_0\partial z_0}+\sin^2\theta\dfrac{\partial^2 y_0}{\partial z_0^{\ 2}}\\\cos^2\varphi\cos^2\theta\dfrac{\partial^2 z_0}{\partial x_0^{\ 2}}+2\cos\varphi\sin\varphi\cos^2\theta\dfrac{\partial^2 z_0}{\partial x_0\partial y_0}+\sin^2\varphi\cos^2\theta\dfrac{\partial^2 z_0}{\partial y_0^{\ 2}}\end{bmatrix}\tag{4-23}$$

$$\boldsymbol{M}_{B2}=\begin{bmatrix}\sin\varphi\cos\varphi\cos\theta\dfrac{\partial^2 x_0}{\partial y_0^{\ 2}}+\cos\varphi\sin\theta\dfrac{\partial^2 x_0}{\partial y_0\partial z_0}\\-\cos\varphi\sin\varphi\cos\theta\dfrac{\partial^2 y_0}{\partial x_0^{\ 2}}+\sin\varphi\sin\theta\dfrac{\partial^2 y_0}{\partial x_0\partial z_0}\\-\cos\varphi\sin\varphi\cos\theta\dfrac{\partial^2 z_0}{\partial x_0^{\ 2}}+(\cos^2\varphi-\sin^2\theta)\dfrac{\partial^2 z_0}{\partial x_0\partial y_0}+\cos\varphi\sin\varphi\cos\theta\dfrac{\partial^2 z_0}{\partial y_0^{\ 2}}\end{bmatrix}\tag{4-24}$$

$$\boldsymbol{M}_{B3}=\begin{bmatrix}\cos^2\varphi\dfrac{\partial^2 x_0}{\partial y_0^{\ 2}}\\\sin^2\varphi\dfrac{\partial^2 y_0}{\partial x_0^{\ 2}}\\\sin^2\varphi\dfrac{\partial^2 z_0}{\partial x_0^{\ 2}}-2\cos^2\varphi\sin^2\varphi\dfrac{\partial^2 z_0}{\partial x_0\partial y_0}+\cos^2\varphi\dfrac{\partial^2 z_0}{\partial y_0^{\ 2}}\end{bmatrix}\tag{4-25}$$

利用式(4-12)并借助链式法则可用二次曲面拟合系数表示以上公式中的二阶导数。

根据 Di 和 Gao（2014）提出的理论，我们可以得到最大正曲率 k_{pos} 和最小负曲率 k_{neg}：

$$k_{\text{pos}}=\frac{1}{2}\left[\left(\frac{\partial^2 z_1}{\partial {x_1}^2}+\frac{\partial^2 z_1}{\partial {y_1}^2}\right)+\sqrt{\left(\frac{\partial^2 z_1}{\partial {x_1}^2}-\frac{\partial^2 z_1}{\partial {y_1}^2}\right)^2+4\left(\frac{\partial^2 z_1}{\partial x_1 \partial y_1}\right)^2}\right] \tag{4-26}$$

$$k_{\text{neg}}=\frac{1}{2}\left[\left(\frac{\partial^2 z_1}{\partial {x_1}^2}+\frac{\partial^2 z_1}{\partial {y_1}^2}\right)-\sqrt{\left(\frac{\partial^2 z_1}{\partial {x_1}^2}-\frac{\partial^2 z_1}{\partial {y_1}^2}\right)^2+4\left(\frac{\partial^2 z_1}{\partial x_1 \partial y_1}\right)^2}\right] \tag{4-27}$$

在相同的情况下，基于三维坐标变换的体曲率属性分析方法计算的曲率属性较常规方法效果更好，能够使得目的曲面在新的坐标系中近似转化为水平面，对应的一阶导数为零，直接利用二阶导数计算曲率属性，减少了计算步骤，提高了计算精度。相对于常规方法，基于三维坐标变换的体曲率属性分析方法能够更为全面地刻画断层、裂缝带等地质构造的分布状态，更好地突出地质体的异常，分辨出常规方法难以分辨的微小断裂，展示出更多的构造细节，图 4-4 为两种处理方法流程的对比。

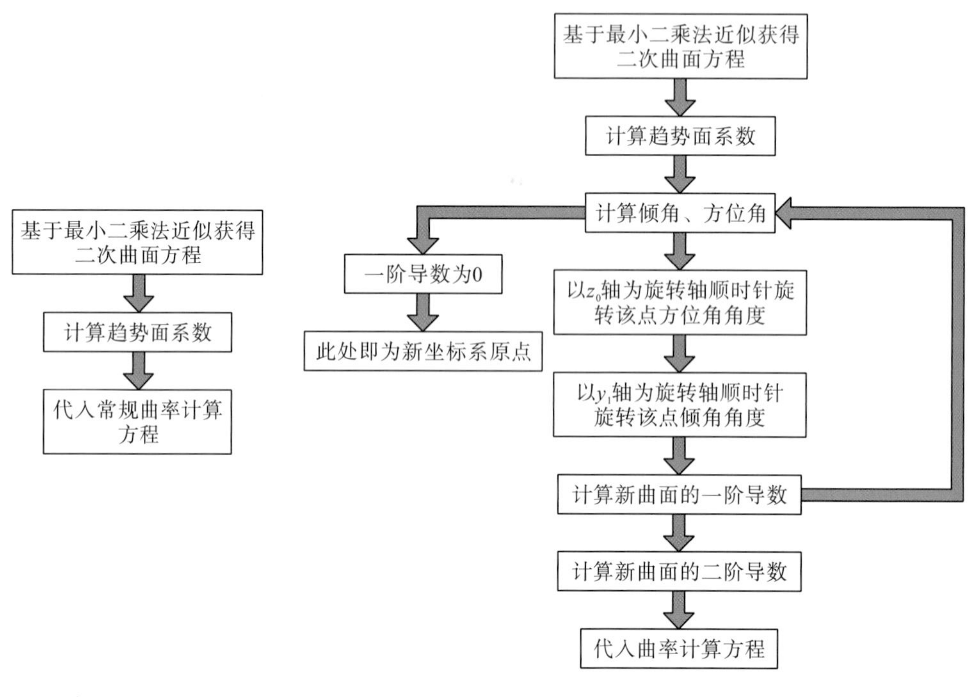

(a) 常规处理方法流程　(b) 基于三维坐标变换的方法处理流程

图 4-4　两种处理方法流程对比

图 4-5（a）和图 4-5（b）分别为利用常规方法和基于坐标变换的方法获得的某区曲率剖面与地震剖面的叠合图。比较两图可以发现，新方法横向分辨率较高，断裂带的细节信息较丰富，如图 4-5（b）中箭头所示。为了进一步说明新方法求得的曲率反映的信息是有效的，我们给出了该区须四段顶曲率沿层切片，其中图 4-6（a）和图 4-6（b）分别为常规方法和新方法获得的曲率。比较两图可以清晰地看出，图 4-6（b）中的细节信息是有规律的。

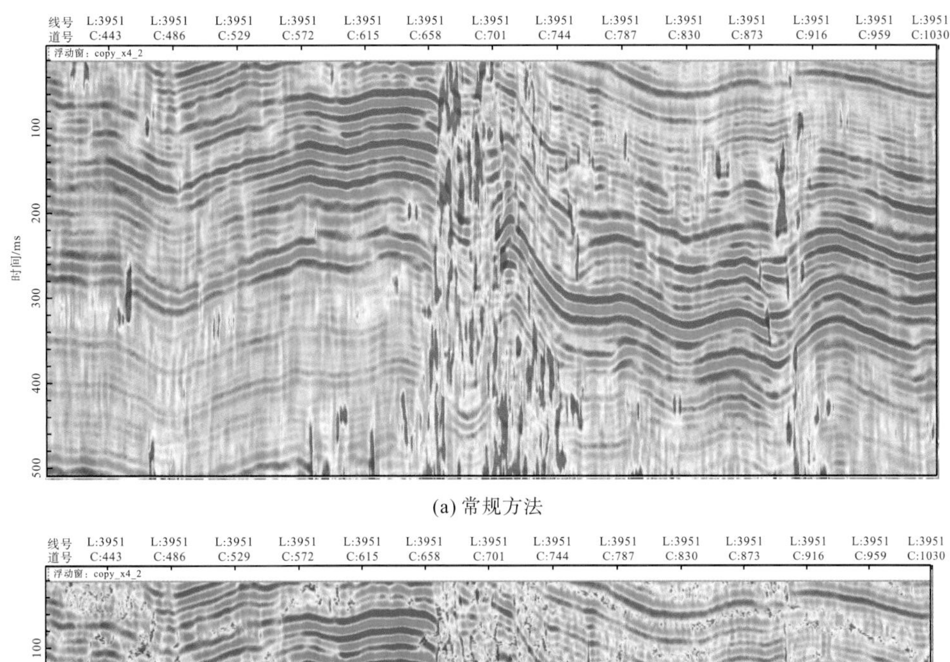

(a) 常规方法

(b) 基于坐标变换的方法

图 4-5　两种方法获得的曲率与地震剖面的叠合

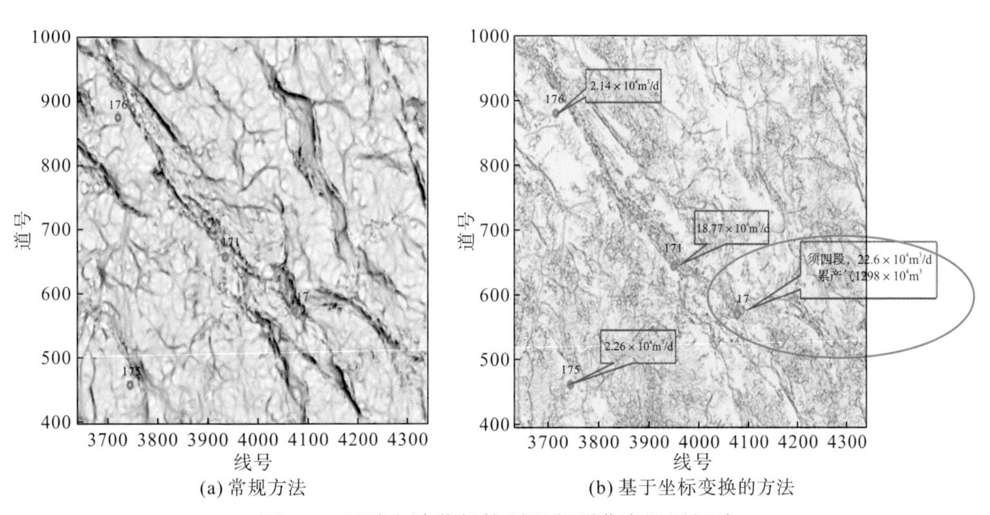

(a) 常规方法　　(b) 基于坐标变换的方法

图 4-6　两种方法获得的须四段顶曲率沿层切片

4.2.2 分方位储层预测

致密砂岩存在较强的各向异性特征，当岩层中发育裂缝时，其各向异性特征更加明显。因此，若能分方位进行储层预测，则可能凸显某一方向的储层发育情况，便于研究者结合构造进行储层综合分析。曲波变换作为多尺度几何分析理论的一种方法，具有明显的各向异性特征，因此适合于分方位的储层预测。

1. 曲波变换基本原理

曲波变换与小波变换的不同之处是其加入了方向参数，能够有效地表示高维地震数据。三维曲波变换可以表示为两个元素 $f \in L^2\left(R^3\right)$ 和 $\varphi_{j,l,k}$ 的内积，即

$$c\left(i,k,l\right)=f\left(x\right)\varphi_{j,k,l}=\int_{R^2}^{R^1} f(x)\overline{\varphi_{j,k,l}}\,\mathrm{d}x$$

$$c\left(i,j,l\right)=12\pi^2 f\left(x\right)\varphi_{i,j,l}\left(\omega\right)\mathrm{d}\omega$$

$$=\frac{1}{(2\pi)^2}\int \hat{f}(x)U_{j,l}(R_{\theta L})\mathrm{e}^{i[x_k^{(l,j),w}]}\mathrm{d}\omega \tag{4-28}$$

式中，$i,j,l \in \mathbf{Z}$；$k=k_1,k_2,k_3$；$x=x_1,x_2,x_3$。$\hat{\varphi}_{j,k,l}(\omega)$ 的表达式为

$$\hat{\varphi}_{j,k,l}\left(\omega\right)=\tilde{U}_{j,l}(\omega)\mathrm{e}^{i[x_k^{(j,l),w}]} \tag{4-29}$$

式中，$\tilde{U}_{j,l}$ 为频率窗，可以表示为射线窗 $\tilde{W}_j$ 和角度窗 $\tilde{V}_{j,l}$ 的乘积形式，即

$$\tilde{U}_{j,l}\left(\omega\right)=\tilde{W}_j(\omega)\tilde{V}_{j,l}(\omega) \tag{4-30}$$

其中，

$$\tilde{W}_j\left(\omega\right)=\sqrt{\phi_{j+1}^2(\omega)-\phi_j^2(\omega)}\,,\quad j\geqslant 0$$

$$\tilde{V}_{j,l}\left(\omega_1,\omega_2,\omega_3\right)=\varphi\left(2^{j/2}\frac{\omega_2-\alpha_l\omega_1}{\omega_1}\right)\varphi\left(2^{j/2}\frac{\omega_3-\beta_l\omega_1}{\omega_1}\right)$$

$$\phi_j\left(\omega_1,\omega_2,\omega_3\right)=\varphi(2^{-j}\omega_1)\varphi(2^{-j}\omega_2)\varphi(2^{-j}\omega_3) \tag{4-31}$$

一个图像经过曲波变换后，被划分成 6 个尺度层。最内层，也就是第 1 层，称为 Coarse 尺度层，是由低频系数组成的一个矩阵；最外层，也就是第 6 层，称为 Fine 尺度层，是由高频系数组成的一个矩阵；中间的第 2～5 层称为 Detail 尺度层，每层系数被分割为 4 个大方向，每个方向上被划分为 4、8、8、16 个小方向，如图 4-7 所示。

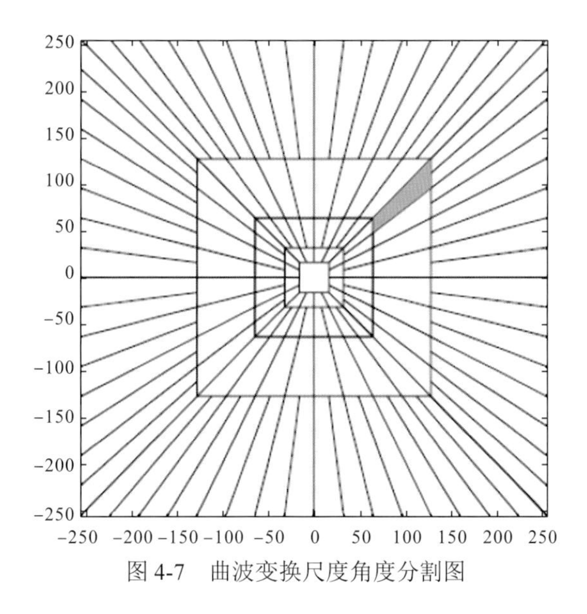

图 4-7　曲波变换尺度角度分割图

为了说明曲波变换的尺度性和方向性，我们分别观察方向 1 的不同尺度和尺度 4 的不同方向的曲波在空间域和频率域的形态，如图 4-8、图 4-9 所示。从图中可以发现，当尺度为 1 和 6 时，对于方向 1 曲波不存在方向性特征，即粗尺度和精尺度不存在方向，相当于进行小波变换，同时可以发现随着尺度的增大，曲波形态逐渐变小收缩，逐渐精细化，频率不断增大。当尺度不变时，随着方向参数的改变，曲波在空间域和频率域的方向发生了改变，说明曲波变换的确具有方向性。

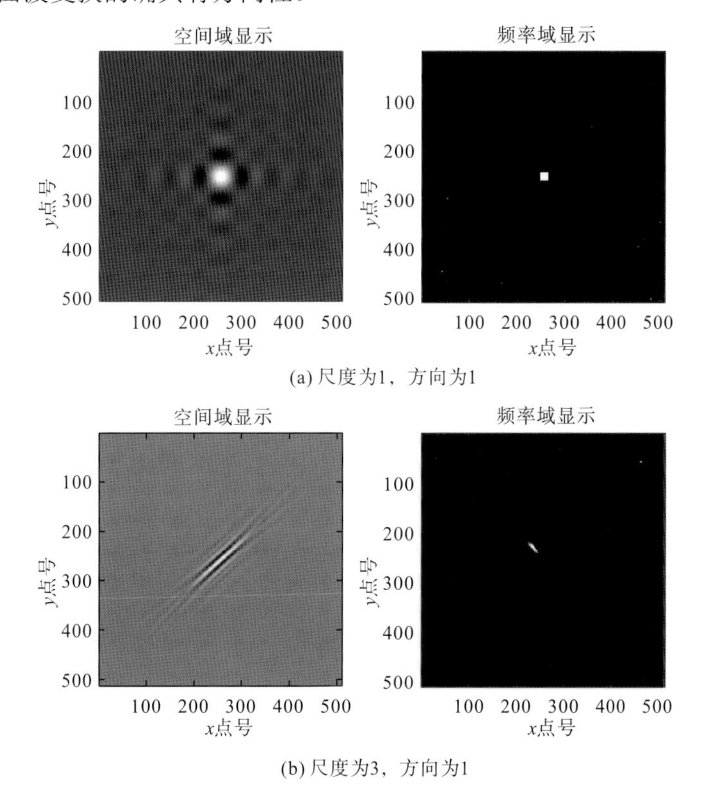

(a) 尺度为1，方向为1

(b) 尺度为3，方向为1

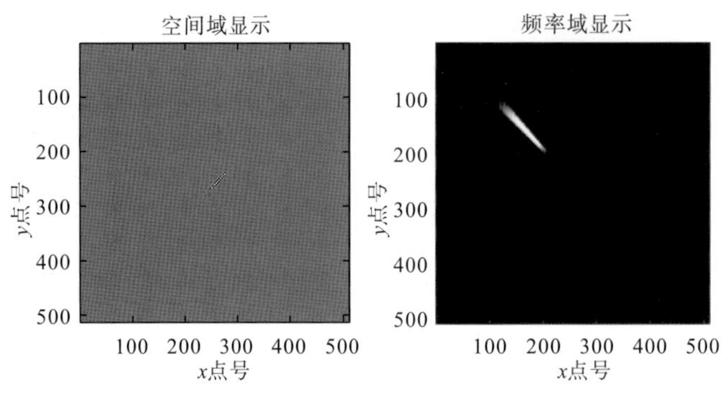

(c) 尺度为5，方向为1

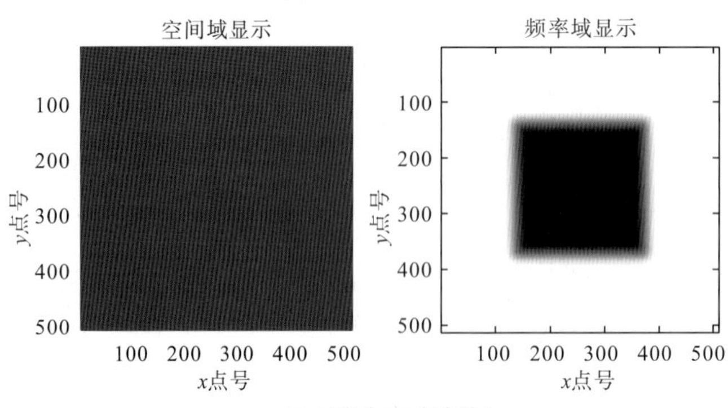

(d) 尺度为6，方向为1

图 4-8　不同尺度下二维曲波空间域与频率域展示

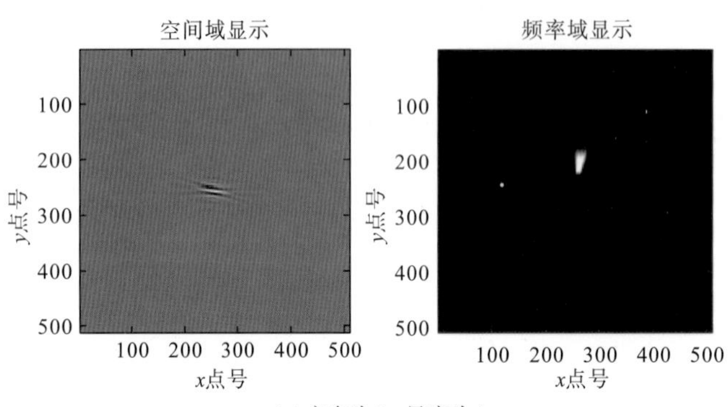

(a) 方向为5，尺度为4

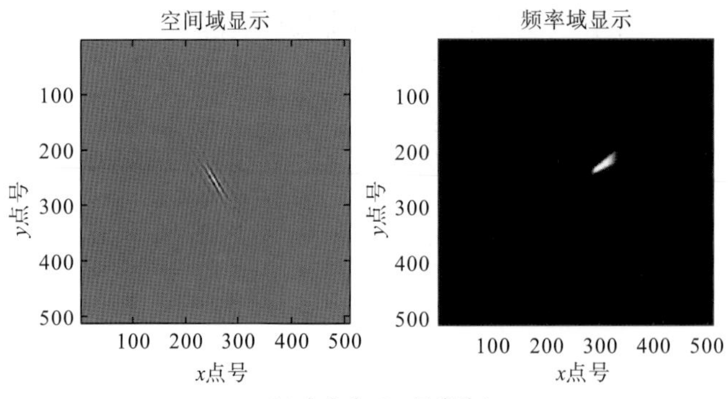

(b) 方向为10，尺度为4

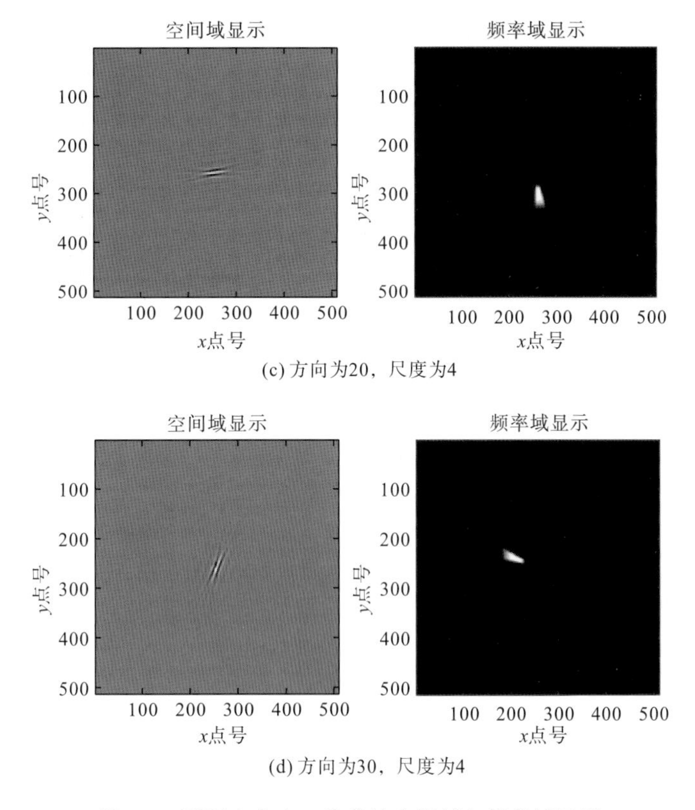

图 4-9　不同方向上二维曲波空间域与频率域展示

图 4-10 为三维曲波图，分别显示了 x、y、z 三个方向的切片；图 4-11 从空间域和频率域分别显示了不同尺度下的曲波切片。当尺度为 1、方向为 1 时，图像从左到右运动过程中曲波形态不发生改变；当尺度为 3、方向为 1 时，图像从左到右运动过程中曲波形态和方向是不断变化的。图 4-12 是曲波系数的图像显示，从图 4-12(b) 中可以清楚地看到原始图像被曲波系数分解后在各尺度的分布情况。

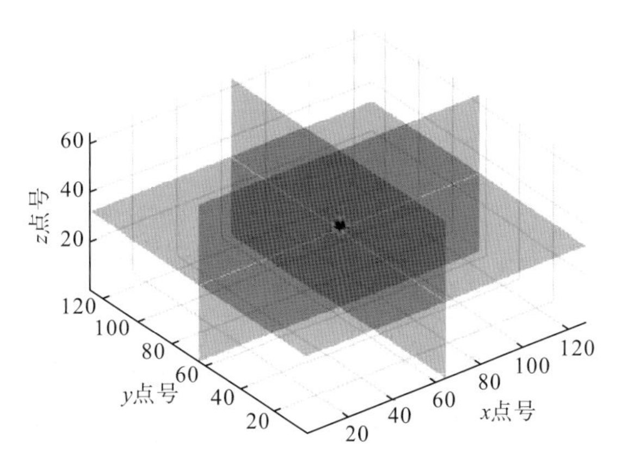

图 4-10　三维曲波切片显示

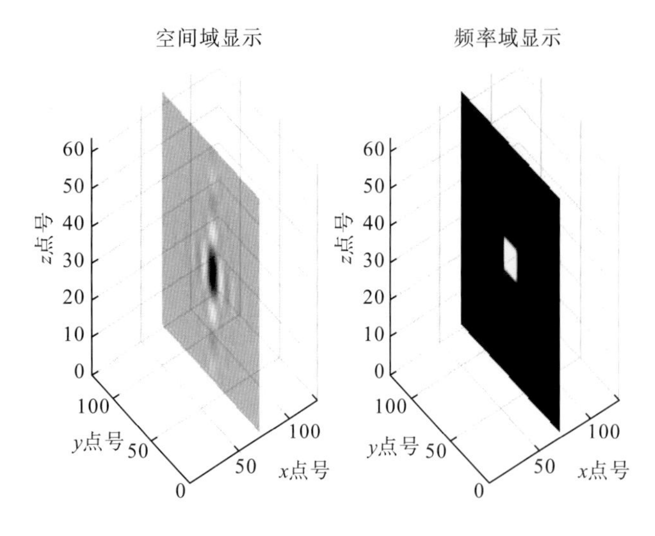

(a) 尺度为1，方向为1

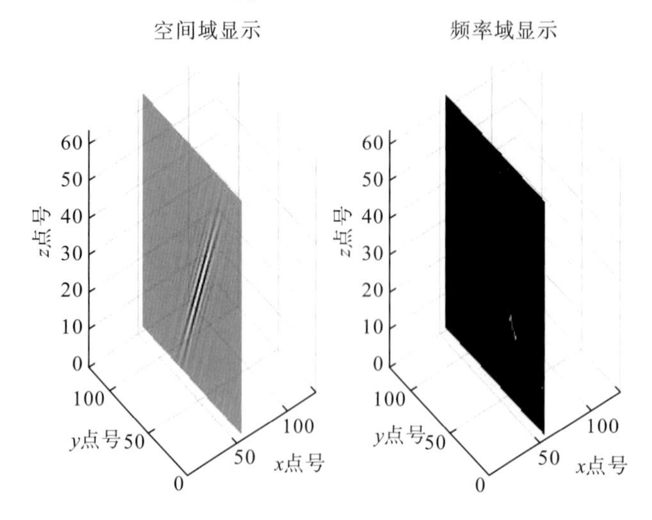

(b) 尺度为3，方向为1

图 4-11　不同尺度下三维曲波空间域与频率域展示

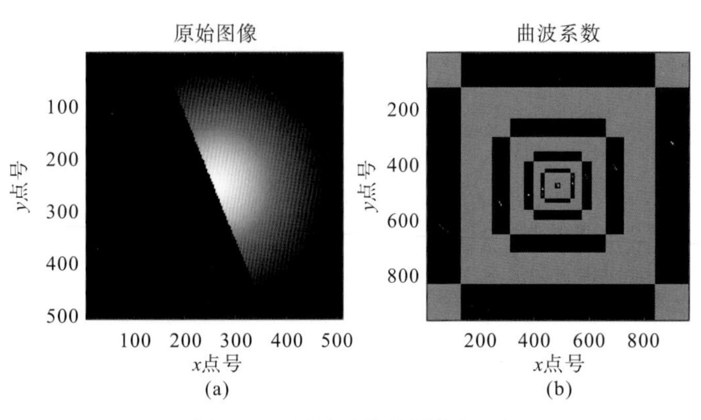

图 4-12　曲波系数的图像显示

2. 效果分析

图 4-13 为 YL 地区 T_3x_3 层方位曲率属性沿层切片，图 4-14 为对应图 4-13(b)、图 4-13(d)红线处剖面。从剖面可看出，红色虚线圈中振幅很弱，疑似裂缝发育区，该区域在 90°方向的切片上显示最清晰，在 0°方向的切片上显示则不够清晰。图 4-13(b)易突出东西向裂缝(绿圈所示)，图 4-13(d)则易突出南北向裂缝(蓝圈所示)。因此，分方位进行致密砂岩裂缝检测有利于凸显不同方位的裂缝带。

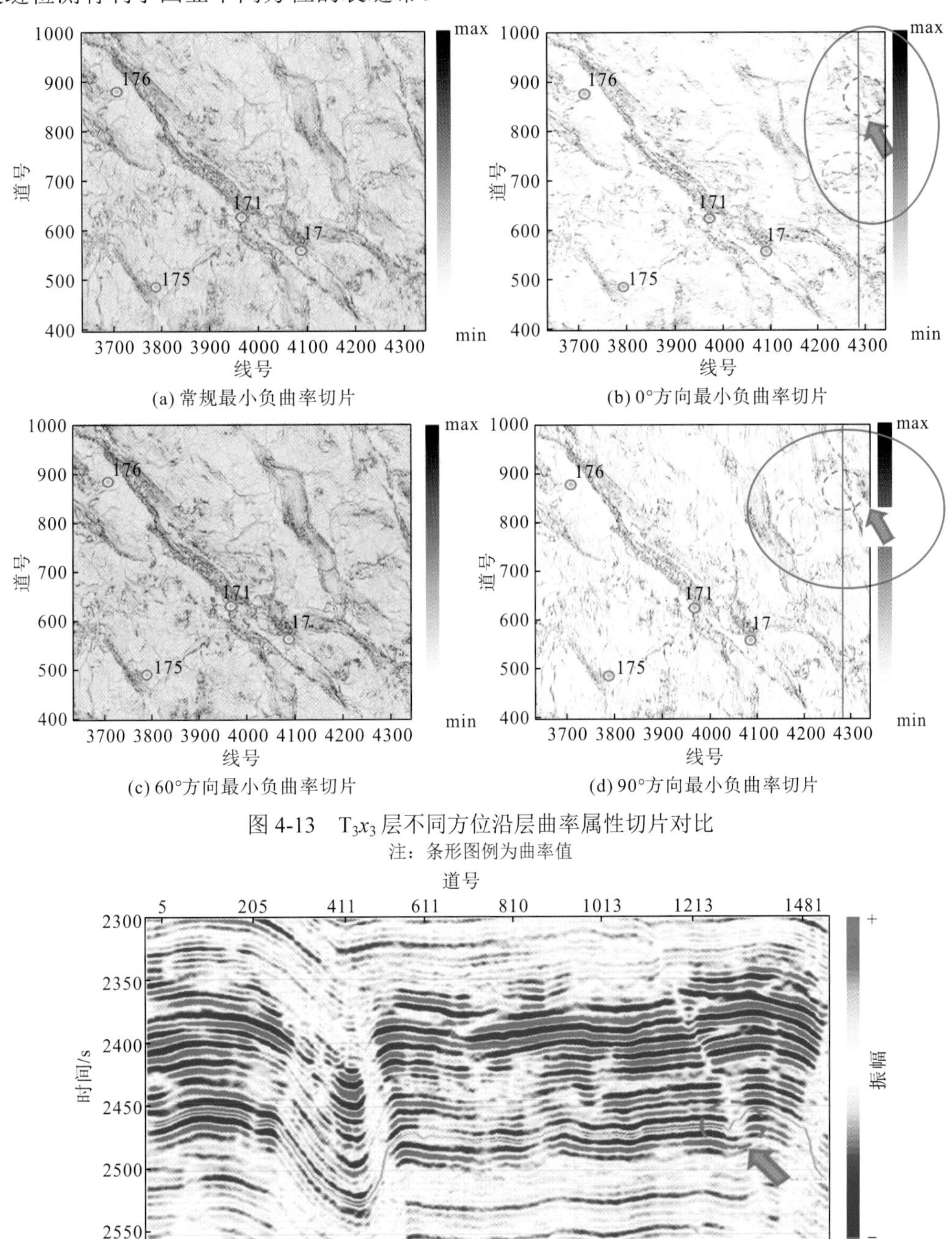

(a) 常规最小负曲率切片

(b) 0°方向最小负曲率切片

(c) 60°方向最小负曲率切片

(d) 90°方向最小负曲率切片

图 4-13　T_3x_3 层不同方位沿层曲率属性切片对比

注：条形图例为曲率值

图 4-14　对应图 4-13(b)和图 4-13(d)中红色实线的地震剖面

4.3 基于吸收属性的致密砂岩储层预测

当储层较发育时，储层对地震波的吸收也较强，因此可用吸收属性来表征储层的发育情况，而最常用的吸收属性即是品质因子(Q)。谱比法是目前最为常用的Q值估计方法，但用该方法进行反射地震资料 Q 值估计时仍然存在很多问题，总结起来大致包括两个方面。①地震调谐效应是限制谱比法应用的最大因素。地震波发生调谐后子波频谱互相叠置，难以提取单一反射子波的振幅谱，导致谱比法无法应用。②稳定性问题也需要深入考虑。自然对数谱比值对地震数据中的噪声十分敏感，噪声水平较高时传统谱比法无法得到稳定的计算结果。为此，课题组进行了一系列的Q值提取研究，并取得了一些进展。

4.3.1 基于广义 S 变换的 Q 值提取方法

1. 基本原理

基本的 Q 值估计方法大体分为两大类：时间域方法和频率域方法；反演类方法有波形反演估算 Q 值和 Q 值层析成像等。Tonn(1991)对 7 种 Q 值估算方法进行了比较，包括 4 种时间域方法(振幅衰减法、上升时间法、子波模拟法、时间域解析信号法)和 3 种频率域方法(谱比法、频率域谱模拟法、匹配技术法)。比较结果显示，时间域方法由于在数据采集过程中会受到许多因素的影响并且难以通过数据处理手段进行有效校正，会出现地震资料振幅信息不保真、信噪比低等问题，从而导致估计的 Q 值精度不高。相较而言，频率域方法虽然也存在一定的问题，但效果相对理想很多。常用的频率域方法主要是质心偏移法和谱比法，一般改进的 Q 值估算法都是基于这两种方法完成的。其中，谱比法是实验室和实际中应用最为广泛的一种方法，它需要在地震信号道上加时窗计算截取的信号的傅里叶谱，时窗的类型和宽度对结果影响较大。

在实际地震记录中由于薄层调谐的影响，接收到的地震道一般是发生了严重调谐的复合波，通常很难在地震记录中直接提取目的层顶底准确的反射子波，这就给谱比法的应用带来困难。而计算反射地震子波的振幅谱是必不可少的，为解决薄层调谐问题，课题组引入了谱分解方法进行Q值提取。Reine 等(2009，2012a，2012b)研究了利用短时傅里叶变换(short-time Fourier transform，STFT)、加博(Gabor)变换、S 变换和小波变换所得时频谱进行 Q 值反演时对薄层调谐的适应能力，通过比较发现谱分解方法中窗函数对地震波频率成分具有自适应性的 S 变换和小波变换具有较强的鲁棒性。同时，国内学者也对 S 变换、广义 S 变换和小波变换等时频分析方法提取Q值进行过深入研究(王小杰等，2011；魏文等，2012；付勋勋等，2012；陈文爽等，2014)。

常规谱比法是直接利用时频谱局部极大值处的振幅谱进行对数谱比，但这样会引入时频分解方法窗函数的频率响应，降低Q值提取精度。王宗俊(2015)研究了 Q 值提取中的窗口效应，指出窗口函数会对Q值提取产生明显影响。赵伟和葛艳(2008)研究了小波域Q值提取方法，指出在小波域进行 Q 值提取时必须考虑小波函数的影响，否则计算结果会产生错误。陈学华等(2009a，2009b)提出两参数(λ和 p)广义 S 变换，该时频分析方法可通过调节参数λ和p得到不同时频分辨率，实际应用中可通过实验对λ和p进行合理的选取。因此，该方法相比其他时频分析方法(如小波变换)具有更强的实用性和灵活性(陈学华，2009a)。

Hao 等(2016)基于富特曼(Futterman)理论假设震源函数为高斯函数，推导了衰减地震波的广义 S 变换表达式，并据此得到新的谱比法 Q 值提取公式。新的谱比法将自然对数谱比与频率的线性拟合改进为与一个新定义的参数 γ 为线性关系，消除了窗函数的频率响应，自然对数谱比与参数 γ 在更宽的频带内呈线性关系，从而提高了 Q 值提取精度。

广义 S 变换也是加窗的傅里叶变换，可以由加高斯窗函数的 Gabor 变换公式导出。Gabor 首先提出了加窗傅里叶变换的思想，如果窗函数为高斯窗函数，则

$$w(t)=\frac{1}{\delta\sqrt{2\pi}}\mathrm{e}^{-\frac{t^2}{2\delta^2}} \tag{4-32}$$

式中，δ 为控制高斯窗函数时间宽度的尺度因子；t 为时间。

此时，Gabor 变换公式可以写为

$$\mathrm{STFT}(\tau,f)=\int_{-\infty}^{+\infty}x(t)w(t)\mathrm{e}^{-\mathrm{i}\omega t}\,\mathrm{d}t=\int_{-\infty}^{+\infty}x(t)\frac{1}{\delta\sqrt{2\pi}}\mathrm{e}^{-\frac{t^2}{2\delta^2}}\mathrm{e}^{-\mathrm{i}\omega t}\,\mathrm{d}t \tag{4-33}$$

式中，$x(t)$ 表示地震信号；ω 为角频率；$w(t)$ 为窗函数。

陈学华等(2009a)将控制高斯窗函数时间尺度的尺度因子 δ 与频率联系起来，构建了新的时间尺度因子：

$$\delta(f)=\frac{1}{\lambda|f|^p}\quad(\lambda>0,p>0) \tag{4-34}$$

式中，λ 和 p 是大于 0 的常数，可以控制窗函数的形态。

将式(4-34)代入式(4-33)得两参数的广义 S 变换时域表达式：

$$\mathrm{GST}(\tau,f)=\int_{-\infty}^{+\infty}x(t)\frac{\lambda|f|^p}{\sqrt{2\pi}}\mathrm{e}^{-\frac{\lambda^2 f^{2p}(\tau-t)^2}{2}}\mathrm{e}^{-\mathrm{i}2\pi ft}\,\mathrm{d}t \tag{4-35}$$

陈学华等(2009a)同时给出了在频率域广义 S 变换的表达式：

$$\mathrm{GST}(\tau,f)=\int_{-\infty}^{+\infty}\left[X(f+f_{\mathrm{a}})\mathrm{e}^{-\frac{2\pi^2 f_{\mathrm{a}}^2}{\lambda^2 f^{2p}}}\right]\mathrm{e}^{\mathrm{i}2\pi f_{\mathrm{a}}\tau}\,\mathrm{d}f_{\mathrm{a}}\qquad(\lambda,p>0) \tag{4-36}$$

赵伟和葛艳(2008)假设震源函数的傅里叶变换为高斯类函数，表示为 $S_0(f)=\mathrm{e}^{-\left(2\pi f-\frac{2\pi f_{\mathrm{d}}}{m}\right)^2}$，其中，$f_{\mathrm{d}}$ 为震源主频，m 为控制震源频带宽度，m 越大频带越宽，m 趋于无穷大时，震源为脉冲震源。根据 Futterman 理论和频率域相移原理，震源子波传播时间后接收的地震子波振幅谱可表示为

$$X(f)=P\cdot\mathrm{e}^{-\left(2\pi f-\frac{2\pi f_{\mathrm{d}}}{m}\right)^2}\mathrm{e}^{-\mathrm{i}2\pi ft^*}\mathrm{e}^{-\frac{\pi ft^*}{Q_{\mathrm{e}}}} \tag{4-37}$$

式中，Q_{e} 表示t^*时间内地震子波所经过地层的Q值；P表示由几何扩散、透射反射等引起的与频率无关的能量损失。

由此可得

$$\mathrm{GST}(\tau,f)=\int_{-\infty}^{+\infty}\left\{P\cdot \mathrm{e}^{-\left[2\pi(f+f_{\mathrm{a}})-\frac{2\pi f_{\mathrm{d}}}{m}\right]^2}\mathrm{e}^{-\mathrm{i}2\pi(f+f_{\mathrm{a}})t^*}\mathrm{e}^{-\frac{\pi(f+f_{\mathrm{a}})t^*}{Q_{\mathrm{e}}}}\mathrm{e}^{-\frac{2\pi^2 f_{\mathrm{a}}^2}{\lambda^2 f^{2p}}}\right\}\mathrm{e}^{\mathrm{i}2\pi f_{\mathrm{a}}\tau}\,\mathrm{d}f_{\mathrm{a}} \tag{4-38}$$

经过推导和整理后可得 t^* 时刻的广义 S 振幅谱为

$$\left|\mathrm{GST}(t^*,f)\right|=P\cdot\sqrt{\frac{1}{\frac{4\pi}{m}+\frac{2\pi}{\lambda^2 f^{2p}}}}\exp\left\{-\left[\frac{(2\pi f-2\pi f_{\mathrm{d}})}{m}+\frac{\pi f t^*}{Q_{\mathrm{e}}}\right]+\frac{\left(\frac{4\pi f}{m}-\frac{4\pi f_{\mathrm{d}}}{m}+\frac{t^*}{2Q_{\mathrm{e}}}\right)^2}{\frac{4}{m}+\frac{2}{\lambda^2 f^{2p}}}\right\} \tag{4-39}$$

对于不同时间 t_1^* 和 t_2^* 到达的反射子波，广义 S 变换振幅谱相比并在两端取对数后得

$$\ln\frac{\left|\mathrm{GST}(t_2^*,f)\right|}{\left|\mathrm{GST}(t_1^*,f)\right|}=-\pi f\frac{\Delta t}{Q}+\frac{\frac{4\pi f}{m}-\frac{4\pi f_{\mathrm{d}}}{m}}{\frac{4}{m}+\frac{2}{\lambda^2 f^{2p}}}\frac{\Delta t}{Q}+\frac{1}{\frac{4}{m}+\frac{2}{\lambda^2 f^{2p}}}\frac{t_2^{*2}-t_1^{*2}}{4Q^2}+\ln\frac{P_2}{P_1} \tag{4-40}$$

式中，$\Delta t=t_2^*-t_1^*$；Q 为 t_1^* 和 t_2^* 时间内的品质因子；P_1 和 P_2 分别为两个反射子波与频率无关的能量损失。

对地震道进行广义 S 变换后，取振幅谱局部极大值进行对数谱比求取 Q 值时，谱比值与频率不再符合线性关系。将公式中的 Q 和 Q^2 项提出并进行变量替换(Hao et al.，2016)，得

$$\hat{S}(f)=\gamma\cdot\frac{1}{Q}+\gamma'\cdot\frac{1}{Q^2}+\hat{P} \tag{4-41}$$

其中，

$$\begin{cases}\gamma=-\pi f\Delta t+\dfrac{\frac{4\pi f}{m}-\frac{4\pi f_{\mathrm{d}}}{m}}{\frac{4}{m}+\frac{2}{\lambda^2 f^{2p}}}\Delta t\\[2ex] \gamma'=\dfrac{1}{\frac{4}{m}+\frac{2}{\lambda^2 f^{2p}}}\dfrac{t_2^{*2}-t_1^{*2}}{4}\end{cases}$$

$$\hat{S}(f)=\ln\frac{\left|\mathrm{GST}(t_2^*,f)\right|}{\left|\mathrm{GST}(t_1^*,f)\right|},\quad \hat{P}=\ln\frac{P_2}{P_1} \tag{4-42}$$

式中，γ 与 γ' 的数量级相当，但 Q 值数量级一般在几十到几百之间，$\frac{1}{Q}>>\frac{1}{Q_2}$，得到简化的 Q 值反演式(GSQI)：

$$\hat{S}(f)=\gamma\cdot\frac{1}{Q}+\hat{P} \tag{4-43}$$

由式(4-43)可知，将对数谱比 $\hat{S}(f)$ 与 γ 进行线性拟合，拟合直线斜率的倒数即为 Q 值。

2. 算法改进

为进一步提高效率与精度，我们对算法进行了改进。高斯窗 $G(t)$ 的维格纳-维尔(Wigner-Ville)分布：

$$
\begin{aligned}
\mathrm{WVD}_x(t,f) &= \int_{-\infty}^{+\infty} G\left(t+\frac{\tau}{2}\right) G^*\left(t-\frac{\tau}{2}\right) \mathrm{e}^{-\mathrm{i}2\pi f\tau}\,\mathrm{d}\tau \\
&= \int_{-\infty}^{+\infty} \frac{\lambda|f|^p}{\sqrt{2\pi}} \exp\left[-\frac{\lambda^2 f^{2p}\left(t+\dfrac{\tau}{2}\right)^2}{2}\right] \frac{\lambda|f|^p}{\sqrt{2\pi}} \exp\left[-\frac{\lambda^2 f^{2p}\left(t-\dfrac{\tau}{2}\right)^2}{2}\right] \exp(\mathrm{i}2\pi f\tau)\,\mathrm{d}\tau
\end{aligned}
\tag{4-44}
$$

化简式(4-44)得

$$
\mathrm{WVD}_x(t,f) = \frac{\lambda|f|^p}{\sqrt{\pi}} \times \exp\left(-\frac{4\pi^2 f^2}{\lambda^2 f^{2p}} - \lambda^2 f^{2p} t^2\right) \tag{4-45}
$$

此处引入露西-理查森(Lucy-Richardson)算法，该算法源于贝叶斯的条件概率定理，从最大似然估计的角度出发，假设图像服从泊松(Poisson)分布(Richardson，1972；Lucy，1974)，通过迭代逼近的方法，使其得到较为精确的值。具体表达式(Biggs and Andrews，1997；Lu and Zhang，2009)为

$$
W_x(k+1) = W_x(k)\left[W_\mathrm{h} * \frac{S_x}{W_\mathrm{h} \otimes W_x(k)}\right] \tag{4-46}
$$

式中，$k+1$ 表示迭代次数，先令 $W_x(0)=S_x$，S_x 为 $x(t)$ 的广义 S 振幅谱；W_h 为高斯窗的 Wigner 分布；$*$ 是相关算子；$\otimes$ 是褶积算子；$W_x(k+1)$ 为基于 LR-GST 算法经过 $k+1$ 次迭代后的振幅谱。整理式(4-46)得

$$
W_x(t,f) = S_x\left(W_\mathrm{h} * \frac{S_x}{W_\mathrm{h} \otimes S_x}\right) \tag{4-47}
$$

将式(4-43)和式(4-45)代入式(4-47)得

$$
\begin{aligned}
W_x(t,f) = \frac{\sqrt{m}\lambda^2 f^{2p}}{\sqrt{4\pi^2\lambda^2 f^{2p} Q + 2\pi\lambda m Q}} \cdot \exp\Bigg\{ & -\frac{2\pi f}{Q} t + \frac{4\pi\lambda^2 f^{2p}(f-f_\mathrm{d})}{(2\lambda^2 f^{2p}+m)Q} t \\
& + \left[\frac{m\lambda^2 f^{2p}}{2(4\pi^2 f^{2p}+2m)Q^2} t^2\right] + \frac{8\pi^2\lambda^2 f^{2p}(f-f_\mathrm{d})^2}{2m\lambda^2 f^{2p}+m^2} - \frac{(2\pi f-2\pi f_\mathrm{d})^2}{m} \Bigg\}
\end{aligned}
\tag{4-48}
$$

对于 t_1 和 t_2 到达的或接收到的反射子波，可分别计算得到 t_1 和 t_2 时刻的振幅，然后将振幅相除，同时在等式两端取对数，即有

$$
\ln\frac{|W_x(t_2,f)|}{|W_x(t_1,f)|} = f\pi f\frac{\Delta t}{Q} + \frac{4\pi\lambda^2 f^{2p}(f-f_\mathrm{d})}{2\lambda^2 f^{2p}+m}\frac{\Delta t}{Q} + \frac{m\lambda^2 f^{2p}}{8\pi^2 f^{2p}+4m}\frac{t_2^2-t_1^2}{Q^2} + \ln\frac{p_2}{p_1} \tag{4-49}
$$

式中，p_1 和 p_2 分别为两个反射子波与频率无关的能量损失；$\Delta t = t_2 - t_1$；Q 为 t_1 和 t_2 时间内的品质因子。通过将地震道进行 LR-GST 变换后，得到数据的时频谱，然后取振幅谱局部极大值(Reine et al.，2009)求取对数谱比，即可求得品质因子，但通过观察能发现

式(4-49)中谱比值与频率不再符合线性关系，于是将公式中的Q和Q^2项提出并进行变量替换，重新推导新的公式为

$$S^*(f)=\gamma\cdot\frac{1}{Q}+\hat{P} \tag{4-50}$$

其中，

$$\begin{cases}\gamma=-2\pi f\Delta t+\dfrac{4\pi\lambda^2 f^{2p}(f-f_{\mathrm{d}})}{2\lambda^2 f^{2p}+m}\Delta t\\ S^*(f)=\ln\dfrac{|W_x(t_2,f)|}{|W_x(t_1,f)|}\\ \hat{P}=\ln\dfrac{P_2}{P_1}\end{cases}$$

依据式(4-50)，将对数谱比$S^*(f)$与γ进行线性拟合，拟合直线斜率值的倒数即为Q值。

3. 仿真实验

图 4-15(a)为建立的层状模型，共分五层，其中第三层是目的层[图 4-15(a)中红色虚线框]，该层具有较小的速度与Q值；每层的时间厚度分别为 100ms、100ms、80ms、70ms 和 162ms。图 4-15(b)、图 4-15(c)分别为基于该模型衰减、非衰减的叠后地震记录。图 4-15(d)为图 4-15(b)、图 4-15(c)中第 10 道地震信号对比，其中实线为褶积带衰减算法获得的信号，即考虑了非弹性衰减；虚线为褶积不带衰减算法获得的信号，即未考虑非弹性衰减。

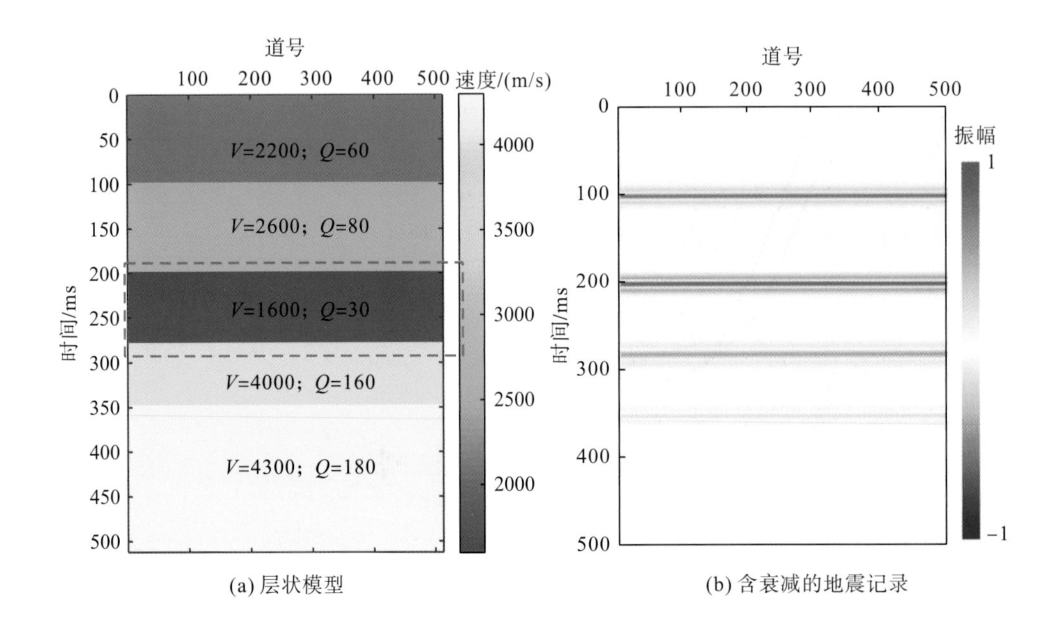

(a) 层状模型　　(b) 含衰减的地震记录

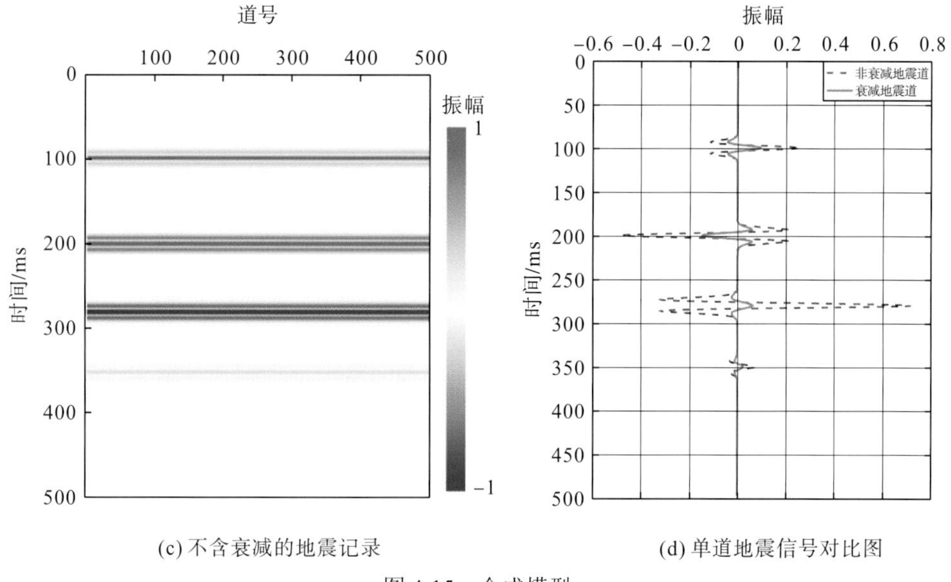

(c) 不含衰减的地震记录　　(d) 单道地震信号对比图

图 4-15　合成模型

图 4-16(a)和图 4-16(b)分别是采用广义 S 变换和 S 变换得到的等效Q值剖面。从图可看出，两图的目的层位置都存在异常，为体现效果，我们提取了单道数据进行深入分析。图 4-17(a)为提取的第 10 道地震数据，图 4-17(b)为该道数据的广义 S 变换时频图，图中清晰地显示了反射层位置的频谱。图 4-17(c)中黑色实线为基于广义 S 变换估算的地层等效Q值，红色实线为基于广义 S 变换获得的地层等效Q值，绿色虚线为理论等效Q值。分析该图可知：①两种方法都能准确地反映反射界面位置；②基于广义 S 变换获得的地层等效Q值与理论值更接近，精度更高。图 4-17(d)是$S^*(f)$-γ的线性拟合图，整体上数据点的线性关系比较稳定，拟合得到的效果较好，拟合得到的直线斜率即为$1/Q$。

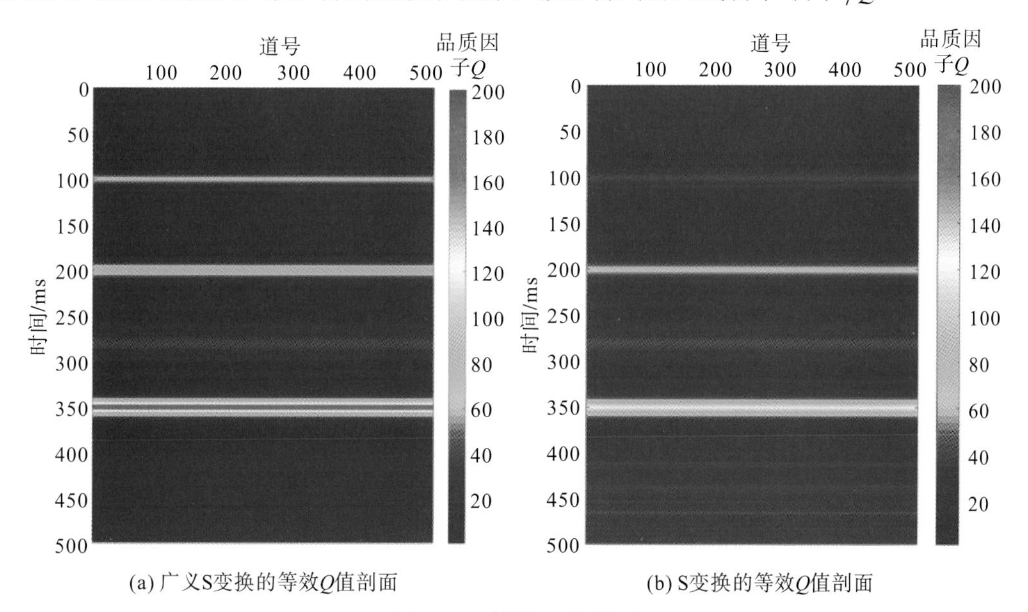

(a) 广义S变换的等效Q值剖面　　(b) S变换的等效Q值剖面

图 4-16　等效 Q 值剖面

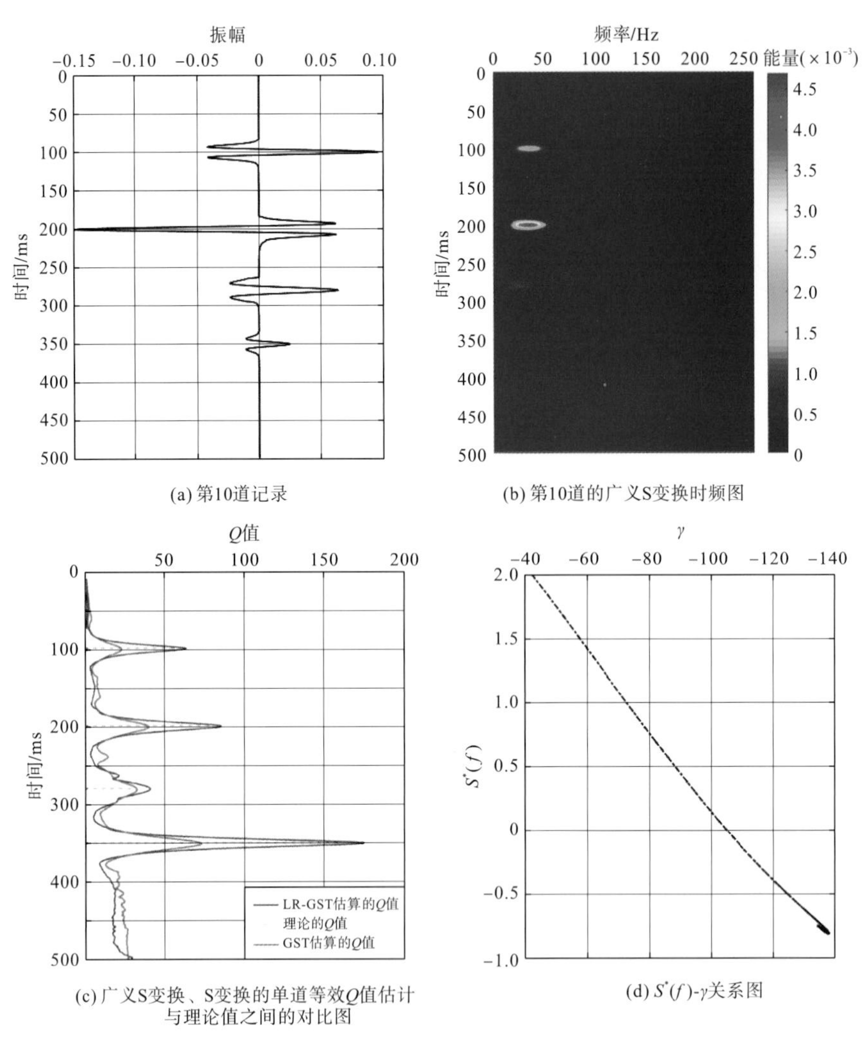

(a) 第10道记录

(b) 第10道的广义S变换时频图

(c) 广义S变换、S变换的单道等效Q值估计与理论值之间的对比图

(d) $S'(f)$-γ关系图

图 4-17 效果对比

4. 实例应用

为了验证提出的基于 LR-GST 变换 Q 值估计方法的实用性，我们选取了实际地震数据进行试验，并与基于广义 S 变换的 Q 值估计方法进行了效果对比。

研究区为 THN 地区，目的层为二叠系中油组，目的层整体为由北西向南东抬高的构造背景，区域上位于盐边构造带，主要受北东向雁列状断裂带及岩体的塑性活动控制，在挤压应力背景下形成北东向延伸的大型圈闭群，在此基础上形成多个独立的低幅度圈闭、岩性圈闭及复合圈闭。目的层埋深大于 4000m，构造幅度一般为 5.25m，目的层为砂体，厚度大约为 9m，其中 A 井正好钻遇砂体，为高产油气井。图 4-18 为该地区的一条过 A 井叠后地震剖面，其中黑色测井曲线为声波速度，图中圆圈中箭头处为目的位置(对应低速)。对该剖面，我们分别基于 LR-GST 变换和广义 S 变换求取了 Q 值，分别为图 4-19 和图 4-20。从图中可以看出，基于广义 S 变换提取的低 Q 值区域边界不明显，而 LR-GST 变换得到的低 Q 值异常区边界清晰，与储层(黑圈位置)对应较好。图 4-21(a)为提取的井旁道的地震数据，图 4-21(b)为对应的 LR-GST 时频谱，时频谱中时间分辨率和频率分辨率均较高。图 4-21(c)为目的层处 Q 值的切片图，从图中能看出 A 井处于明显的异常低值区，表明地震波在该位置衰减明显，这可能与含油有关，且与实际情况相吻合。

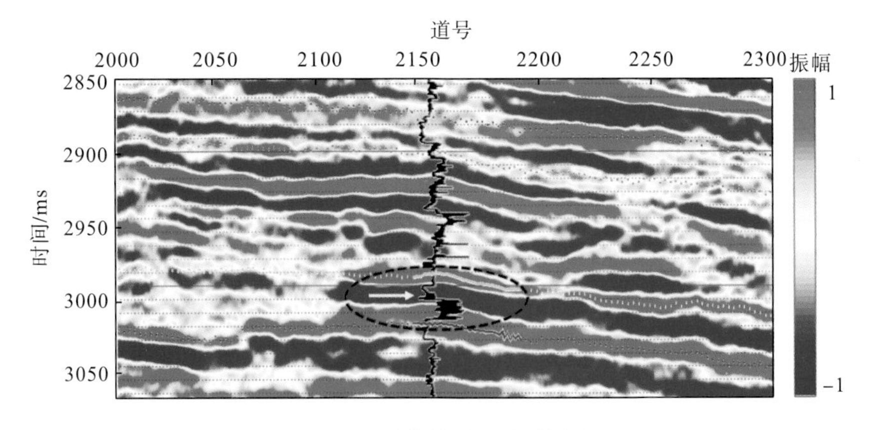

图 4-18　过井的叠后地震剖面

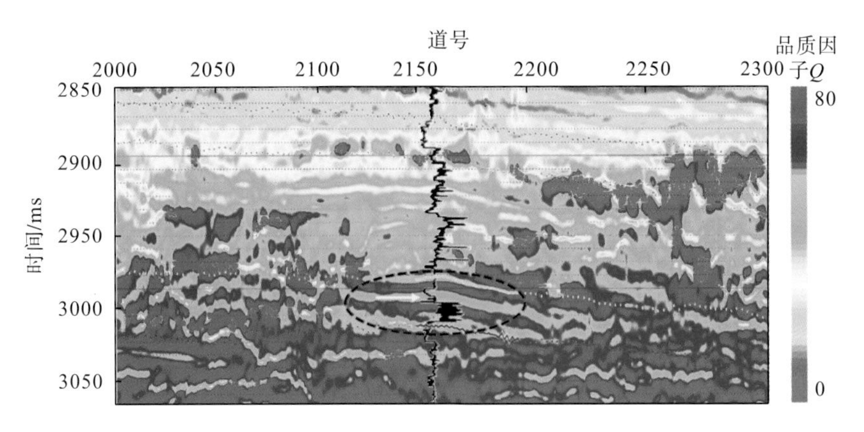

图 4-19　LR-GST 变换估算的 Q 值剖面

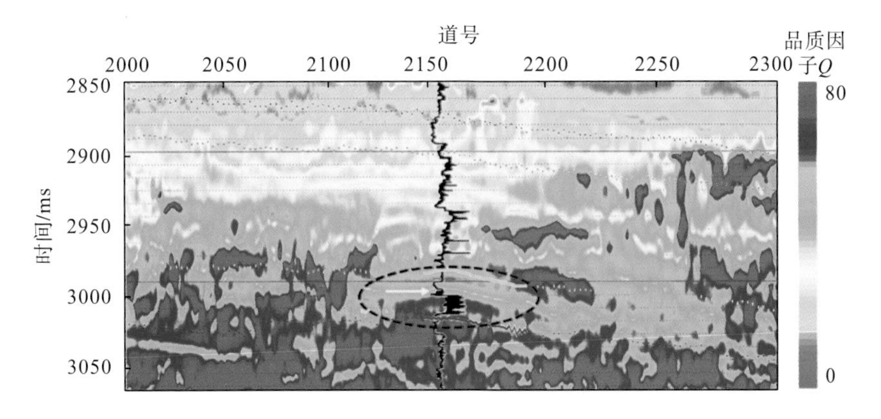

图 4-20　广义 S 变换估算的 Q 值剖面

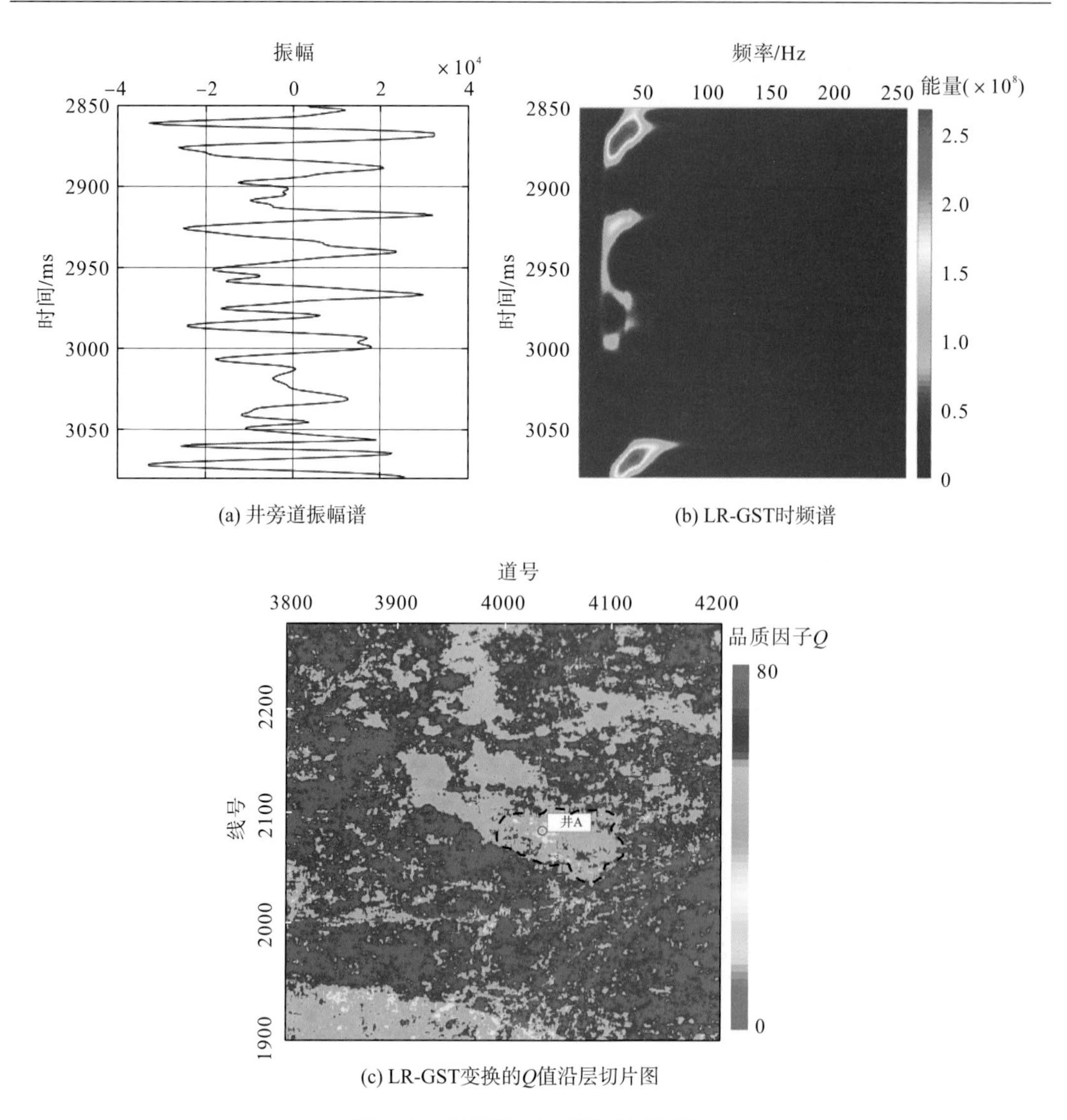

(a) 井旁道振幅谱　　(b) LR-GST时频谱

(c) LR-GST变换的Q值沿层切片图

图 4-21　振幅谱、时频谱及切片图

4.3.2　Q 值各向异性分析

1. 方位各向异性裂缝检测原理

在地震学研究中，地震各向异性指的是在地震波场的尺度上任何包含内部结构(旋回性薄互层或定向排列的裂隙)的均匀性材料，其弹性特征随方向发生变化。

地震学家根据晶体对称性的分类体系，将实际地球各向异性介质分为 10 类，分别为：三斜各向异性介质、单斜各向异性介质、正交各向异性介质、三方各向异性介质Ⅰ、三方各向异性介质Ⅱ、四方各向异性介质Ⅰ、四方各向异性介质Ⅱ、六方各向异性介质(TI 介质)、立方各向异性介质、各向同性介质。

其中，六方各向异性介质又称为横向各向同性(transverse isotropy)介质，是地球介质中最为常见的各向异性介质，也是地震勘探中使用最广的介质。由于 TI 介质具有一个无限次的对称轴，表现出一定程度上的各向同性性质，所以它的这种性质被称为弱各向异性。具有垂直对称轴的 TI 介质称为 VTI 介质，具有水平对称轴的 TI 介质称为 HTI 介质，HTI 介质可以看成是通过 VTI 介质的对称轴旋转 90°得到的。

地下岩石的地震各向异性成因主要来源于三个方面：固有各向异性、裂隙诱导各向异性和长波长各向异性。固有各向异性是由岩石的固有结构和特性产生的，其形成的物理机制包括晶体各向异性、直接应力作用导致各向异性和岩性各向异性。片状矿物颗粒及裂隙平行于地层排列而使垂直于和平行于地层的物理性质不同表现为微观各向异性，长波长各向异性使所观测的地质体中薄层的物性显著区别于其他部分则表现为宏观各向异性。

各向异性介质中横波和纵波的振动方向不再与弹性波的传播方向正交，而是有一定的交角，这时在介质中有三种体波传播：准纵波(qP 波)、准横波(qS 波)和纯横波(SH 波)。横波在各向异性介质中遇到裂隙会发生横波分裂，分裂为快横波和慢横波。

鲁格(Ruger)基于弱各向异性的概念，并结合 Thomsen 的各向异性系数，得到各向异性介质中反射系数随方位角和入射角变化的公式：

$$
\begin{aligned}
R_{\mathrm{P}}(\theta, \varphi) = & \frac{\Delta Z}{2Z} + \frac{1}{2}\left\{\frac{\Delta\alpha}{\alpha} - \left(\frac{2\bar{\beta}}{\alpha}\right)^2 \frac{\Delta G}{G}\left[\Delta\delta + 2\left(\frac{2\bar{\beta}}{\alpha}\right)^2 \Delta\gamma\right]\cos^2\varphi\right\}\sin\theta \\
& + \frac{1}{2}\left\{\frac{\Delta\alpha}{\alpha} + \Delta\varepsilon\cos^4\varphi + \Delta\delta\sin^2\varphi\cos^2\varphi\right\}\sin^2\theta\tan^2\theta
\end{aligned}
\tag{4-51}
$$

式中，θ、φ 分别为入射角、方位角；$R_{\mathrm{P}}(\theta,\varphi)$ 为与入射角θ和方位角φ相关的纵波反射系数；$Z=\rho\alpha$ 为纵波阻抗，单位为$\mathrm{g\cdot cm^{-3}\cdot m\cdot s^{-1}}$；$\rho$ 为介质密度，单位为 g/cm^3；α 为纵波速度，单位为 m/s；$\frac{\Delta Z}{Z}$ 为波阻抗之差与平均波阻抗的比值；$G=\rho\beta^2$ 为横波切向模量；γ、δ、ε 为 Thomsen 各向异性系数。

在小入射角的前提下，Ruger 对式(4-51)进一步简化，并引入方位角变化的梯度项，$B(\varphi_k)$ 使反射系数与方位角变化的梯度项 $B(\varphi_k)$ 建立关系，$B(\varphi_k)$ 由各向同性项系数 B^{iso} 以及各向异性项系数 B^{ani} 组成，它们的表达式分别为

$$
B(\phi_k) = B^{\mathrm{iso}} + B^{\mathrm{ani}}\cos^2(\phi_k - \phi_{\mathrm{sym}}) \tag{4-52}
$$

$$
B^{\mathrm{iso}} = \frac{1}{2}\left[\frac{\alpha}{\bar{\alpha}} - \left(\frac{2\bar{\beta}}{\bar{\alpha}}\right)\frac{G}{\bar{G}}\right] \tag{4-53}
$$

$$
B^{\mathrm{ani}} = \frac{1}{2}\left[\delta - 2\left(\frac{2\bar{\beta}}{\bar{\alpha}}\right)^2\gamma\right] \tag{4-54}
$$

在进行宽方位地震采集时，可以得到多个 ϕ_k，对 3 个未知数 B^{iso}、B^{ani} 和 ϕ_{sym} 进行非线性方程组的求解，并根据各向同性时(无裂缝)和各向异性时(裂缝发育)的 $B^{\mathrm{iso}}+B^{\mathrm{ani}}$ 来拟合方位各向异性椭圆，用椭圆长短轴来指示裂缝方向，用椭圆长短轴之比来确定表征裂缝发育情况的各向异性强度。Mallick 等(1998)研究认为，裂缝强度越大，由各向异性拟合出的方位椭圆的扁率越大，其长轴或短轴方向代表裂缝走向，从而实现对裂缝强度和方向的检测。这样，在单界面反射波的假设前提下，利用具有 3 个方位或 3 个方位以上的地震

反射振幅数据就能够进行地层中对某位置裂缝发育程度和方向的求取。

贺振华等(2007)研究表明，地震波动力学特征如振幅、频率、衰减等，较运动学特征对裂缝信息更为敏感。因此，研究中多选用频率、衰减等属性来进行各向异性裂缝预测。

2. Q 值各向异性分析

方位各向异性裂缝检测方法的流程(图 4-22)：

(1)分析基础数据，确定井上裂缝的分布特征；

(2)确定动校正(normal moveout，NMO)道集方位角的分布情况，划分相应方位角范围，再进行分方位角叠加，得到多个含有不同方位信息的角道集叠加数据；

(3)对多个叠加数据分别做基于广义 S 变换的 Q 值分析；

(4)对得到的不同方位角道集的高精度 Q 值属性体进行各向异性椭圆拟合，检测裂缝空间分布特征。

(5)将得到的裂缝分布特征与测井资料等地质数据进行对比验证分析，确定该方法描述裂缝的准确性。

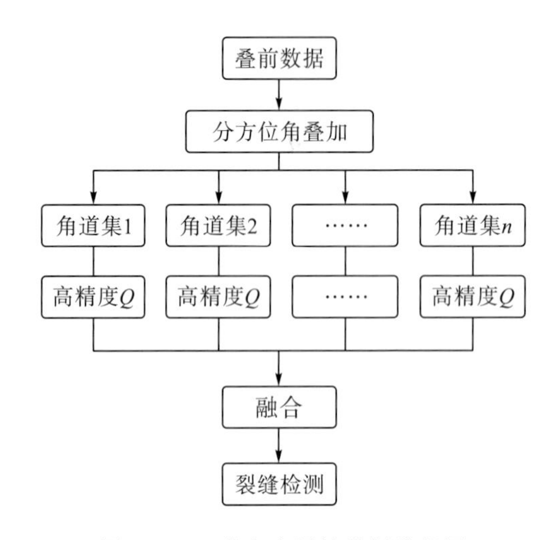

图 4-22 Q 值各向异性分析流程图

我们选取研究区 YL17-YL171 井区进行试验。对数据做叠前地震数据方位角和偏移距分析(图 4-23)，选择合适的偏移距，确定道集分布范围。200m 以下的炮检距数据因为近炮检距故噪声较大，偏移距大于 3000m 的区域方位角分布不均匀，缺失部分方位信息，而偏移距 200～3000m 的各方位角分布均匀，因此，在偏移距 200～3000m 范围内，将方位角 0°～360°划分为 0°～30°、30°～60°、60°～90°、90°～120°、120°～150°和 150°～180°进行叠加，得到了多个叠加数据。地震反射波特征通常都具备了一定的相似性，但更多的是差异性，这种差异性主要体现了方位各向异性特点，如图 4-24 所示。在裂缝发育达到一定规模后，这一差异性就包含了与裂缝相关的丰富地质信息，可以用来检测裂缝方向。

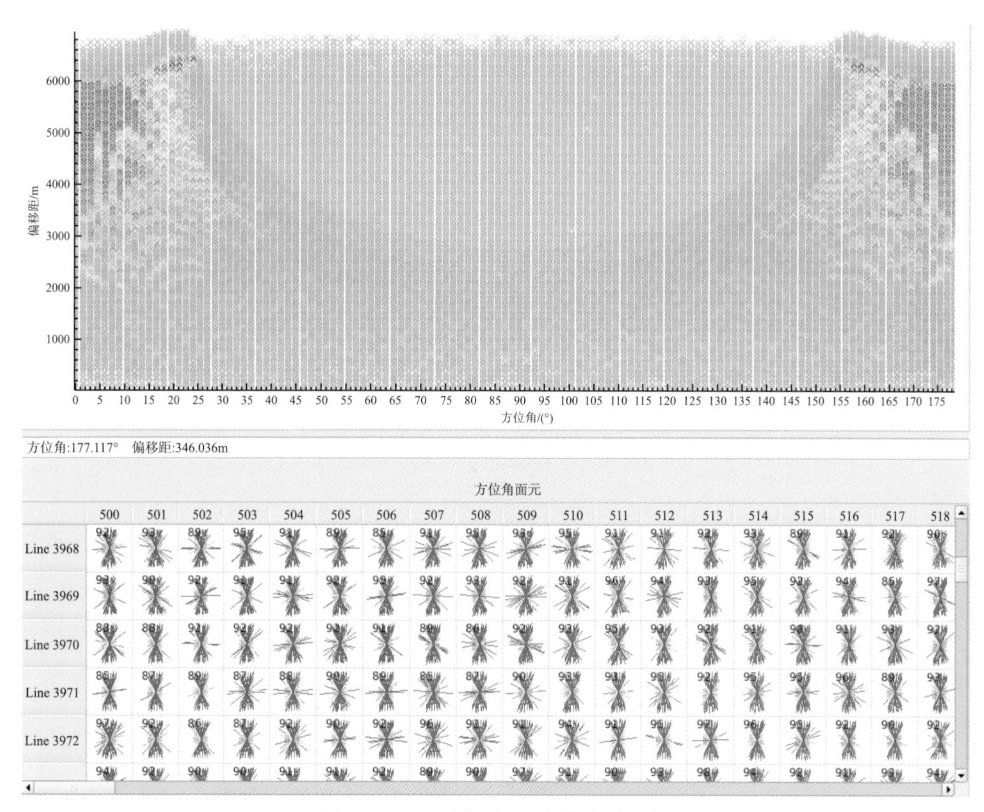

图 4-23　工区偏移距-方位角分布图

选取目标区域内 YL17 井与 YL171 井的 Q 值各向异性玫瑰图与成像测井资料进行对比。由图 4-25 可看出，YL17 井裂缝主要发育方向为 NW-SE；YL171 井裂缝主要发育方向为 NWW-SEE。Q 值各向异性玫瑰图的方向与井上的成像测井资料解释的裂缝发育方向吻合度较高，表明基于 Q 值分析的各向异性裂缝检测方法能够较为准确地描述裂缝展布信息，得到有效可靠的检测结果。

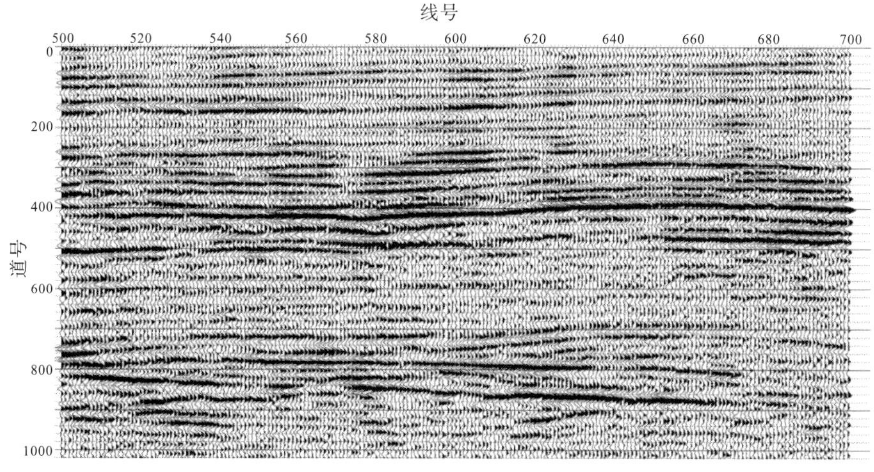

(a) 0°~30°

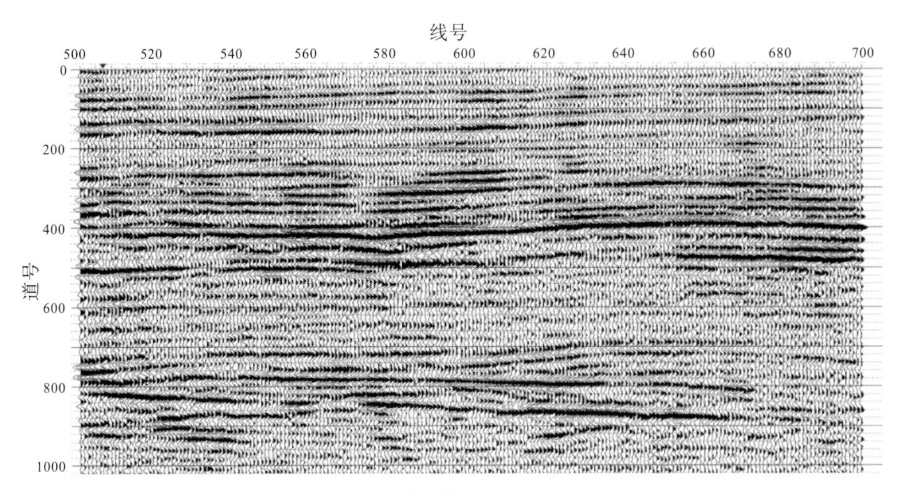

(b) 30°~60°

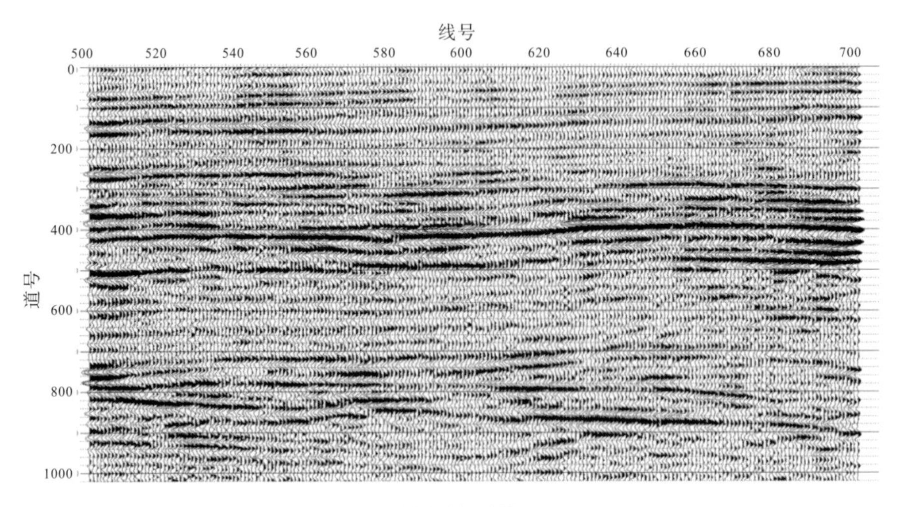

(c) 150°~180°

图 4-24　不同方位角时间剖面

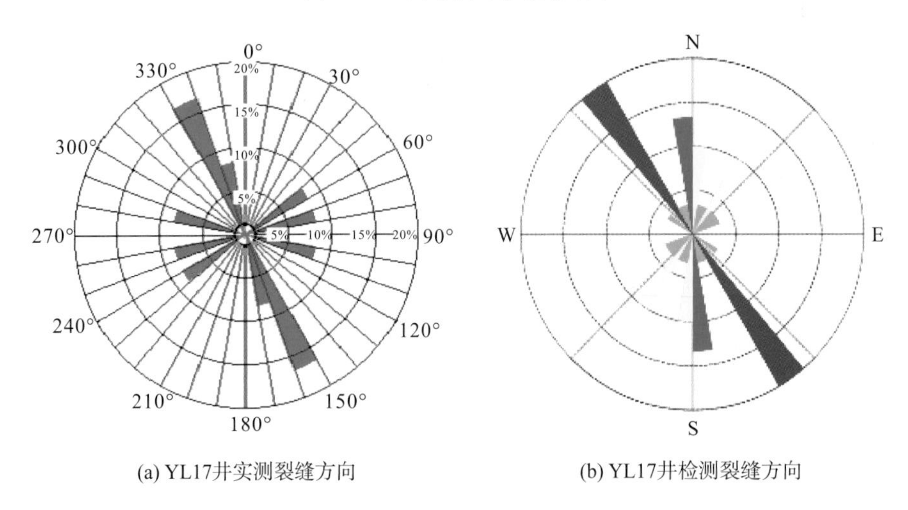

(a) YL17井实测裂缝方向　　(b) YL17井检测裂缝方向

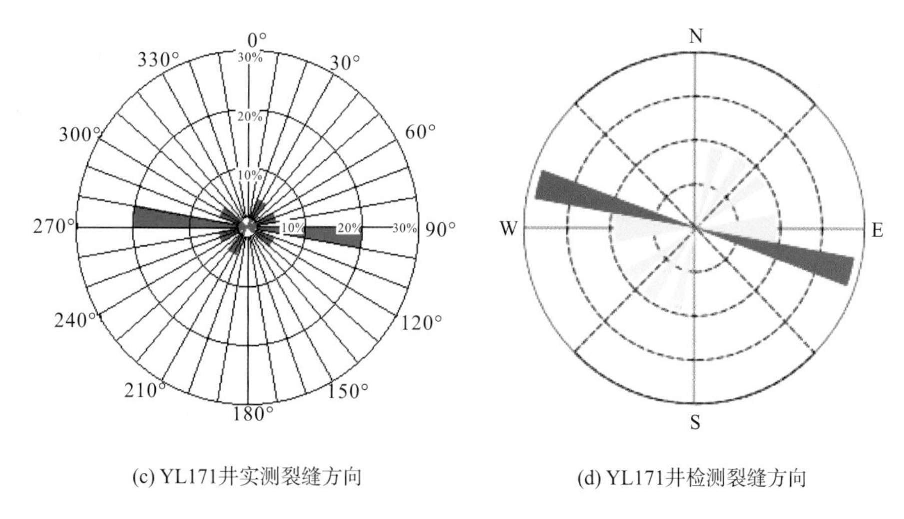

(c) YL171井实测裂缝方向　　(d) YL171井检测裂缝方向

图 4-25　钻井检测结果对比

4.4　流度属性

流度属性是反映储层物性的重要指标之一，能够为油气预测和开采开发提供指示。Silin 等(2004)根据基本渗流理论推导了渐进模式下的低频谐波在饱水弹性多孔介质中的传播方程，研究了低频地震信号从弹性介质到多孔饱水介质的反射，得出了一个与频率和储层流体流动性能相关的反射系数。Korneev 等(2004)将这个反射系数在实际地震资料中低频成像，用于预测油田生产率。Goloshubin 等(2006)在 Silin 的基础上应用流体流动性能和散射机制推导出与地震频率相关的流度属性，并用该属性预测储层的流动能力和渗透率。代双和等(2010)把流度属性用于实际地震资料中预测储层的含油气性，得到了很好的效果。蔡涵鹏(2012)结合测井资料和试采数据讨论了流度属性和渗透率、储层产油率的关系，实现了直接利用低频信息预测储层生产率。Chen 等(2012)将广义 S 变换计算瞬时地震谱应用到流度属性计算中，利用 Silin 推导的渗透地层依赖频率的纵波反射理论公式确定优势频率，将低频伴影结合流度属性解释储层的含油气性。张生强等(2015)将高分辨率稀疏反演谱分解用于储层流体流度的计算，提高了流度属性成像的分辨率。近年来，从地震低频信号中提取的流度属性已经被用于储层流度预测、储层的渗透率预测、储层的产能估计等方面。因此，从低频地震信号中提取的流度属性同时包含了储层物性和流体活动能力两方面的信息，而且具有严格的数学物理公式，与油气开采的流度关联性强，是其他渗透率预测和流体识别方法所无法比拟的。

4.4.1　流度属性的推导

假设岩石的流体流动性在一个合理的范围，弹性纵波在弹性介质和饱水多孔介质界面反射，Silin 所推导的反射系数在某个角频率下的渐进表达式为

$$R = R_0 + R_1(1+i)\sqrt{\frac{\kappa \rho_b \omega}{\eta}} \tag{4-55}$$

式中，R_0 和 R_1 是与孔隙度、密度和弹性系数有关的流体和岩石力学性质的无量纲参数；κ 是储层渗透率；η 是流体黏度；ρ_b 是岩石中流体的密度；ω 是地震波的角频率。上式对 ω 求导，得

$$\frac{\mathrm{d}R}{\mathrm{d}\omega} = \frac{1}{2} R_1(1+i)\sqrt{\frac{\kappa \rho_\mathrm{b}}{\eta \omega}} \tag{4-56}$$

令 $C = \frac{1}{2} R_1(1+i)\sqrt{\rho_\mathrm{b} / \omega}$，Golohubin 定义的成像属性为

$$A(x,y) = \frac{\mathrm{d}R(\omega_\mathrm{low})}{\mathrm{d}\omega} \sim \frac{\mathrm{d}S(\omega_\mathrm{low})}{\mathrm{d}\omega} \tag{4-57}$$

式中，$\mathrm{d}S(\omega_\mathrm{low})$ 是地震频谱，可以通过时频分析得到，根据式(4-56)和式(4-57)推导得式(4-58)，从式(4-58)可以看出流度属性能反映储层的渗透率，C 是一个与多孔岩石系数有关的复函数，可通过岩石物理测试得到：

$$\frac{\mathrm{d}S(\omega_\mathrm{low})}{\mathrm{d}\omega} \approx C\sqrt{\frac{\kappa}{\eta}} \tag{4-58}$$

在石油工程中将流度属性定义为

$$M = \frac{\kappa}{\eta} \tag{4-59}$$

通过上式可以看出，储层的连通性越好，所含的流体黏滞系数越低，储层中流体的活动能力越大，为了直观反映储层所含流体的活动能力，利用式(4-59)对式(4-60)进行改造：

$$M = \frac{1}{C}\left[\frac{\mathrm{d}S(\omega_\mathrm{low})}{\mathrm{d}\omega}\right]^2 \tag{4-60}$$

在已知地震数据的时频谱和岩石物理测试的基础上，我们便可以求得 C，然后通过地震数据对储层所含流体的活动能力进行预测。同时参数 C 还是一个调节因子，在多井的情况下，能够对通过地震数据计算出的流度属性进行约束，使其更能符合实际情况。

值得注意的是，由于流度属性与频谱随频率的变化率有关，当地震信号能量较弱时，其频谱变化率受噪声影响较大，用于储层描述时不稳定。

4.4.2 流度属性的提取

通过 4.4.1 节的推导，我们了解到影响成像属性和流度属性最重要的因素就是地震信号时频谱的提取和优势频率的确定。在众多的时频分析方法中，我们选取了张懿疆等(2017)提出的反褶积广义 S 变换，因为它兼备了反褶积短时傅里叶变换和广义 S 变换的优点，反褶积广义 S 变换的时频分布具有较高的时频分辨率和频率汇聚度，对非平稳信号中不同信号分量有较强的区分能力，更能适应非平稳地震信号流体流度属性的计算。所以在流度属性的提取过程中，我们采用了反褶积广义 S 变换。

陈学华(2008，2009a，2009b)在高斯窗上引入两个参数 λ、p，使高斯窗能根据实际非平稳信号的不同频率成分变换而变化，从而适应性地分析和处理具体信号。对于信号 $x(t)$，其广义 S 变换可表示为

$$\mathrm{GST}(\tau, f)=\int_{-\infty}^{\infty} x(t) \frac{\lambda|f|^{p}}{\sqrt{2\pi}} \mathrm{e}^{\frac{-\lambda^{2} f^{2p}(\tau-t)^{2}}{2}} \mathrm{e}^{-\mathrm{i} 2\pi f t} \mathrm{d} t \quad (\lambda>0,\ p>0) \tag{4-61}$$

式中，λ 和 p 是高斯窗函数的调节参数，通过调节这两个参数可以改变高斯窗随频率的变化趋势，从而灵活地分析处理具体信号；τ 用于确定分析时窗的时间位移；f 为频率。

将信号 $x(t)$ 的广义 S 变换谱写成如下二维褶积的形式：

$$\mathrm{SPEC}_{x}\left|\mathrm{GST}_{x}(t, f)\right|^{2}=\iint_{-\infty}^{+\infty} \mathrm{WVD}_{x}(u, v) \times \mathrm{WVD}_{h}(t-u,-v) \mathrm{d} u \mathrm{d} v \tag{4-62}$$

式中，WVD_x 为原始信号 $x(t)$ 的 Wigner-Ville 分布；WVD_h 为高斯窗 $h(u)$ 的 Wigner-Ville 分布。广义 S 变换谱是由原始信号与高斯窗各自的 Wigner-Ville 分布进行二维褶积得到的。本书采用了一种非线性的迭代复原反褶积算法，即 Lucy-Richardson 反褶积算法。Lucy-Richardson 反褶积算法表达式为

$$W_{x}^{-}(k+1)=W_{x}^{-}(k)\left[W_{h} * \frac{S_{x}}{W_{h} \otimes W_{x}^{-}(k)}\right] \tag{4-63}$$

式中，$k+1$ 是现在的迭代次数；$W_{x}^{-}(0)=S_{x}$，为原始信号的广义 S 变换。其中，$*$ 为相关算子，$\otimes$ 为褶积算子。

4.4.3　优势频率的计算

在 4.4.2 节中，我们从低频渐进的反射系数中推导了成像属性和流度属性的计算公式，观察公式可以看出储层厚度的变化和优势频率的选取对于成像属性和流度属性有着十分重要的影响，储层厚度会造成弛豫时间的变化，从而使流度属性不能真实反映储层流体的活动能力。而优势频率则是在时频分析和岩石物理参数 C 的计算中必须用到的参数，如果选取的优势频率不正确，那我们计算的储层流度属性则偏差过大，对储层流动能力预测的多解性和不确定性就过大。我们利用 Silin 和 Goloshubin(2010)推导的快纵波在渗透层中的传播产生的透射反射系数和反射系数为依据，确定优势频率。

考虑快纵波在一个厚度为 H 的渗透层中传播，如图 4-26 所示，介质 1 中存在饱含流体的砂岩介质 2。地震纵波在砂岩层的顶底都会转换为透射的快慢纵波和反射的快慢纵波。假设顶部的透射纵波的产生有两种情况：①快纵波在顶部透射转换成慢纵波，透射的慢纵波在底部反射产生快纵波，反射的快纵波在顶部透射产生快纵波；②快纵波在顶部的透射产生快纵波，透射的快纵波在底部反射产生慢纵波，反射的慢纵波在顶部透射产生快纵波。慢纵波在这两种情况下都作为转换波，最终都变成快纵波。快纵波在顶底的反射相互抵消，所以没有考虑多次反射。

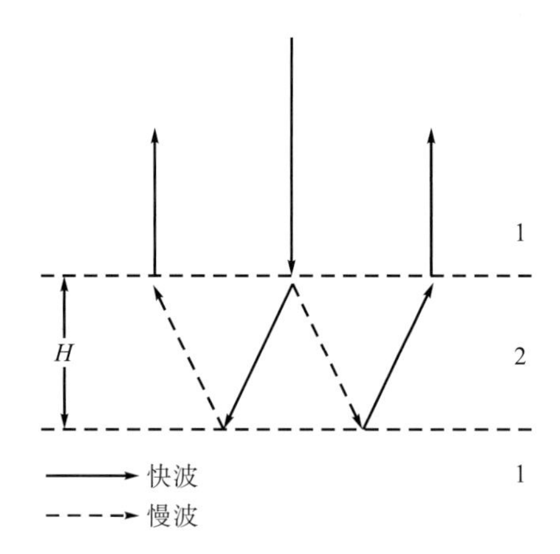

图 4-26 地震快波在渗透层的传播(引自 Silin and Goloshubin，2010)

因为这两种情况大致相似，我们只讨论第一种情况。U_0 为入射快纵波的振幅，快纵波透射转换为慢纵波时，其反射系数零阶项为 0，所以透射的慢纵波振幅为

$$U_0^{1f2s} = T_0^{\mathrm{FS}} \sqrt{|\varepsilon|} \, \mathrm{e}^{-a_{\mathrm{S}} H} U_0 \tag{4-64}$$

式中，a_{S} 是纵波衰减因子：

$$a_{\mathrm{S}} = \frac{\eta}{\kappa} \sqrt{\frac{\gamma_\beta + \gamma_k^2}{2M\rho_f}} \sqrt{|\varepsilon|} \tag{4-65}$$

其中，无量纲参数 γ_β 和 γ_k 的表达式为

$$\begin{cases} \gamma_\beta = K\left(\beta_f + \dfrac{1-\phi}{K_{\mathrm{fg}}}\right) \\ \gamma_k = 1 - \dfrac{(1-\phi)K}{K_{\mathrm{sg}}} \end{cases} \tag{4-66}$$

式中，K_{sg} 和 K_{fg} 分别是骨架和流体造成的岩石体积模量的变化量，其表达式与岩石基质的体积模量 K_{g} 有关：

$$\begin{cases} K_{\mathrm{sg}} = \dfrac{K_{\mathrm{g}}}{1-\phi} \\ K_{\mathrm{fg}} = \dfrac{K_{\mathrm{g}}}{1-\dfrac{K}{K_{\mathrm{g}}}} \end{cases} \tag{4-67}$$

透射的慢纵波在底部反射变为快纵波，其反射系数一阶项为 0，所以其振幅值为

$$U_0^{1f2s2f} = R_0^{\mathrm{SF}} T_1^{\mathrm{FS}} \sqrt{|\varepsilon|} \, \mathrm{e}^{-a_{\mathrm{S}} H} U_0 \tag{4-68}$$

最后快纵波在顶部透射出的快纵波振幅为

$$U_0^{1f2s2f1f} = T_0^{\mathrm{FF}} R_0^{\mathrm{SF}} T_1^{\mathrm{FS}} \sqrt{|\varepsilon|} \, \mathrm{e}^{-a_{\mathrm{S}} H} U_0 \tag{4-69}$$

可以看出，$\sqrt{|\varepsilon|}\mathrm{e}^{-a_s H}$ 作为变量控制着透射快纵波的幅值，所以将其定义为地震波在多层渗透岩石情况下的低频反射因子：

$$\psi\left(|\varepsilon|\right)=\sqrt{|\varepsilon|}\,\mathrm{e}^{-\frac{\eta}{\kappa}\sqrt{\frac{\gamma_\beta+\gamma_k^2}{2M\rho_f}}\sqrt{|\varepsilon|}H} \tag{4-70}$$

当 $\dfrac{\partial\left(\psi\left(|\varepsilon|\right)\right)}{\partial\left(|\varepsilon|\right)}=0$ 时，可以取得反射系数 $\psi\left(|\varepsilon|\right)$ 的最大值和对应的峰值频率：

$$\begin{cases}\psi_{\max}=\dfrac{1}{H}\dfrac{\kappa}{\eta}\sqrt{\dfrac{2M\rho_f}{\gamma_\beta+\gamma_k^2}}\,\mathrm{e}^{-1}\\[2ex]|\varepsilon|=\left(\dfrac{\kappa}{\eta H}\right)^2\left(\dfrac{2M\rho_f}{\gamma_\beta+\gamma_k^2}\right)\\[2ex]f_{\text{peak}}=\dfrac{\kappa}{2\pi\eta H^2}\dfrac{2M}{\gamma_\beta+\gamma_k^2}\end{cases} \tag{4-71}$$

假设上式中的 $M=10\text{GPa}$，$\gamma_\beta+\gamma_k^2=2.5$，渗透率达到 1D，黏滞系数为 $10^{-3}\,\text{Pa·s}$，底层厚度为 0.5m，计算出依赖于频率的纵波反射因子 $\psi\left(|\varepsilon|\right)$（图 4-27），可以看出 $\psi\left(|\varepsilon|\right)$ 的值在低频情况下比在高频情况下大，峰值频率为 10Hz 左右。得到低频峰值频率以后，结合岩石物理测试结果就可以计算出流度属性中的参数 C。通过岩石物理测试得出了流体的流度值 M，再通过时频分析方法计算出 $\mathrm{d}S(\omega_{\text{low}})/\mathrm{d}\omega$，就可以计算出参数 C。如果工区内没有钻井或者钻井比较少，只计算出成像属性还是能够反映工区内的流度属性相对分布情况。从式(4-71)中能够看出储层的厚度对于反射系数的最大值及峰值频率都有影响。图 4-28 中显示出了储层厚度对反射因子幅值和峰值频率的影响，储层厚度越大，反射因子的幅值越小，而峰值频率越高；储层厚度越小，反射因子幅值越大，而峰值频率越低。

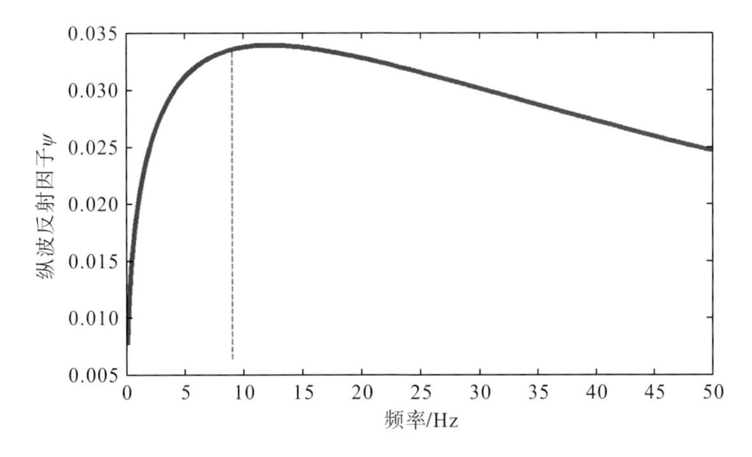

图 4-27　纵波反射因子随频率的变化

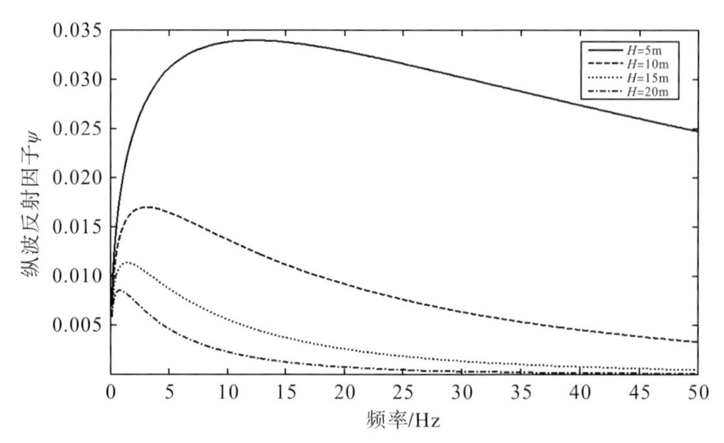

图 4-28 不同储层厚度下纵波反射因子随频率的变化

4.4.4 模拟信号时频分析

通过采用以下 4 种不同算法：短时傅里叶变换(short-time Fourier transform，STFT)、广义 S 变换、反褶积短时傅里叶变换(deconvolution short time Fourier transform，DSTFT)、反褶积广义 S 变换(deconvolution generalized S transform，DGS)，对信号进行时频分析效果对比。

这里我们利用线性调频(linear frequency modulation，LFM)信号来检验算法的可靠性。合成信号 X 是由两个线性调频信号和两个高频分量信号叠加而成：

$$\begin{cases}\cos(2\pi(10+t/6.2)t/256), & 0\leqslant t\leqslant 256\\ \cos(2\pi(91-t/6.2)t/256), & 0\leqslant t\leqslant 256\\ \cos 2\pi\cdot 0.4t, & 100\leqslant t\leqslant 120\\ \cos 2\pi\cdot 0.4t, & 130\leqslant t\leqslant 140\end{cases} \tag{4-72}$$

图 4-29(a)所示的是合成信号，图 4-29(b)是对信号做短时傅里叶变换得到的时频分布，图中低频分量具有较高的频率分辨率，但高频分量时间分辨率较差，并且短时傅里叶固定时窗造成了低频分量末端的拉伸[图 4-29(b)红色椭圆处]。图 4-29(c)是对信号做反褶积短时傅里叶变换得到的时频分布，时频分辨率较好，但能量较弱，与短时傅里叶变换得到的频谱相同，低频分量末端的拉伸现象依然存在[图 4-29(c)红色椭圆处]。由此可见，反褶积短时傅里叶变换与短时傅里叶变换同样存在固定时窗的局限。图 4-29(d)是对信号做广义 S 变换得到的时频分析结果，显示为高频分量频率分辨率较高，但低频分量时间分辨率较低，且相比图 4-29(b)没有低频分量末端的拉伸。图 4-29(e)是对信号做反褶积广义 S 变换得到的时频分布，具有较高的时频分辨率，消除了低频分量末端的拉伸现象。图 4-29(f)是对信号做同步挤压变换得到的时频分布，其时频分辨率与频率汇聚性优于其他变换方法所得到的时频谱，但信号整体能量分布过于平均，与原始信号能量分布所不符，且在信号末端及交叉处无效信息较多。因此，为提高信号识别的准确性，有必要对同步挤压变换做进一步的改进。图 4-29(g)是对信号做反褶积同步挤压广义 S 变换得到的时频分布，具有较高的时频分辨率，能量分布也比较正确。分析对比以上模拟信号分析结果可见，反褶积同步挤压广义 S 变换的时频分布具有较高的时频分辨率和频率汇聚度，并且克服了短时傅里叶变换固定时窗的局限，能够根据不同频率成分的变化自适应地调节分辨率。

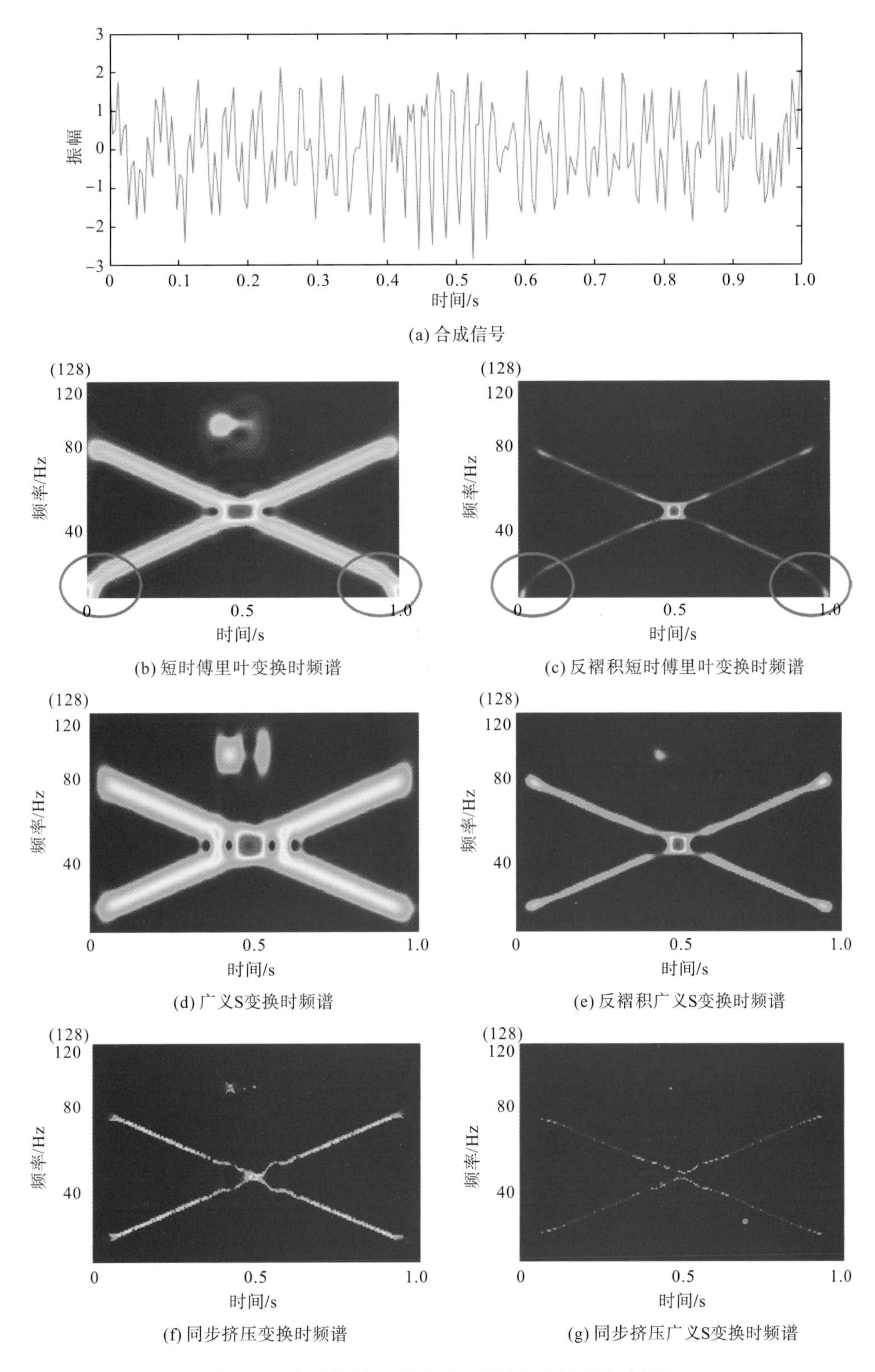

图 4-29　合成信号及利用不同分析方法得到的时频谱

4.4.5 基于双孔模型的频变属性数值模拟

为了分析渗透率对流度属性和 K_1 属性的影响，首先利用科兹洛夫(Kozlov)的粗糙裂缝面的双重孔隙介质模型分析了渗透率对纵波衰减和速度频散的作用。根据储层段与盖层的阻抗差异，将储层分为两类，模型1是随渗透率值变大，盖层与储层的阻抗值差异变小；模型2是随渗透率变大，盖层与储层的阻抗值差异也变大。根据计划，设计了两类模型的岩石骨架以及裂缝物性参数(表4-1)和盖层与底层的弹性参数(表4-2)。

表4-1 岩石骨架及裂缝物性参数

参数		模型1	模型2
岩石骨架参数	岩石基质体积模量/GPa	40	40
	岩石密度/(g/cm^3)	2.60	2.65
	干燥岩石体积模量/GPa	12.4	9.0
	干燥岩石剪切模量/GPa	12.4	9.0
	孔隙度	0.20	0.25
	干燥岩石的泊松比	0.25	0.25
裂缝参数	裂缝密度/m^{-1}	0.1	
	裂缝粗糙系数	4	
	裂缝开合度	0.0001	
	流体黏度系数/P	0.01	

注：1P=10^{-1}Pa·s。

表4-2 盖层与底层弹性参数

	纵波速度/(m/s)	密度/(g/cm^3)	波阻抗/(g·cm^{-3}·m·s^{-1})
盖层	3650	2.3	8395
底层	2900	2.2	6380

将两个模型的弹性参数代入以上公式中，得到了纵波相速度的频散曲线和相速度随渗透率变化的曲线(有效压力设置为5MPa)。当频率从1Hz增加到1000Hz、渗透率分别为1mD、10mD、100mD、1000mD时，从图4-30(a)中可以看出在模型1中相速度分别增加了105.50m/s、49.20m/s、17.04m/s、5.45m/s，模型2[图4-30(b)]中相速度分别增加了119.44m/s、53.95m/s、18.47m/s、5.89m/s，所以模型1和模型2在低渗透率的情况下纵波有较强的频散。我们选取30Hz时的相速度随渗透率的变化(图4-31)，可以看出模型1和模型2的相速度都随渗透率的增加而减小。图4-32中显示的是模型1在渗透率为100mD时，纵波速度对频率的一阶导数随频率的变化，可以看出低频端比高频端的频散现象更明显。

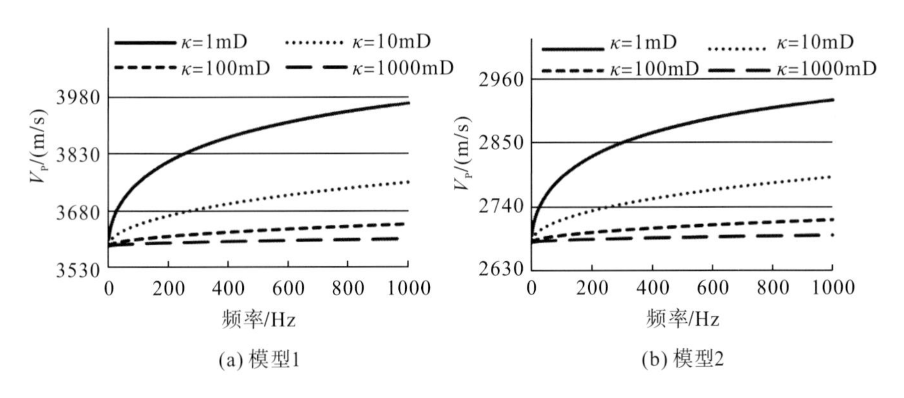

(a) 模型1　　(b) 模型2

图 4-30　相速度随频率的变化曲线

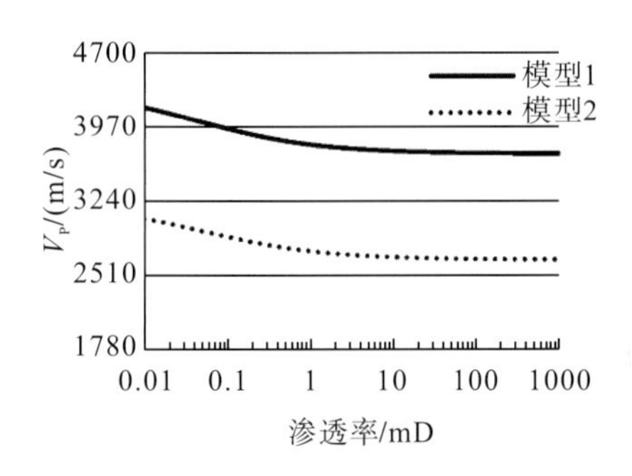

图 4-31　相速度随渗透率的变化曲线

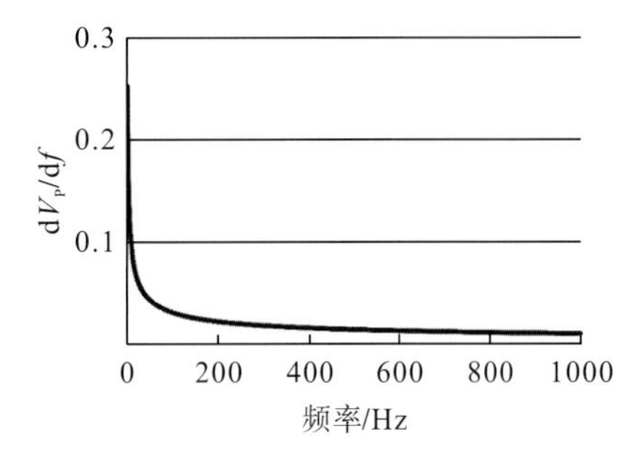

图 4-32　相速度梯度随渗透率的变化曲线

K_1 属性是地震频谱中高频信号与低频信号的比值：

$$K_1 = \frac{\sum_{\omega_m}^{\omega_2} |S(\omega)|}{\sum_{\omega_1}^{\omega_m} |S(\omega)|} \tag{4-73}$$

式中，$S(\omega)$ 为地震频谱；ω_1、ω_m 和 ω_2 分别是地震信号的低频频率、峰值频率和高频频率。地震波在含流体的双孔介质中传播时，其主要的衰减是因为地震波驱动流体的移动。不同频率的地震波在渗透率的影响下会出现不同的衰减，高频情况下地震波穿过双孔介质时，流体来不及反应，所以地震波的高频成分在双孔介质中传播的衰减会比地震波的低频成分的衰减小许多。

从以上现象中可以知道相速度随渗透率的变化，必然会导致地震波在渗透层和非渗透层中传播时声波阻抗的变化，从而影响反射系数。为了研究渗透率的地震响应特征，利用 Ursin 所提出的在黏弹性层状各向同性介质传播的地震波反射系数计算方法，其方程见式(4-74)～式(4-76)：

$$R(\omega, \tau) = \frac{\tilde{r}_1 + \tilde{r}_2 \mathrm{e}^{(-\mathrm{i}\omega\tau + Q_2^{-1}/2)}}{1 + \tilde{r}_1 \tilde{r}_2 \mathrm{e}^{(-\mathrm{i}\omega\tau + Q_2^{-1}/2)}} \tag{4-74}$$

$$\tilde{r}_1=\frac{\rho_2\operatorname{Re}\left(\tilde{V}_2\right)-\rho_1V_1\left(1+\dfrac{Q_2^{-1}}{2}\right)}{\rho_2\operatorname{Re}\left(\tilde{V}_2\right)+\rho_1V_1\left(1-\dfrac{Q_2^{-1}}{2}\right)} \tag{4-75}$$

$$\tilde{r}_2=\frac{-\rho_2\operatorname{Re}\left(\tilde{V}_2\right)+\rho_3V_3\left(1-\dfrac{Q_2^{-1}}{2}\right)}{\rho_2\operatorname{Re}\left(\tilde{V}_2\right)+\rho_3V_3\left(1-\dfrac{Q_2^{-1}}{2}\right)} \tag{4-76}$$

式中，τ 为地震波双重旅行时；$\tilde{V}_2$、ρ_2 分别是储层的速度和密度；ρ_1、ρ_3 和 V_1、V_3 分别是盖层和底层的密度和速度。将模型 1 和模型 2 的物性参数代入式(4-74)～式(4-76)中得到反射系数后，根据式(4-77)计算地震频谱：

$$S(\omega,\tau)=R(\omega,\tau)W(\omega) \tag{4-77}$$

式中，$W(\omega)$ 为子波频谱，其主频为 30Hz。然后将 $S(\omega,\tau)$ 代入式(4-73)中，分别计算出模型 1 和模型 2 的流度属性和 K_1 属性，如图 4-33 所示。从图 4-33(a)中可以看出流度属性随渗透率的变化，在模型 1 中层厚度为 25ms 时的流度属性随渗透率增大而减小；层厚度为 55ms 时，流度属性随渗透率(0.001～0.3mD)增大而减小，后随渗透率(0.03～1000mD)增大而增大；层厚度为 85ms 时，流度属性变化趋势与厚度为 55ms 时大致一致。从图 4-33(b)中可以看到，在模型 2 中层厚度为 25ms 和 55ms 时流度属性随渗透率增大而增大；厚度为 85ms 时，在渗透率为 0.001～0.014mD 阶段流度属性随渗透率增大而增大，在 0.014～1000mD 阶段流度属性随渗透率增大而减小。从以上分析可以看出流度属性在渗透率大于 0.03mD 时总体趋势是随渗透率的增大而增大，但是由于层厚度的影响，其变化也是复杂的。

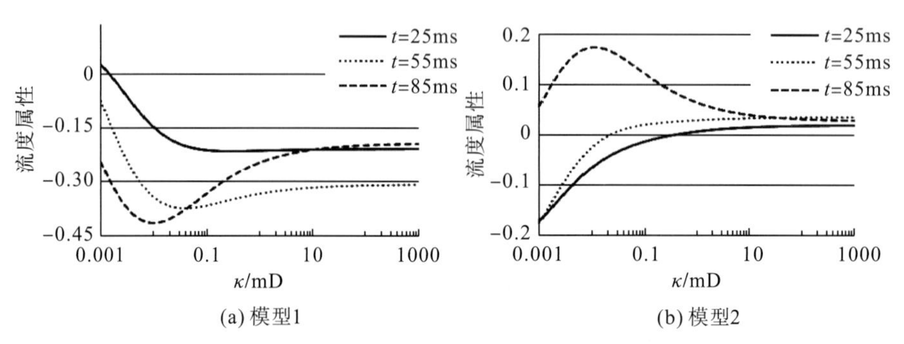

图 4-33　流度属性随渗透率的变化曲线

图 4-34 中显示的是 K_1 随渗透率的变化曲线。从图 4-34(a)中可以看出当模型 1 层厚度为 25ms 时，K_1 随渗透率增大而减小；当厚度为 55ms 和 85ms 时，K_1 随渗透率增大，先减小后增大。从图 4-34(b)中可以看到模型 2 层厚度为 25ms 时，K_1 随渗透率增大而增大；厚度为 55ms 时，在渗透率为 0.001～0.02mD 段 K_1 随渗透率增大而增大，在渗透率为 0.02～1000mD 时，K_1 随渗透率增大而减小；层厚度为 85ms，K_1 变化趋势与厚度为 55ms 时大致一致。从以上分析可以看出 K_1 属性在渗透率大于 0.01mD 且层厚度较大时，总体趋势在模型 1 中随渗透率增加而增加，在模型 2 中随渗透率增加而减小。

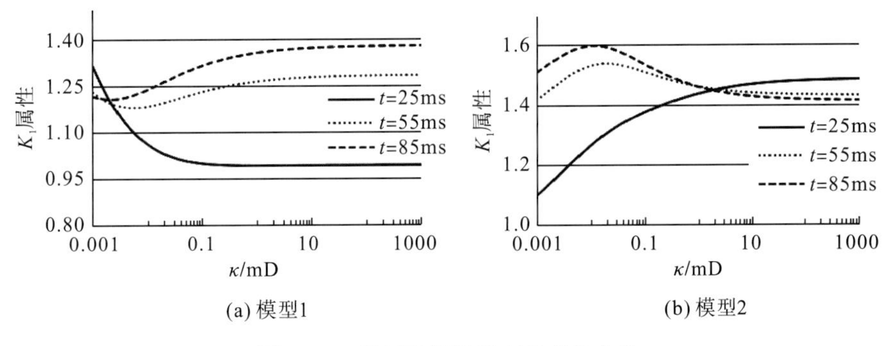

(a) 模型1　　(b) 模型2

图 4-34　K_1 属性随渗透率的变化曲线

4.4.6　流度属性的数值模拟

接下来我们针对反褶积同步挤压广义 S 变换进行了储层流体流度计算的模拟实验，模拟实验中的地质储层模型[图 4-35(a)]类似于 Chen 等(2012)设计的一个呈背斜特征的渗透性含气储层模型，与之不同的是本书将单层含气储层设计为双层薄互含气储层，用以检验基于广义 S 变换的储层流体流度计算方法与基于反褶积同步挤压广义 S 变换的储层流体流度计算方法的分辨率，其中含气层为红色(箭头所示)，其他区域为干层。图 4-35(b)是利用基于黏滞弥散波动方程数值模拟出来的地震记录，黏滞-弥散波动方程是

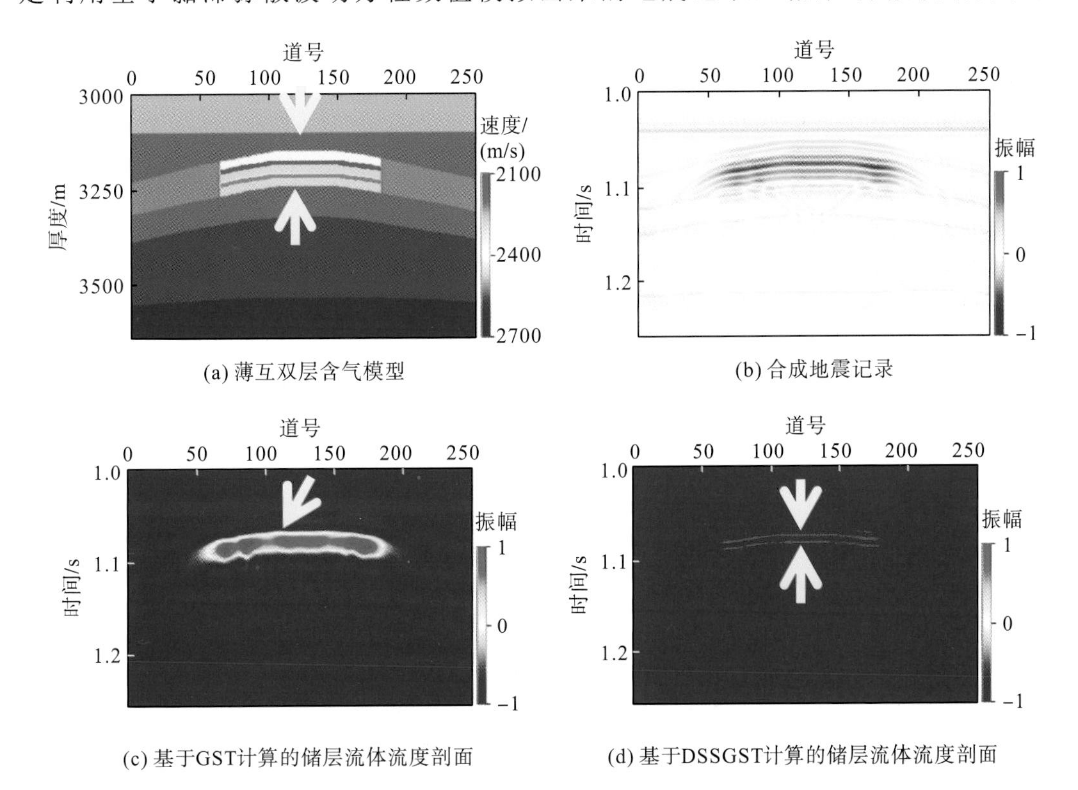

(a) 薄互双层含气模型　　(b) 合成地震记录

(c) 基于GST计算的储层流体流度剖面　　(d) 基于DSSGST计算的储层流体流度剖面

图 4-35　薄互双层含气模型合成地震数据的不同计算方法流体流度分析

Goloshubin 等(2006)和 Korneev 等(2004)提出的一种考虑流体黏滞性和弥散性的声波方程，可以很好地描述含流体储层的频率依赖衰减特性，为数值模拟研究提供了有力工具。图 4-35(c)是基于广义 S 变换计算的储层流体流度剖面，图中含气区域大致只出现了一层能量异常区。图 4-35(d)是基于反褶积同步挤压广义 S 变换计算的储层流体流度剖面，从图中可见，异常区域较为明显地分为两层。

4.4.7 流度属性的反演

除了通过时频谱提取流度外，也可利用反演算法获得流度属性。将式(4-55)的反射系数低频渐进表达式写成频率的函数并取实部，可以得到以下方程：

$$R(f) = R_0 + \sqrt{2\pi f M} \cdot C \tag{4-78}$$

从式(4-78)可以看出，流度属性与低频反射系数有着直接的联系。此外，式中 $C = R_1 \cdot \sqrt{\rho_f}$ 是流度属性系数，无论是在流度属性的提取方法还是反演方法中，它都是确保计算结果准确的关键参数。

在流度属性的提取过程中，一个最重要的步骤便是移除 R_0 项。R_0 项是关于干岩石骨架的反射系数，在实际计算中，我们难以得到单纯岩石骨架的反射系数，R_0 项若不去除将阻碍流度属性的求取。对式(4-78)取频率的一阶导数，可以得到

$$\sqrt{\frac{\pi}{2f}} C \cdot \sqrt{M} = \frac{\mathrm{d}R(f)}{\mathrm{d}f} \tag{4-79}$$

在提取方法中，直接利用瞬时谱振幅 $S(f)$ 来代替相应频率处的反射系数，然后利用式(4-79)来计算流度属性。然而这种做法忽略了子波的频率依赖性，也导致计算结果的不准确。

为了解决该问题，我们在计算 M 时直接基于式(4-79)。反射系数 R 可以使用基追踪算法从地震资料中求得。之后，利用短时傅里叶变换将反射系数转换到频率域，考虑到反射系数的波形比较窄，短时傅里叶变换分析时窗的长度也应选择较小的采样点数。最后 M 可以写为

$$\boldsymbol{M} = \left[\frac{\dfrac{\mathrm{d}R(f)}{\mathrm{d}f}}{\sqrt{\dfrac{\pi}{2f}} C} \right]^2 \tag{4-80}$$

式中，$\boldsymbol{M}$ 是与反射系数相关的向量，因此这里获得的 $\boldsymbol{M}$ 只代表了反射界面的流度属性信息。

考虑到 m 个频率 $(f_1, f_2, \cdots, f_m)$ 的情况下，式(4-80)按频率展开可写成如下矩阵的形式：

$$\begin{bmatrix} \operatorname{diag}\left(\sqrt{\frac{\pi}{2f_1}}C\right) \\ \operatorname{diag}\left(\sqrt{\frac{\pi}{2f_2}}C\right) \\ \vdots \\ \operatorname{diag}\left(\sqrt{\frac{\pi}{2f_m}}C\right) \end{bmatrix} \cdot \begin{bmatrix} \sqrt{M_1} \\ \sqrt{M_2} \\ \vdots \\ \sqrt{M_m} \end{bmatrix} = \begin{bmatrix} \frac{\mathrm{d}R(f_1)}{\mathrm{d}f_1} \\ \frac{\mathrm{d}R(f_2)}{\mathrm{d}f_2} \\ \vdots \\ \frac{\mathrm{d}R(f_m)}{\mathrm{d}f_m} \end{bmatrix} \tag{4-81}$$

式中，$\operatorname{diag}\left(\sqrt{\frac{\pi}{2f_m}}C\right)$是对角矩阵。因为之前假设流度属性与频率有关，所以不同频率处对应于不同流度属性的值。式(4-81)也可简化为

$$\boldsymbol{G}\cdot\boldsymbol{X}_0=\boldsymbol{d} \tag{4-82}$$

式中，$\boldsymbol{G}=\left[\operatorname{diag}\left(\sqrt{\frac{\pi}{2f_1}}C\right),\operatorname{diag}\left(\sqrt{\frac{\pi}{2f_2}}C\right),\cdots,\operatorname{diag}\left(\sqrt{\frac{\pi}{2f_m}}C\right)\right]^{\mathrm{T}}$是对角矩阵组合；$\boldsymbol{X}_0=\left[\sqrt{M_1},\sqrt{M_2},\cdots,\sqrt{M_m}\right]^{\mathrm{T}}$，是待反演参数；$\boldsymbol{d}=\left[\frac{\mathrm{d}R(f_1)}{\mathrm{d}f_1},\frac{\mathrm{d}R(f_2)}{\mathrm{d}f_i},\cdots,\frac{\mathrm{d}R(f_m)}{\mathrm{d}f_m}\right]^{\mathrm{T}}$是关于反射系数的向量。

为了确保反演结果的稳定性，需要在方程中加入一个低频模型来进行约束。在假定地震波小角度入射的情况下，反射系数与纵波阻抗的关系式同样可以按频率展开：

$$\frac{1}{2}\ln\frac{I_{\mathrm{P}}(t,f)}{I_{\mathrm{P}}(t_0,f)}=\int_{t_0}^{t}R(\tau,f)\mathrm{d}\tau \tag{4-83}$$

式中，$I_{\mathrm{P}}(t,f)$是时间和频率形式下的纵波阻抗；$I_{\mathrm{P}}(t_0,f)$是初始阻抗值。

将式(4-83)与式(4-81)联立，并依频率展开，得模型约束方程为

$$\begin{bmatrix} \boldsymbol{C}\cdot\operatorname{diag}\left(\sqrt{\frac{\pi}{2f_1}}C\right) \\ \boldsymbol{C}\cdot\operatorname{diag}\left(\sqrt{\frac{\pi}{2f_2}}C\right) \\ \vdots \\ \boldsymbol{C}\cdot\operatorname{diag}\left(\sqrt{\frac{\pi}{2f_m}}C\right) \end{bmatrix} \cdot \begin{bmatrix} \sqrt{M_1} \\ \sqrt{M_2} \\ \vdots \\ \sqrt{M_m} \end{bmatrix} \cdot [R] = \begin{bmatrix} \frac{\boldsymbol{\varepsilon}(t,f_1)}{\mathrm{d}f_1} \\ \frac{\boldsymbol{\varepsilon}(t,f_2)}{\mathrm{d}f_2} \\ \vdots \\ \frac{\boldsymbol{\varepsilon}(t,f_m)}{\mathrm{d}f_m} \end{bmatrix} \tag{4-84}$$

式中，R是单位反射系数；$\boldsymbol{\varepsilon}$是相对阻抗向量；$\boldsymbol{C}$是积分矩阵。它们分别表示为

$$\boldsymbol{\varepsilon}(t,f)=\frac{1}{2}\ln\frac{I_{\mathrm{P}}(t,f)}{I_{\mathrm{P}}(t_0,f)} \tag{4-85}$$

$$\boldsymbol{C}=\begin{bmatrix}1 & & & \\ 1 & 1 & & \\ \vdots & \vdots & \ddots & \\ 1 & 1 & \cdots & 1\end{bmatrix} \tag{4-86}$$

式(4-84)可简化为

$$\boldsymbol{C}'\cdot\boldsymbol{X}_0\cdot\boldsymbol{R}=\boldsymbol{\varepsilon}' \tag{4-87}$$

式中，$\boldsymbol{C}'=\left[\boldsymbol{C}\cdot\mathrm{diag}\left(\sqrt{\frac{\pi}{2f_1}}C\right),\boldsymbol{C}\cdot\mathrm{diag}\left(\sqrt{\frac{\pi}{2f_2}}C\right),\cdots,\boldsymbol{C}\cdot\mathrm{diag}\left(\sqrt{\frac{\pi}{2f_m}}C\right)\right]^{\mathrm{T}}$ 是对角矩阵组合；$\boldsymbol{\varepsilon}'=\left[\frac{\boldsymbol{\varepsilon}(t,f_1)}{\mathrm{d}f_1},\frac{\boldsymbol{\varepsilon}(t,f_2)}{\mathrm{d}f_2},\cdots,\frac{\boldsymbol{\varepsilon}(t,f_m)}{\mathrm{d}f_m}\right]^{\mathrm{T}}$ 是相对阻抗列向量。

当地震资料的低频分量相对较弱时，强噪声对低频分量反演结果的影响较大。为了解决这一问题，我们引入先验信息来保证地震数据含有足够的低频成分，先验信息 X_0 可来源于测井和岩石物理资料。我们依据测井和岩石物理资料计算出储层流体流动系数 C，并以此作为先验信息。

结合式(4-82)和式(4-87)，反演目标函数可以表示为

$$f\left(X_0\right)=\arg\min\left\{\boldsymbol{G}X_0-\boldsymbol{d}_2^2+\lambda\left|X_0\right|_1+\beta\boldsymbol{C}'X_0R-\boldsymbol{\varepsilon}_2'^2\right\} \tag{4-88}$$

基于上式计算出的反演结果包含多个频率下的流度属性 M_{m}，鉴于流度属性在峰值频率处达到最大值，因此我们选取峰值频率处的矢量 $\boldsymbol{M}_{\mathrm{peak}}$ 作为最优值，之后对其乘以单位反射系数便于后续积分运算：

$$\boldsymbol{M}_{\mathrm{peak}}=f\left(M_{\mathrm{peak}}\right)\cdot\boldsymbol{R} \tag{4-89}$$

最后对反演结果进行道积分，将式(4-89)中反射界面的流体流动性信息转化为储层的流体流动性信息：

$$I_{\mathrm{M}}\left(t\right)=\exp\left[\int_{t_0}^{t}M_{\mathrm{peak}}\left(\tau\right)\mathrm{d}\tau\right] \tag{4-90}$$

接下来，我们根据某实际工区的地质背景，设计了一个二维高渗透性含气储层地质模型[图 4-36(a)]。利用该模型验证了流度属性提取和反演结果的差异。该模型的共深度点(common depth point，CDP)和持续时间分别为 256s 和 0.3s，时间采样间隔设置为 1ms，如图 4-36(a)所示，红色区域代表可渗透性含气层的位置，其余区域代表干层。图 4-36(b)显示了合成地震剖面，图中的黑色曲线表示虚拟孔隙度曲线，该曲线直接描绘了含气储层的确切位置。由于储层流体对地震波的吸收衰减作用，含气储层的底部反射表现为相位畸变。图 4-36(c)显示了提取方法计算的流度属性剖面，该剖面中的异常高值区位于储层顶部界面，而不是含气储层的实际位置，这表明流度属性提取结果未能有效地描述含气储层的实际位置。图 4-36(d)显示了通过反演方法计算的流度属性剖面。在反演结果中，我们观察到一个异常高值区出现在含气储层的位置，并与孔隙度曲线相吻合。该数值模拟实验证实，利用反演方法得到的流度属性剖面可以有效地估计含气储层的准确位置。

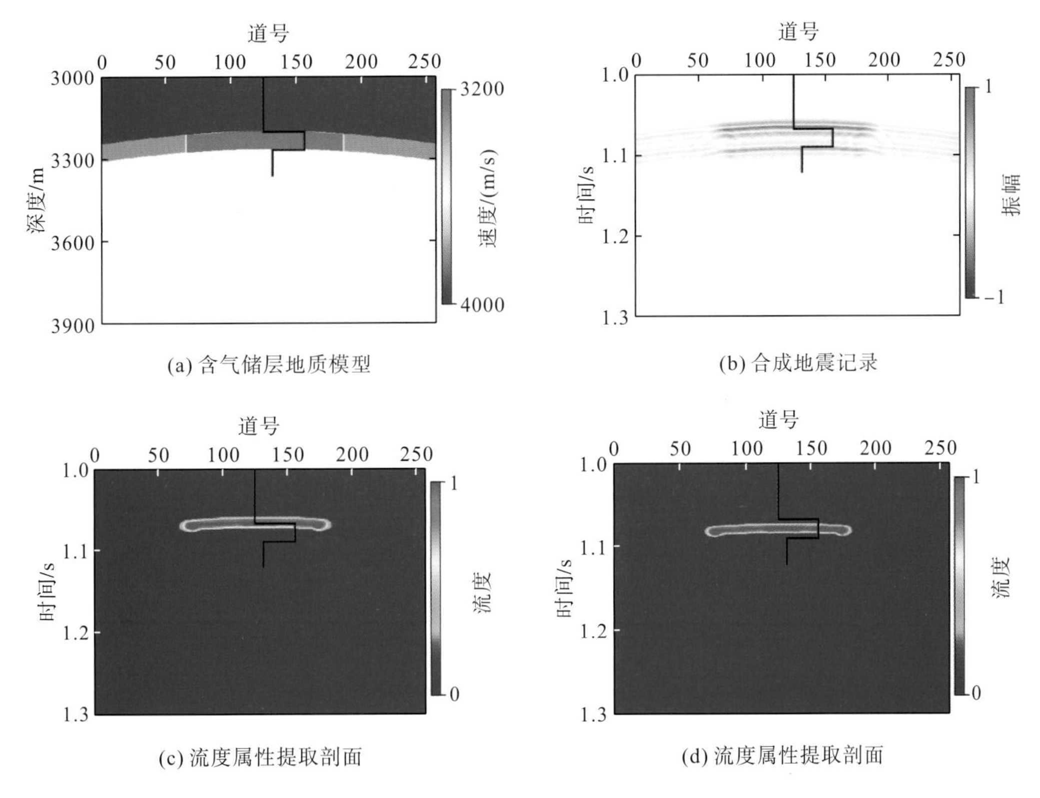

(a) 含气储层地质模型　(b) 合成地震记录

(c) 流度属性提取剖面　(d) 流度属性提取剖面

图 4-36　流度属性提取结果与反演结果对比

4.4.8　基于流度属性的储层评价

图 4-37 为 LW3.2 靶区过 4 口井的连井地震剖面，研究区目的层位为 ZJ210，白色箭头指示的地方就是储层位置。在地震剖面中能清晰地看到储层所在位置表现出强振幅特征，但是仅通过强振幅亮点仍然难以确定优质储层所在位置，为此我们针对该剖面提取了

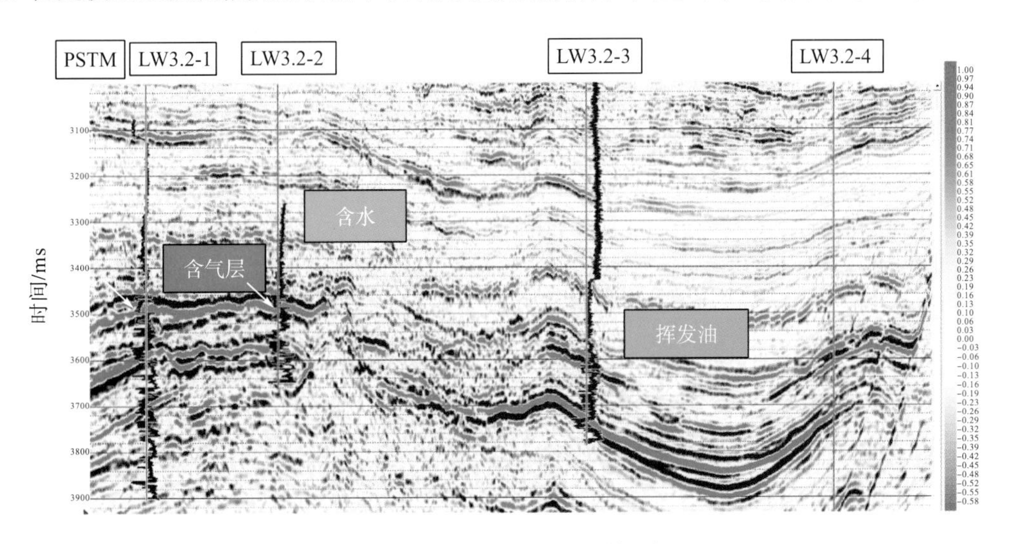

图 4-37　LW3.2 靶区地震剖面

流度属性(图 4-38)，从图中可以看出，LW3.2-1、LW3.2-2、LW3.2-3 井在储层段位置流度属性值较大，预测井 LW3.2-4 在流度属性剖面 ZJ210 层下方表现出高流度属性特征，表明该井于目的层处储层物性较好，储层内流体的活动能力较强，因此预测井 LW3.2-4 在目的层段存在含油气的可能。

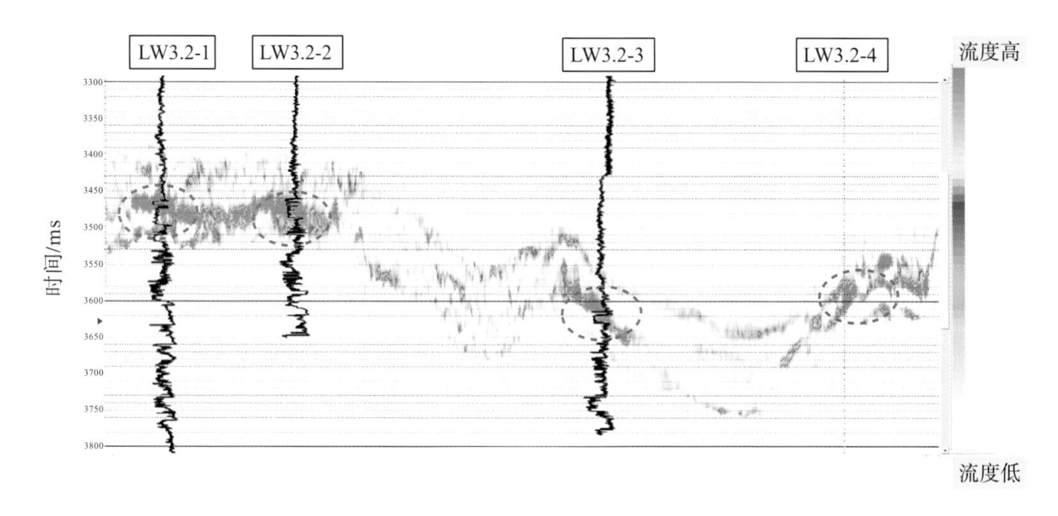

图 4-38 LW3.2 靶区流度属性剖面

第5章　基于叠前资料的致密砂岩储层预测

5.1　叠前道集优化处理

目前许多叠前反演是基于策普里兹(Zoeppritz)方程或其近似表达式的，而 Zoeppritz 方程本身未考虑波传播过程中的球面扩散或非弹性衰减的影响。另外，实际道集中还存在噪声的影响以及处理造成的畸变等。因此，在进行反演前要进行必要的预处理，如动校拉伸畸变切除、噪声压制、Q 补偿等。下面就 Q 补偿及道集优化质控做简要介绍。

5.1.1　Q 补偿

1. 基本原理

地震波在地下传播时受大地滤波作用的影响发生能量衰减。地层较深时，地震波高频成分大量损失，相位发生畸变。常规道集处理中的振幅补偿手段得到的反射同相轴，不能很好地反映地下的信息。因此，提出通过基于叠前道集的沿射线滤波的反 Q 滤波补偿高频信息，提高地震资料中深层的能量，同时改善相位畸变，在保证信噪比的前提下提高分辨率。利用非稳态线性反 Q 滤波算法，对于平稳的信号可定义为

$$x(t)=\int_{-\infty}^{+\infty} w(t-\tau)r(\tau)\,\mathrm{d}\tau \equiv w(t)*r(t) \tag{5-1}$$

式中，τ 为时间积分变量；t 为传播时间；$x(t)$ 为平稳地震信号；$w(t)$ 为地震子波；$r(t)$ 为反射系数；$*$ 表示卷积。

式(5-1)可推广到非平稳褶积：

$$\overline{x}(t)=\int_{-\infty}^{+\infty} a(t,t-\tau)r(\tau)\,\mathrm{d}\tau \tag{5-2}$$

式中，$\overline{x}(t)$ 为非平稳地震信号；$r(\tau)$ 为反射系数；a 为衰减函数的脉冲响应，可表示为

$$a(t,\tau)=\int_{-\infty}^{+\infty} \mathrm{e}^{-\pi|f|t/Q}\,\mathrm{e}^{2\pi\mathrm{i}f\tau}\,\mathrm{d}\tau \tag{5-3}$$

为方便计算，利用函数 $\alpha(t,f)=\mathrm{e}^{-\pi|f|t/Q}$ 进行变量替换。

通过傅里叶变换，式(5-3)在频率域表示为

$$\overline{X}(f)=\overline{w}(f)\int_{-\infty}^{+\infty} \alpha(t,f)r(t)\mathrm{e}^{2\pi\mathrm{i}ft}\,\mathrm{d}t \tag{5-4}$$

式中，$\overline{w}(f)$ 通过 $w(t)$ 的傅里叶变换得到。

利用非平稳转换函数的近似表示反 Q 滤波过程，即 $\alpha^{-1}(t,f)$ 表示该过程，通过 $\alpha^{-1}(t,f)$ 与实际数据相乘得到补偿后的地震数据。

2. 模型测试

本节将对前面提到的几类反 Q 滤波方法进行对比，利用单道合成数据分析方法的精度及稳定性。图 5-1(a)为原始合成地震道；图 5-1(b)为 Q 值为 50 衰减之后的地震道，从图中可以看出，地震波的振幅发生了衰减，图 5-1(c)为反 Q 滤波方法，该方法补偿效果较好，能恢复地震波的振幅。

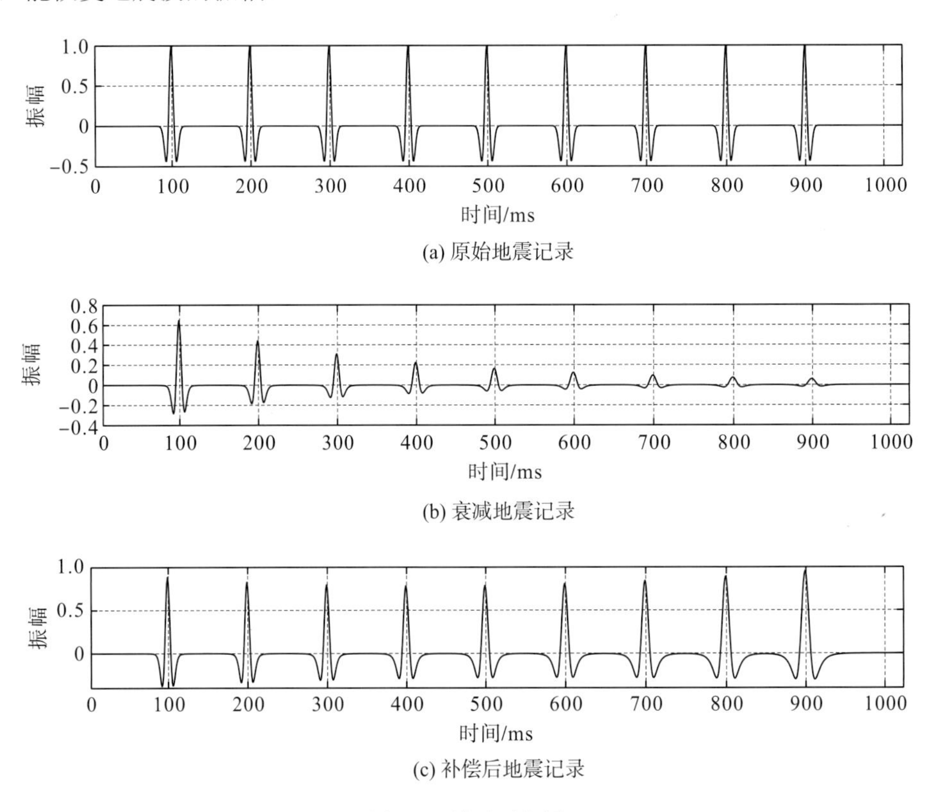

图 5-1 效果对比图

对图 5-1 中模型添加由衰减引起的地震波相位变化。图 5-2(a)为原始合成地震道；图 5-2(b)为 Q 值为 50 衰减之后的地震道，从图中可以看出，地震波的振幅发生了衰减，相位产生了畸变，该变化与实际情况相吻合；图 5-2(c)为反 Q 滤波记录。对比图 5-2(b)和图 5-2(c)能看出，反 Q 滤波既能恢复振幅的衰减，同时也能纠正相位的畸变，对地震波的补偿效果较好。

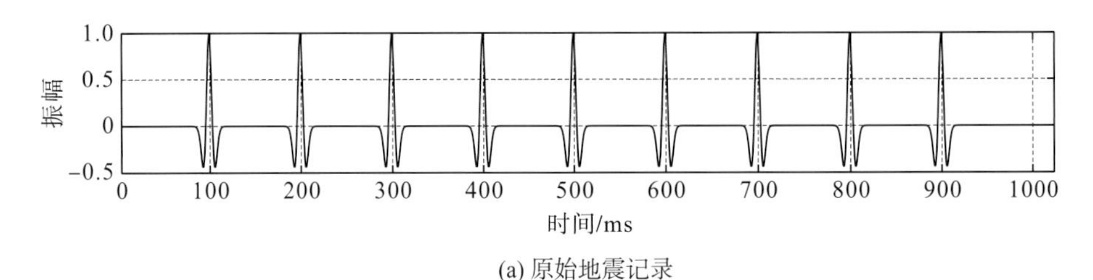

(a) 原始地震记录

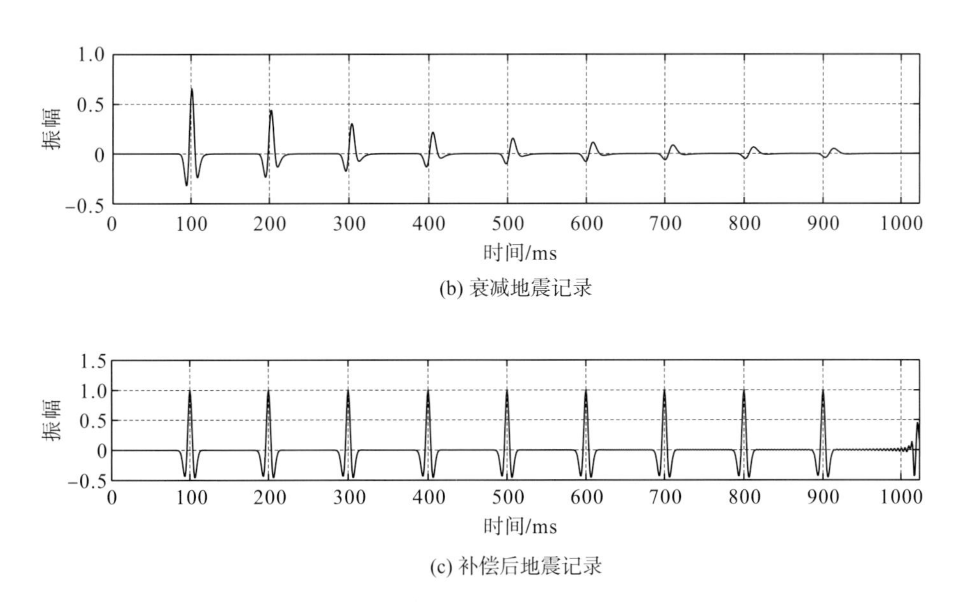

(b) 衰减地震记录

(c) 补偿后地震记录

图 5-2　效果对比图

3. 实际资料 Q 补偿

图 5-3 为未做 Q 补偿的叠前道集，经过反 Q 滤波后，地震波能量得到恢复，中远偏道集同相轴更连续(比较图 5-3 和图 5-4 黑色虚线方框处)。

图 5-5(a)为原始道集叠加剖面，图 5-5(b)为图 5-5(a)中黑色实线方框周围波形显示图；将叠前反 Q 滤波道集叠加得到的地震剖面如图 5-6(a)所示，而图 5-6(b)为图 5-6(a)中黑色实线方框周围波形显示图。

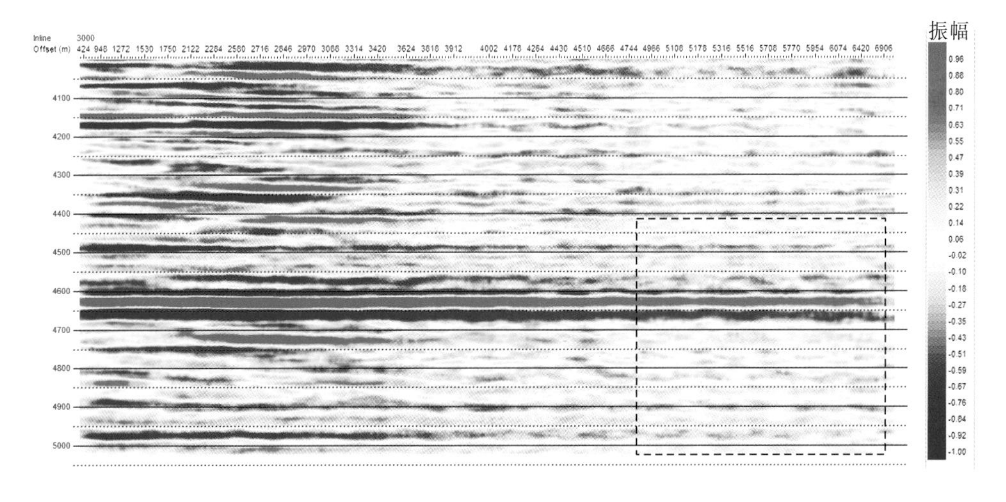

图 5-3　道集反 Q 滤波前

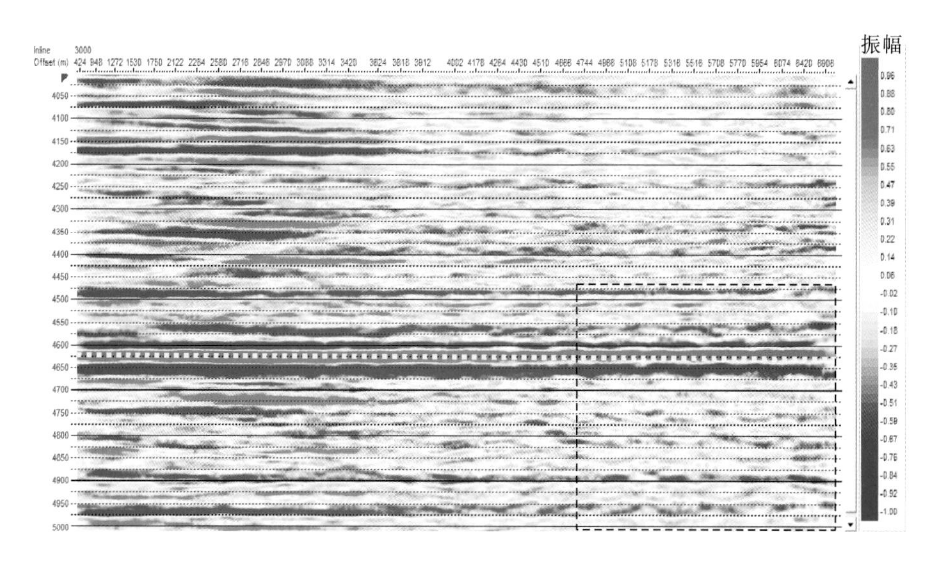

图 5-4 道集反 Q 滤波后

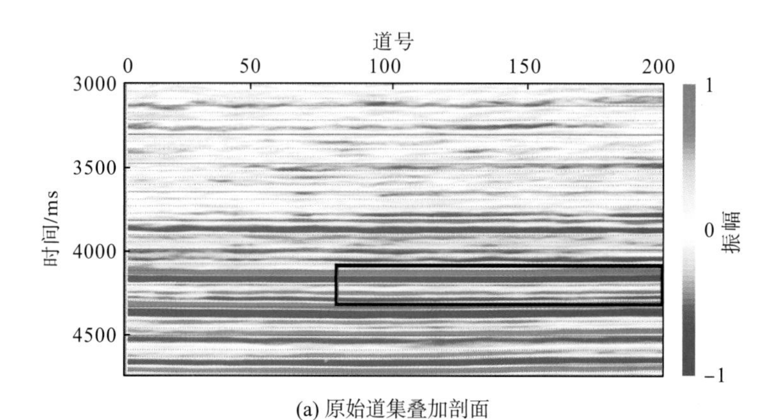

(a) 原始道集叠加剖面

(b) 局部波形显示图

图 5-5 原始剖面

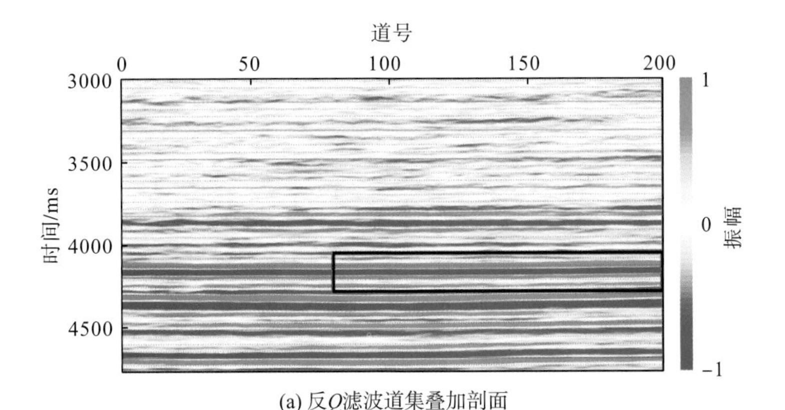

(a) 反Q滤波道集叠加剖面

(b) 局部波形显示图

图 5-6　反 Q 滤波剖面

5.1.2　道集优化质控

道集优化准确与否，可利用 Zoeppritz 方程进行正演质控。AVO 技术的理论基础是 Zoeppritz 方程及其各种简化式。Zoeppritz 方程阐述了在均匀各向同性弹性介质的分界面上产生的反射纵、横波和透射纵、横波四类波的振幅与入射纵波振幅之间的相对关系。在界面上，根据应力连续性和位移连续性，并引入反射系数、透射系数，就可以得出相应波的位移振幅方程，即 Zoeppritz 方程。对于给定的反射界面，Zoeppritz 方程的解取决于两种介质的纵横波速度和密度差异，以及入射角。Zoeppritz 方程的具体表达式为

$$\begin{bmatrix} \sin i_1 & \cos j_1 & -\sin i_2 & \cos j_2 \\ -\cos i_1 & \sin j_1 & -\cos i_2 & -\sin j_2 \\ \sin 2i_1 & \dfrac{\alpha_1}{\beta_1}\cos 2j_1 & \dfrac{\rho_2\beta_2^2\alpha_1}{\rho_1\beta_1^2\alpha_2}\sin 2i_2 & \dfrac{\rho_2\beta_2\alpha_1}{\rho_1\beta_1^2}\cos 2j_2 \\ \cos 2j_1 & -\dfrac{\beta_1}{\alpha_1}\sin 2j_1 & -\dfrac{\rho_2\alpha_2}{\rho_1\alpha_1}\cos 2j_2 & -\dfrac{\rho_2\beta_2}{\rho_1\alpha_1}\sin 2j_2 \end{bmatrix} \begin{bmatrix} R_{\mathrm{PP}} \\ R_{\mathrm{PS}} \\ T_{\mathrm{PP}} \\ T_{\mathrm{PS}} \end{bmatrix} = \begin{bmatrix} -\sin i_1 \\ -\cos i_1 \\ \sin 2i_1 \\ -\cos 2j_1 \end{bmatrix} \tag{5-5}$$

基于井资料建模，用 Zoeppritz 方程计算反射系数，比较模型的 AVO 曲线和道集优化后记录的 AVO 曲线，可检验优化效果。图 5-7(c) 是研究区某点目的层的 AVO 正演模型道

集，图 5-7(d) 中的蓝色曲线为与之对应的 AVO 曲线变化图。从图中可看出，AVO 正演特征曲线属于第一类，临界角内随入射角增大反射系数减小，大于临界角后反射系数增大。这与参数优化后目的层的 AVO 特征一致，验证了优化方法的合理性和有效性。图 5-8(c) 是另一位置目的层的 AVO 正演模型道集，图 5-8(d) 中的蓝色曲线为与之对应的 AVO 曲线变化图。从图中可看出，AVO 正演特征曲线属于第四类，垂直入射的反射系数值为负，且随入射角的增大，反射系数的绝对值减小。这与参数优化后目的层的 AVO 特征基本一致，同样验证了优化方法的合理性和有效性。

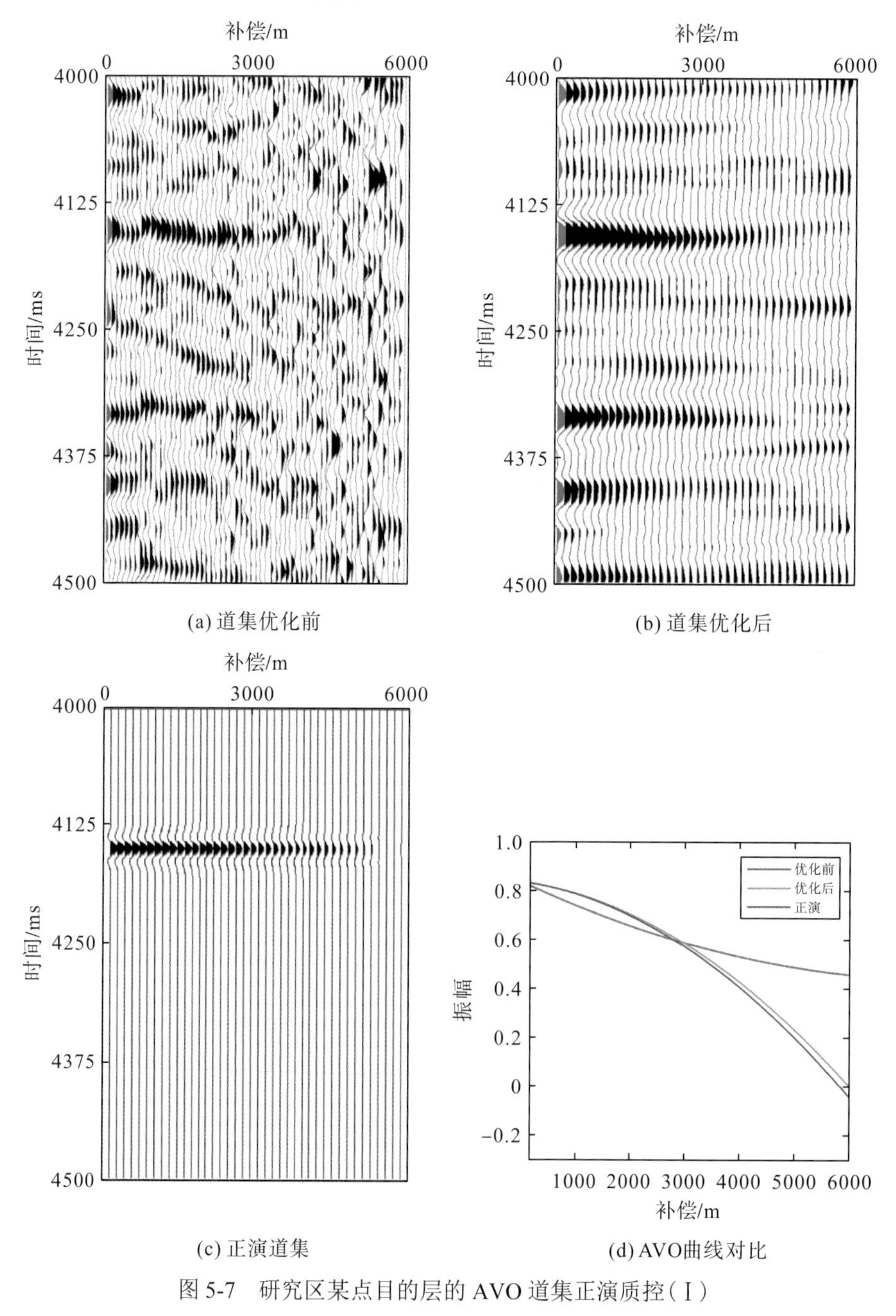

图 5-7 研究区某点目的层的 AVO 道集正演质控(Ⅰ)

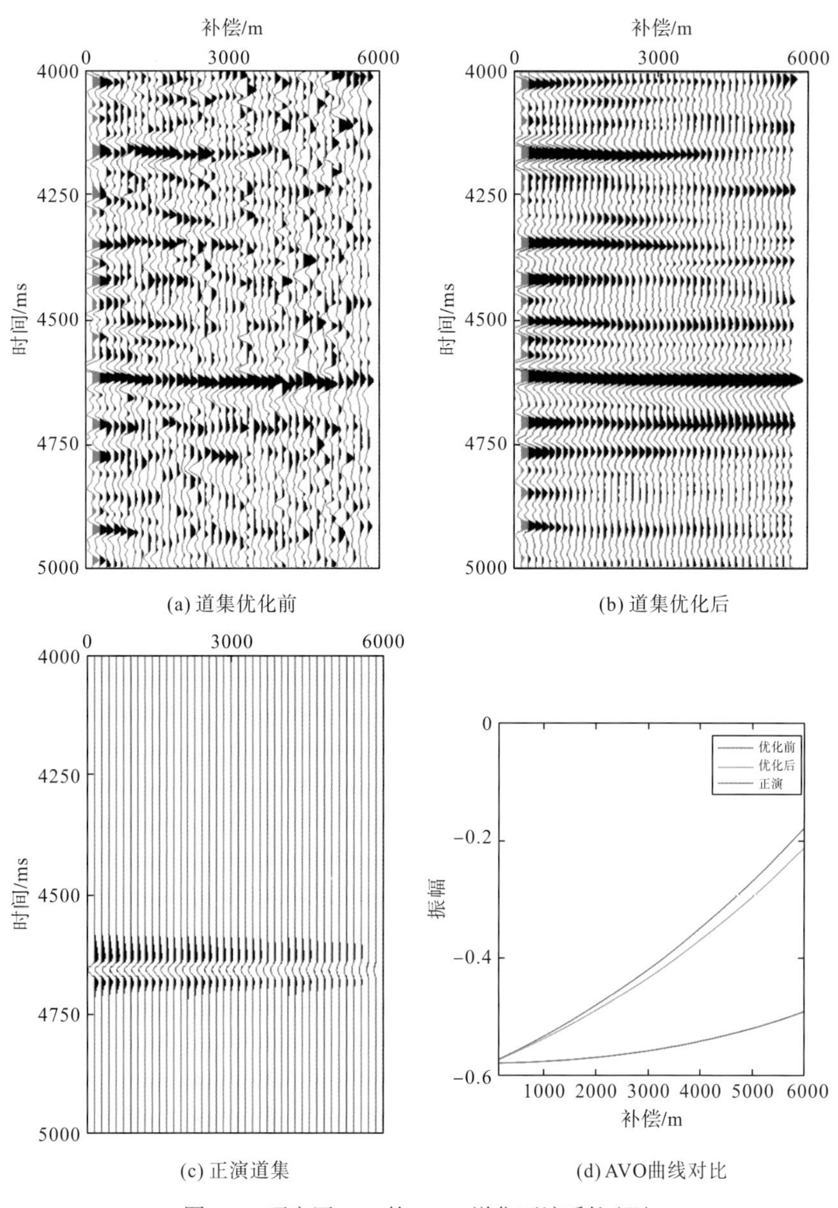

图 5-8　研究区 T74 的 AVO 道集正演质控(Ⅱ)

5.2　基于 $L_{1\text{-}2}$ 最小化的纵横波阻抗精确反演

叠前 AVO 反演是获取介质弹性参数的重要手段，而介质的弹性参数与岩性、物性及含流体性密切相关，因此在致密砂岩储层预测的实际应用中备受关注。

叠前 AVO 反演方法的核心包括反射系数近似公式的推导和反演算法的设计两部分。许多学者通过对 Zoeppritz(1919)方程进行简化，得到不同形式的反射系数近似公式。例如，Aki 和 Richards(1980)提出了纵横波速度与密度的三项式近似公式；Fatti 等(1994)在 Aki-Richards 近似公式的基础上提出纵横波阻抗与密度的三项式近似公式；Russell 等

(2011)基于孔隙介质理论，推导出*f-u-d*的反射系数近似公式；Zong 等(2012)推导了杨氏模量、泊松比反射系数近似公式。最近几年，不同的岩石弹性参数与反射系数之间的关系式也相应地被推导出来(Zong et al.，2013；宗兆云等，2013；印兴耀等，2013)，这样可有效减少间接求取弹性参数造成的累计误差。弹性参数的获取还依赖于性能稳定的反演算法，因此，大量学者对反演算法进行了深入的研究。Zhang 等(2011)用基追踪和奇偶双极子理论实现了薄层反射系数的反演；Zhang 等(2014)在反演目标函数中添加模型约束项，采用全变差(total variation，TV)正则化进行了叠后地震波阻抗的反演；国外学者 Gholami(2015，2016)采用 TV 正则化发展了多通道叠后高分辨率阻抗反演技术；刘晓晶等(2016)采用“分步法”反演，先通过基追踪反演弹性阻抗，再由得到的弹性阻抗求出 Gassmann 流体项和剪切模量；张丰麒等(2017)则先通过基追踪反演小角度、中角度、大角度反射系数，再由其进行了脆性指数、P 波速度和 S 波速度的反演。刘晓晶等(2016)和张丰麒等(2017)的方法的准确性依赖于基追踪反演的精度。She 等(2019)将高阶 TV 正则化用于叠前三参数的反演，有效提高了叠前三参数的反演精度。

然而，上述反演方法均是基于 L_1 范数的凸优化算法，虽然得到了较为广泛的应用，但考虑到地震反演本身固有的“病态解”和“多解性”等问题，Wang 等(2018b)指出凸优化算法会导致反演结果陷入次优稀疏解，为解决这一问题，非凸优化算法引起了众多学者的关注。Lai 等(2013)提出加权最小二乘迭代的 L_p 范数最小化算法，Yin 等(2014)提出了 L_1/L_2 和 $L_{1\text{-}2}$ 最小化算法，Wang 等(2018b)利用 $L_{1\text{-}2}$ 最小化算法对地震衰减进行补偿，并取得了较好的实际应用效果。

近几年，本课题组也开展了非凸优化算法反演地震弹性参数的应用研究，提出一种基于 L_{1-2} 最小化的纵横波阻抗同步反演方法。该方法首先改进了纵横波阻抗反射系数近似方法，然后根据奇偶分解理论将反射系数进行分解，同时采用拉格朗日乘子法，在反演目标函数中添加纵横波低频模型约束项，使得反演结果符合实际地质背景，并采用 L_{1-2} 最小化算法进行了纵横波阻抗同步反演；最后，通过模型试算和实际地震数据验证了该方法的准确性。

5.2.1 纵横波阻抗反射系数近似方程推导

Fatti 等(1994)提出了纵横波阻抗和密度的反射系数近似表达式，即法蒂(Fatti)三项式，其形式为

$$r(\theta)=A(\theta)\frac{\Delta I_{\mathrm{P}}}{\bar{I}_{\mathrm{P}}}+B(\theta)\frac{\Delta I_{\mathrm{S}}}{\bar{I}_{\mathrm{S}}}+C(\theta)\frac{\Delta\rho}{\bar{\rho}} \tag{5-6}$$

式中，$A(\theta)=\dfrac{1}{2}(1+\tan^2\theta)$，$B(\theta)=-4\dfrac{V_{\mathrm{S}}^2}{V_{\mathrm{P}}^2}\sin^2\theta$，$C(\theta)=-\dfrac{1}{2}\left(\tan^2\theta-4\dfrac{V_{\mathrm{S}}^2}{V_{\mathrm{P}}^2}\sin^2\theta\right)$。

与此同时，Fatti 等进一步假设 $\dfrac{V_{\mathrm{S}}}{V_{\mathrm{P}}}=0.5$，在入射角较小的情况下，将式(5-6)简化为

$$r(\theta)=A(\theta)\frac{\Delta I_{\mathrm{P}}}{\bar{I}_{\mathrm{P}}}+B(\theta)\frac{\Delta I_{\mathrm{S}}}{\bar{I}_{\mathrm{S}}} \tag{5-7}$$

与 Fatti 三项式对应，式(5-7)一般被称作 Fatti 两项式，该公式适用于缺乏远角道集数据的情况。为了能够将叠前多角度数据均用于反演，同时考虑到密度项是一个难以准确反演的参数(印兴耀等，2014)，根据 Gardner 经验公式(Gardner et al.，1974)：

$$\rho = aV_{\mathrm{P}}^{b} \tag{5-8}$$

式中，a、b 为根据实际工区测井或岩石物理资料拟合的参数。由式(5-8)取对数并求微分可得密度反射系数与纵波速度反射系数的关系如下：

$$\frac{\Delta\rho}{\rho} = b\frac{\Delta V_{\mathrm{P}}}{V_{\mathrm{P}}} \tag{5-9}$$

考虑均匀各向同性完全弹性无孔介质中，纵波阻抗与纵波速度、密度的关系式 $I_{\mathrm{P}} = \rho V_{\mathrm{P}}$，并对其求导可得

$$\frac{\Delta I_{\mathrm{P}}}{I_{\mathrm{P}}} = \frac{\Delta\rho}{\rho} + \frac{\Delta V_{\mathrm{P}}}{V_{\mathrm{P}}} \tag{5-10}$$

结合式(5-9)和式(5-10)，可得出密度和纵波阻抗的关系式：

$$\frac{\Delta\rho}{\rho} = \left(\frac{b}{b+1}\right)\frac{\Delta I_{\mathrm{P}}}{I_{\mathrm{P}}} \tag{5-11}$$

将式(5-11)代入式(5-6)可推导出纵横波阻抗反射系数近似方程为

$$r(\theta) = \left[A(\theta) + \left(\frac{b}{b+1}\right)C(\theta)\right]\frac{\Delta I_{\mathrm{P}}}{\bar{I}_{\mathrm{P}}} + B(\theta)\frac{\Delta I_{\mathrm{S}}}{\bar{I}_{\mathrm{S}}} \tag{5-12}$$

利用 Goodway 等(1997)给出的含气砂岩模型(表 5-1)，对式(5-12)、精确 Zoeppritz 方程和 Fatti 近似公式计算的反射系数进行了对比分析，结果如图 5-9 所示。由图可见，式(5-12)计算得到的反射系数精度高于忽略密度项的 Fatti 两项式。

表 5-1　Goodway 含气砂岩与页岩

地层	V_{P}/(m/s)	V_{S}/(m/s)	ρ/(g/cm^3)	σ	$V_{\mathrm{P}}/V_{\mathrm{S}}$
含气砂岩	2857	1666	2.275	0.24	1.71
页岩	2898	1290	2.425	0.38	2.25

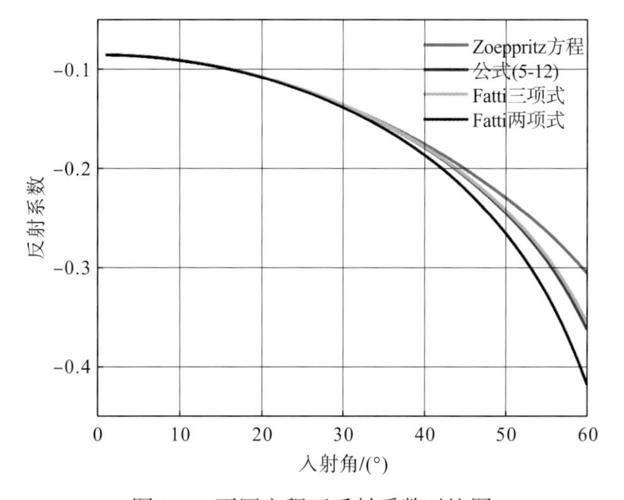

图 5-9　不同方程下反射系数对比图

5.2.2 正演计算

本节推导了叠前多角度地震记录与纵横波阻抗反射系数之间的关系。考虑多个界面、N 个角度的情况下，我们将反射系数近似方程写成矩阵形式：

$$\underbrace{\begin{bmatrix} R(\theta_1) \\ R(\theta_2) \\ \vdots \\ R(\theta_N) \end{bmatrix}}_{\boldsymbol{R}} = \underbrace{\begin{bmatrix} C_{\mathrm{P}}(\theta_1) & C_{\mathrm{S}}(\theta_1) \\ C_{\mathrm{P}}(\theta_2) & C_{\mathrm{S}}(\theta_2) \\ \vdots & \vdots \\ C_{\mathrm{P}}(\theta_N) & C_{\mathrm{S}}(\theta_N) \end{bmatrix}}_{\boldsymbol{C}} \times \underbrace{\begin{bmatrix} r_{\mathrm{P}} \\ r_{\mathrm{S}} \end{bmatrix}}_{\boldsymbol{r}} \tag{5-13}$$

式中，r_{P}、r_{S} 分别为纵波和横波阻抗反射系数；$\boldsymbol{C}_{\mathrm{P}}(\theta)$、$\boldsymbol{C}_{\mathrm{S}}(\theta)$ 分别为由 $A(\theta)+\left(\dfrac{b}{b+1}\right)C(\theta)$、$B(\theta)$ 组成的对角阵系数矩阵。根据地震褶积模型，考虑多个界面、N 个角度情况下，推导出地震记录与反射系数之间的关系式：

$$\underbrace{\begin{bmatrix} s(\theta_1) \\ s(\theta_2) \\ \vdots \\ s(\theta_N) \end{bmatrix}}_{\boldsymbol{s}} = \underbrace{\begin{bmatrix} w(\theta_1) & & & \\ & w(\theta_2) & & \\ & & \ddots & \\ & & & w(\theta_N) \end{bmatrix}}_{\boldsymbol{W}} \times \underbrace{\begin{bmatrix} R(\theta_1) \\ R(\theta_2) \\ \vdots \\ R(\theta_N) \end{bmatrix}}_{\boldsymbol{R}} \tag{5-14}$$

式中，$\boldsymbol{w}(\theta)$ 为角度子波矩阵。将式(5-13)、式(5-14)结合，并简写成矩阵形式，如下式：

$$\boldsymbol{s} = \boldsymbol{WCr} \tag{5-15}$$

式中，$\boldsymbol{s}$ 为不同角度叠加记录组成的矩阵；$\boldsymbol{r}=\begin{bmatrix} r_{\mathrm{P}} \\ r_{\mathrm{S}} \end{bmatrix}$；$\boldsymbol{W}$ 为多角度子波组成的矩阵；$\boldsymbol{C}$ 是由 $\boldsymbol{C}_{\mathrm{P}}(\theta)$、$\boldsymbol{C}_{\mathrm{S}}(\theta)$ 组成的系数矩阵。

5.2.3 $L_{1\text{-}2}$ 最小化反演方法

Zhang 等(2011)采用反射系数奇偶分解理论，有效提高了反演结果的垂向分辨率。因此，书中采用该方法对纵横波阻抗反射系数进行奇偶分解，并通过拉格朗日乘子法构建出纵横波阻抗同步约束的反演目标函数，然后采用 $L_{1\text{-}2}$ 最小化算法进行了纵横波阻抗的精确反演。

1. 反射系数奇偶分解

根据奇偶分解理论：一个反射系数对可以唯一分解为一个偶分量与一个反射系数奇分量，如图 5-10 所示。我们可以将 r 分解为如下形式：

$$\boldsymbol{r} = \boldsymbol{Dm} \tag{5-16}$$

式中，$\boldsymbol{D}$ 为奇偶极子库；$\boldsymbol{m}$ 为待反演的结果，是反射系数的稀疏表示；a 和 b 为奇偶极子的系数。偶脉冲对 r_{e} 与奇脉冲对 r_{o} 分别表示为如下的两个函数：

$$\begin{cases} r_{\mathrm{e}} = \delta(t) + \delta(t - n\Delta t) \\ r_{\mathrm{o}} = \delta(t) - \delta(t - n\Delta t) \end{cases} \tag{5-17}$$

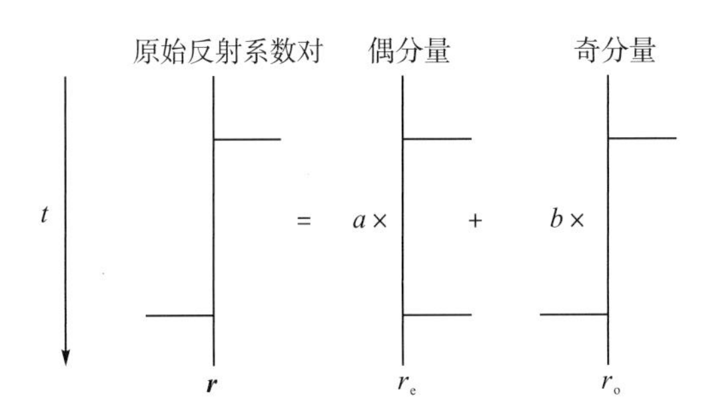

图 5-10　反射系数奇偶分解示意图

考虑同步反演纵横波阻抗反射系数，结合式(5-17)，将纵横波反射系数进行奇偶分解，可得

$$\begin{bmatrix} r_{\mathrm{P}} \\ r_{\mathrm{S}} \end{bmatrix} = \begin{bmatrix} r_{\mathrm{e}} & r_{\mathrm{o}} & 0 & 0 \\ 0 & 0 & r_{\mathrm{e}} & r_{\mathrm{o}} \end{bmatrix} \times \begin{bmatrix} a_{\mathrm{eP}} \\ b_{\mathrm{oP}} \\ a_{\mathrm{eS}} \\ b_{\mathrm{oS}} \end{bmatrix} \tag{5-18}$$

将式(5-18)代入式(5-15)中，并简写为

$$\boldsymbol{s} = \boldsymbol{WCDm} + n \tag{5-19}$$

2. 纵、横波低频模型约束的反演目标函数

Zhang 等(2011)、Yin 等(2015)、刘晓晶等(2016)均采用基追踪对式(5-19)进行反演，其求解形式为

$$\hat{\boldsymbol{m}} = \operatorname{argmin}\left\{\frac{1}{2}\left\|\boldsymbol{WCDm} - \boldsymbol{s}\right\|_2^2 + \lambda\left\|\boldsymbol{m}\right\|_1\right\} \tag{5-20}$$

式中，λ 为正则化调节参数，用于控制待反演参数的稀疏程度。在少井或无井区，可采用式(5-20)进行直接反演，但由于缺少地质模型约束，反演结果的横向连续性较差。在井资料较丰富的工区，可利用测井资料建立纵、横波低频模型进行约束，此处采用拉格朗日乘子法对式(5-20)进行同步约束：

$$\hat{\boldsymbol{m}} = \operatorname{argmin}\left\{\begin{aligned} &\frac{1}{2}\left\|\boldsymbol{WCDm} - \boldsymbol{s}\right\|_2^2 + \lambda\left\|\boldsymbol{m}\right\|_1 + \frac{\beta_1}{2}\left\|\boldsymbol{BD'm}_{\mathrm{P}} - \boldsymbol{I}_{\mathrm{P\_low}}\right\|_2^2 \\ &+ \frac{\beta_2}{2}\left\|\boldsymbol{BD'm}_{\mathrm{S}} - \boldsymbol{I}_{\mathrm{S\_low}}\right\|_2^2 \end{aligned}\right\} \tag{5-21}$$

式中，β_1、β_2 分别为纵波阻抗、横波阻抗低频模型约束的权重系数；$\boldsymbol{D}' = \begin{bmatrix} r_e & r_o \\ 0 & 0 \end{bmatrix}$；$\boldsymbol{m}_{\mathrm{P}} = \begin{bmatrix} a_{\mathrm{eP}} \\ b_{\mathrm{oP}} \end{bmatrix}$；$\boldsymbol{m}_{\mathrm{S}} = \begin{bmatrix} a_{\mathrm{eS}} \\ b_{\mathrm{oS}} \end{bmatrix}$；$\boldsymbol{B}$、$\boldsymbol{I}_{\mathrm{P\_low}}$、$\boldsymbol{I}_{\mathrm{S\_low}}$ 分别是积分算子和根据测井资料建立的纵波阻抗及横波阻抗低频模型。

3. $L_{1\text{-}2}$ 最小化反演方法

近年来，$L_{1\text{-}2}$ 最小化算法(Yin et al.，2014；Yin et al.，2015；Lou et al.，2015)已广泛应用于稀疏反演，且其性能明显优于传统的 L_1 范数算法，图 5-11 给出了 L_1 和 $L_{1\text{-}2}$ 范数单位球示意图，由图可知，$L_{1\text{-}2}$ 最小化算法更接近最优稀疏解。

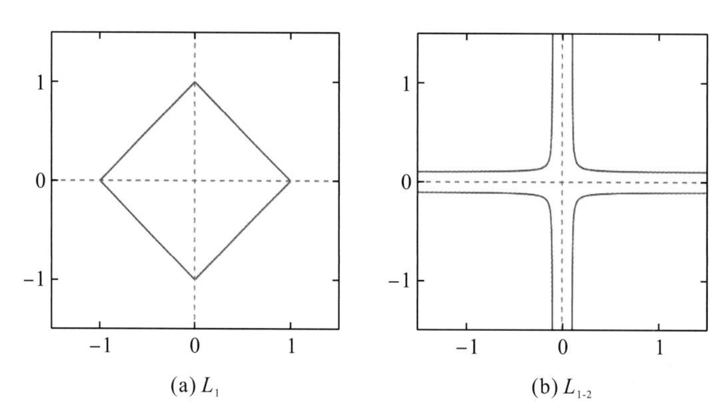

图 5-11 L_p 范数单位球

令 $\boldsymbol{G}=\begin{pmatrix} \boldsymbol{WCD} & 0 \\ \sqrt{\beta_1}\boldsymbol{LBD}' & 0 \\ 0 & \sqrt{\beta_2}\boldsymbol{LBD}' \end{pmatrix}$，$\boldsymbol{d}=\begin{bmatrix} \boldsymbol{s} \\ \xi_{\text{P\_low}} \\ \xi_{\text{S\_low}} \end{bmatrix}$，则将式(5-21)进一步化简为 $L_{1\text{-}2}$ 最小化算法求解形式，如式(5-22)所示：

$$\hat{\boldsymbol{m}}=\operatorname{argmin}\left\{\frac{1}{2}\|\boldsymbol{Gm}-\boldsymbol{d}\|_2^2+\lambda\left(\|\boldsymbol{m}\|_1-\alpha\|\boldsymbol{m}\|_2\right)\right\} \tag{5-22}$$

式中，α 为权重参数。采用凸函数差异算法(difference of convex algorithm，DCA)将式(5-22)分解为 $F(m)=G(m)-H(m)$，其中，

$$\begin{cases} G(m)=\dfrac{1}{2}\|\boldsymbol{Gm}-\boldsymbol{d}\|_2^2+\lambda\|\boldsymbol{m}\|_1 \\ H(m)=\lambda\alpha\|\boldsymbol{m}\|_2 \end{cases} \tag{5-23}$$

根据 DCA 迭代公式(Yin et al.，2015)，可将 $L_{1\text{-}2}$ 最小化反演目标函数化简为

$$\hat{\boldsymbol{m}}=\operatorname{argmin}\left\{\frac{1}{2}\|\boldsymbol{Gm}-\boldsymbol{d}\|_2^2+\lambda\|\boldsymbol{m}\|_1+\left\langle \boldsymbol{y}^k,\boldsymbol{m}\right\rangle\right\} \tag{5-24}$$

式中，$\boldsymbol{y}^k$ 为 $H(m)$ 在 $\boldsymbol{m}_k$ 处的梯度，其定义为

$$\boldsymbol{y}^k=\begin{cases} \boldsymbol{0}, & \boldsymbol{m}_k=0 \\ -\lambda\alpha\dfrac{\boldsymbol{m}_k}{\|\boldsymbol{m}_k\|_2}, & \boldsymbol{m}_k\neq 0 \end{cases} \tag{5-25}$$

引入增广拉格朗日乘数法对式(5-24)进行约束，可得

$$L_\mu(m,z,w)=\frac{1}{2}\|\boldsymbol{Gm}-\boldsymbol{d}\|_2^2+\rho\left\langle \boldsymbol{y}^k,\boldsymbol{m}\right\rangle+\lambda\|\boldsymbol{z}\|_1+\boldsymbol{w}^{\mathrm{T}}\left(\boldsymbol{m}-\boldsymbol{z}\right)+\frac{\mu}{2}\|\boldsymbol{m}-\boldsymbol{z}\|_2^2 \tag{5-26}$$

式中，z 为辅助中间变量；w 为拉格朗日乘子；ρ 为惩罚参数。式(5-26)由交替方向乘子法(alternating direction method of multipliers，ADMM)求解，其迭代递推公式如下：

$$\begin{cases} \boldsymbol{z}_{k+1} = \operatorname{argmin}_z L_\mu(\boldsymbol{m}_k, \boldsymbol{z}, \boldsymbol{w}_k) \\ \boldsymbol{m}_{k+1} = \operatorname{argmin}_z L_\mu(\boldsymbol{m}_k, \boldsymbol{z}_{k+1}, \boldsymbol{w}_k) \\ \boldsymbol{w}_{k+1} = \boldsymbol{w}_k + \mu(\boldsymbol{m}_{k+1} - \boldsymbol{z}_{k+1}) \end{cases} \tag{5-27}$$

上面反演出来的是反射系数，对反射系数进行积分，可得出对应的纵横波阻抗，其公式为

$$\begin{cases} \boldsymbol{I}_\mathrm{P} = \xi_{\mathrm{P\_low}}(1) \cdot \exp\left[2\sum_{i=1}^{N} \boldsymbol{r}_\mathrm{P}(i)\right] \\ \boldsymbol{I}_\mathrm{S} = \xi_{\mathrm{S\_low}}(1) \cdot \exp\left[2\sum_{i=1}^{N} \boldsymbol{r}_\mathrm{S}(i)\right] \end{cases} \tag{5-28}$$

5.2.4 基于 $L_{1\text{-}2}$ 范数的模型及实际资料反演

本书选取 Marmousi-Ⅱ模型，以时间深度为 500～1900ms、道号范围为 1～4900 进行数值仿真。为了实现较少运算量，道号每隔 7 道记录一次，图 5-12(a)和图 5-12(b)分别为设计的纵波和横波阻抗模型，在图 5-12(a)和图 5-12(b)的基础上进行平滑，得到图 5-12(c)和图 5-12(d)，将平滑后的模型作为低频背景模型。Marmousi-Ⅱ模型在道号为 300～400、1.1s 左右存在一个气层，在道号为 300～600、1.8s 左右存在一个油层，这两处纵波阻抗呈明显低值，横波阻抗没有明显异常。

基于图 5-12(a)和图 5-12(b)的纵波和横波阻抗模型，我们正演生成无噪声和信噪比(signal noise ratio，SNR)为 10dB 的多角度叠前地震记录。本书的信噪比计算公式为

$$\mathbf{SNR} = 10 \cdot \log_{10} \frac{\|\boldsymbol{s}\|_2^2}{\|\boldsymbol{s} - \boldsymbol{s}_\mathrm{noise}\|_2^2} \tag{5-29}$$

式中，$\boldsymbol{s}$ 为无噪声的地震记录；$\boldsymbol{s}_\mathrm{noise}$ 为带噪声的地震记录。

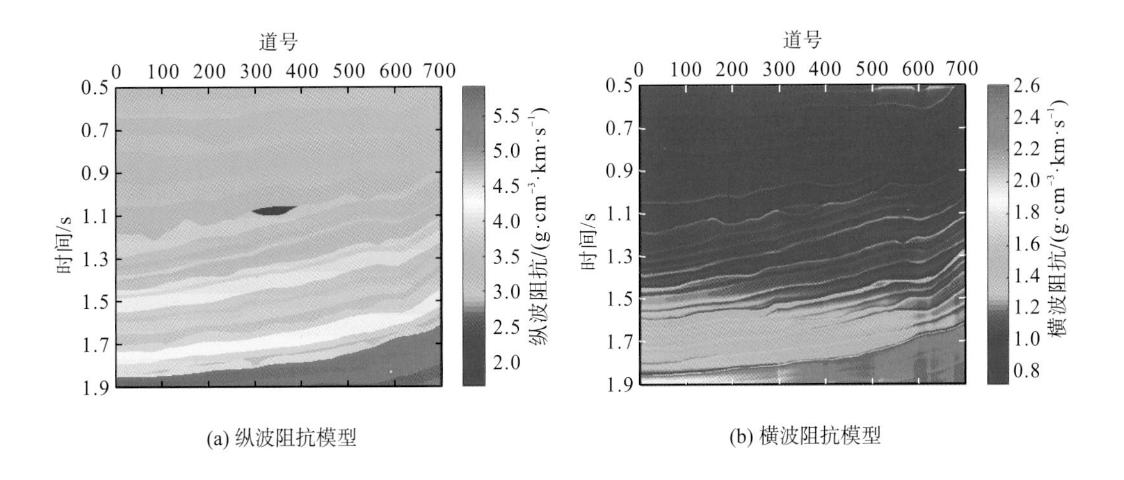

(a) 纵波阻抗模型 (b) 横波阻抗模型

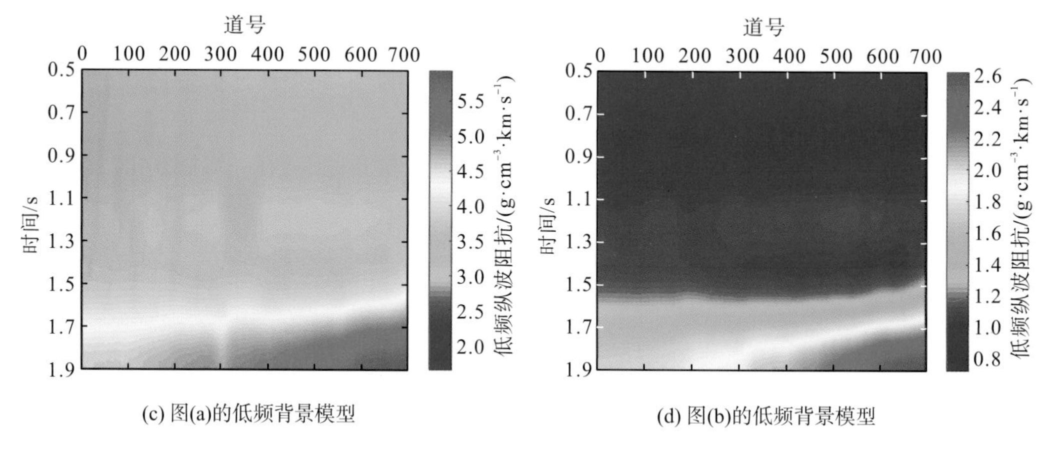

(c) 图(a)的低频背景模型

(d) 图(b)的低频背景模型

图 5-12 本书试算模型二维剖面

1. 单道反演结果分析

为了验证 $L_{1\text{-}2}$ 算法，我们首先将其与传统的基追踪(basis pursuit，BP)反演方法(Zhang and Castagna，2011)在单道上进行了对比分析。

图 5-13 为未加模型约束的单道反演结果，两种方法的反演结果都是相对波阻抗，与真实波阻抗误差较大。但相对而言，$L_{1\text{-}2}$ 最小化反演方法的反演结果稀疏性好，阻抗呈块化，尤其在 1.3～1.6s，对薄层刻画清晰，而传统 BP 算法得到的反射系数稀疏性差，在计算波阻抗时存在明显的累积误差，导致块化效果差，边界扭曲严重。图 5-14 为纵横波阻抗低频模型约束下的单道反演结果，与图 5-13 相比，在目标函数中增加低频模型约束后，传统 BP 反演方法和 $L_{1\text{-}2}$ 最小化反演方法的反演结果均与真实阻抗值逼近，但同时发现，$L_{1\text{-}2}$ 最小化反演方法获得的结果在分界面附近未发生畸变，对实际地层刻画明显优于基追踪算法。

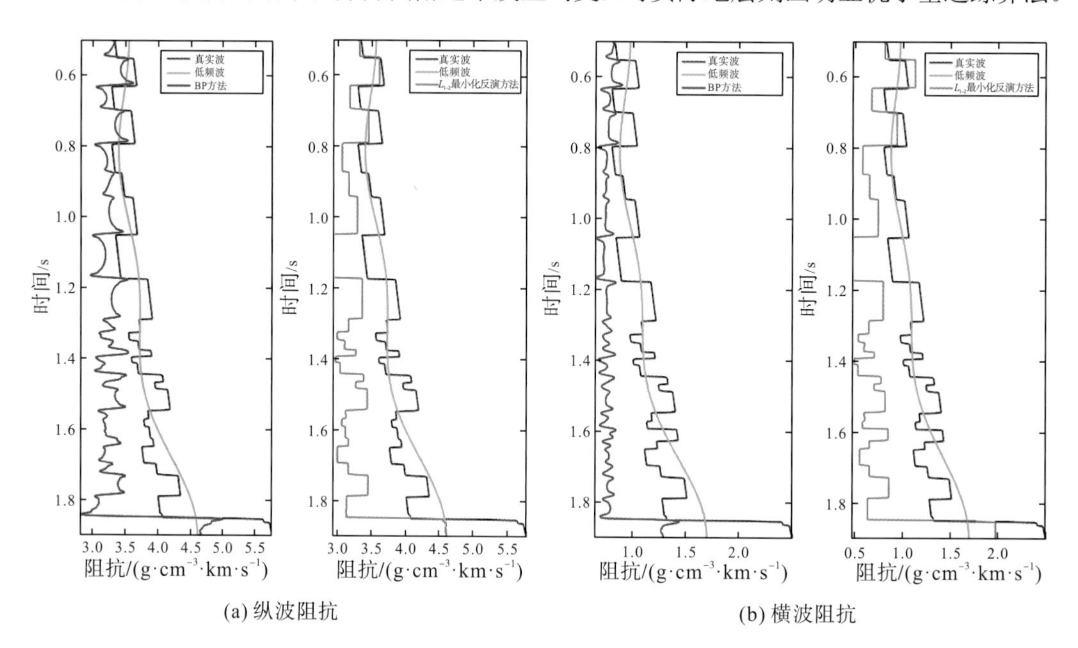

(a) 纵波阻抗

(b) 横波阻抗

图 5-13 单道反演结果(未加模型约束)

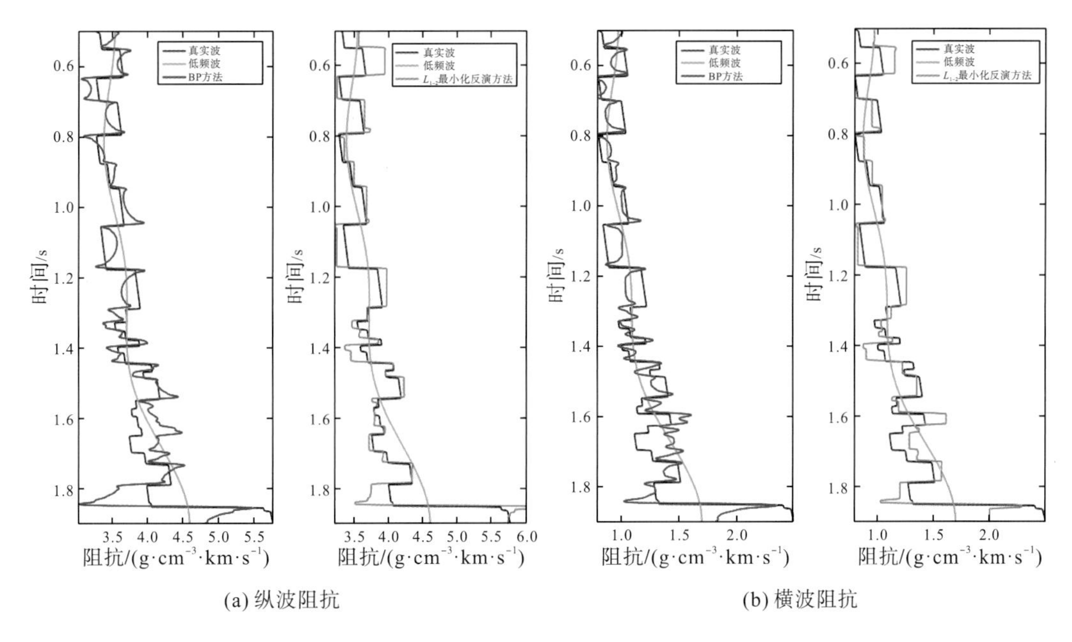

(a) 纵波阻抗　　(b) 横波阻抗

图 5-14　单道反演结果(纵横波阻抗同步约束)

2. 二维剖面反演结果

下面从反演剖面上来更进一步分析本书方法的反演效果。图 5-15 和图 5-16 分别为无噪声情况下 $L_{1\text{-}2}$ 最小化反演方法和传统 BP 方法的反演结果。与真实阻抗模型图 5-12(a) 和图 5-12(b) 对比发现，基追踪反演的纵波阻抗在过气层下方出现明显的下拉现象，横向连续性较差，与实际模型存在明显差异；而新反演方法反演结果精度更高，与实际阻抗模型吻合更好。同时，对比横波阻抗反演结果图 5-15(b) 和图 5-16(b) 发现 $L_{1\text{-}2}$ 最小化算法反演结果地层边界清晰，与真实横波阻抗吻合；而传统 BP 算法反演的横波阻抗由于稀疏性差，导致计算出的波阻抗误差变大，出现了较多的“假”地层。

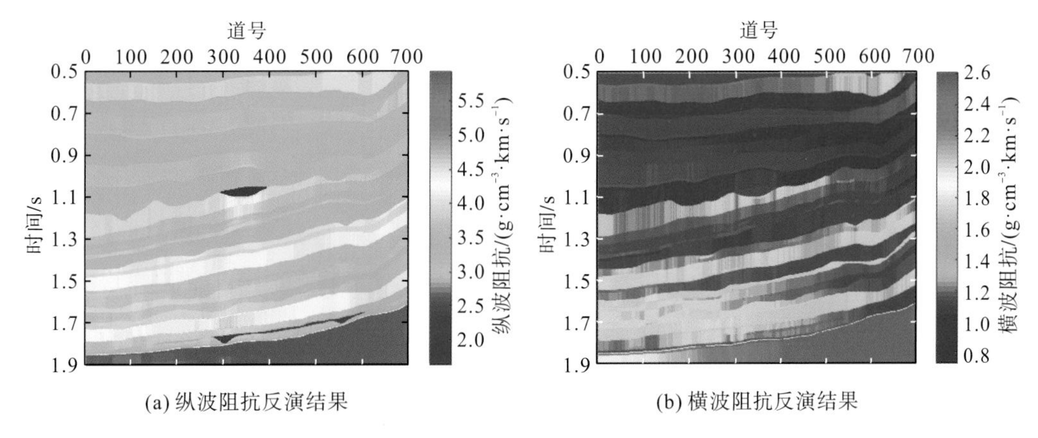

(a) 纵波阻抗反演结果　　(b) 横波阻抗反演结果

图 5-15　$L_{1\text{-}2}$ 最小化算法反演结果(无噪声)

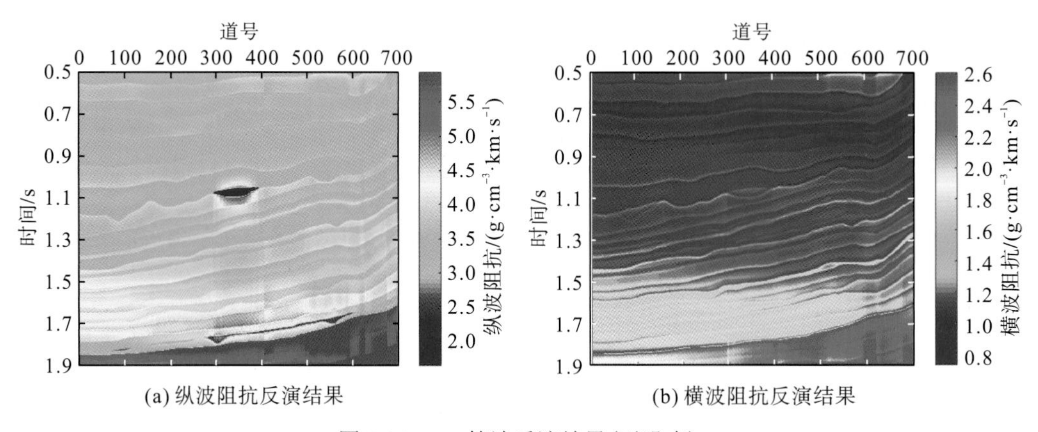

(a) 纵波阻抗反演结果　　(b) 横波阻抗反演结果

图 5-16　BP 算法反演结果(无噪声)

图 5-17 和图 5-18 分别为 10dB 噪声情况下两种方法的反演结果。图 5-17(a)和图 5-18(a)中，浅部的气层在纵波阻抗上清晰准确。但两种反演方法对深部的油层反演效果差异较大，其中 $L_{1\text{-}2}$ 最小化算法在深部油层位置反演精度仍然较高，而传统 BP 算法的反演结果在深部油层上下出现一定的下拉，与实际模型中的油层比较，在形态和位置上有一定出入。比较图 5-17(b)和图 5-18(b)，$L_{1\text{-}2}$ 最小化算法的反演效果也明显优于 BP 算法的反演效果。

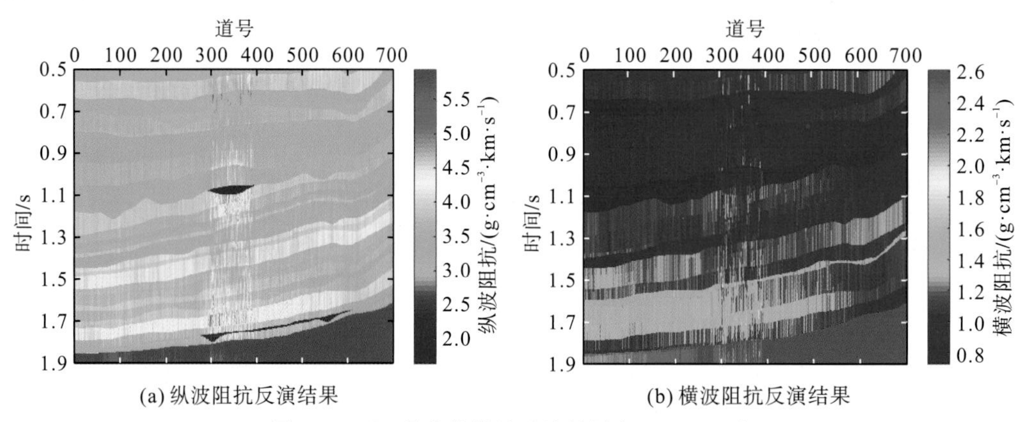

(a) 纵波阻抗反演结果　　(b) 横波阻抗反演结果

图 5-17　$L_{1\text{-}2}$ 最小化算法反演结果(SNR：10dB)

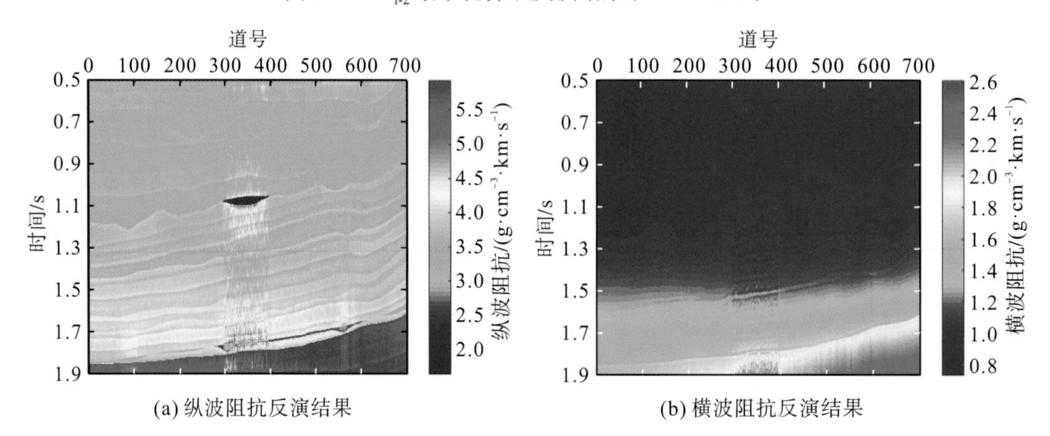

(a) 纵波阻抗反演结果　　(b) 横波阻抗反演结果

图 5-18　BP 算法反演结果(SNR：10dB)

3. 在实际剖面中的应用

实际地震资料来自珠江口盆地某地区，储层段为砂岩，储层上下围岩为泥岩。分角度的叠加剖面如图 5-19(a)、图 5-19(b)和图 5-19(c)所示，对应叠加道集的角度分别为 6°、24°、42°。图 5-20(a)和图 5-20(b)为反演时所使用的纵波阻抗和横波阻抗低频模型图。图 5-20(c)和图 5-20(d)分别为反演得到的纵波阻抗和横波阻抗剖面。图 5-20(c)和图 5-20(d)中的黑色曲线分别为 Well-1 井和 Well-2 井的纵横波阻抗曲线。一般而言，砂岩阻抗高于泥岩。当砂岩含气后，纵波阻抗会明显降低，有时甚至会低于泥岩，而由于横波不在流体中传播，其传播速度基本等于骨架速度，因此储层段的横波阻抗与围岩段基本一致。图 5-20(c)中红色椭圆处明显呈低值异常，图 5-20(d)红色椭圆区域纵波阻抗和横波阻抗都为高值，与实际测井资料相符。综上分析可知，$L_{1\text{-}2}$ 最小化反演方法在实际地震资料反演中也具有可行性。

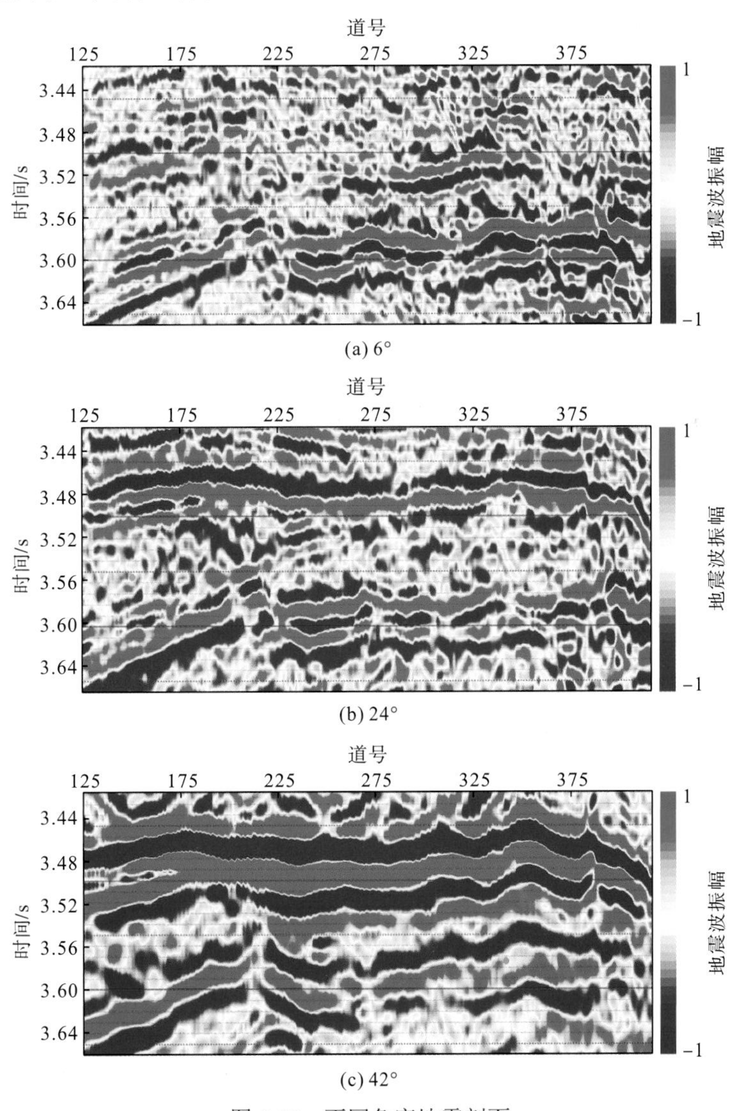

(a) 6°

(b) 24°

(c) 42°

图 5-19　不同角度地震剖面

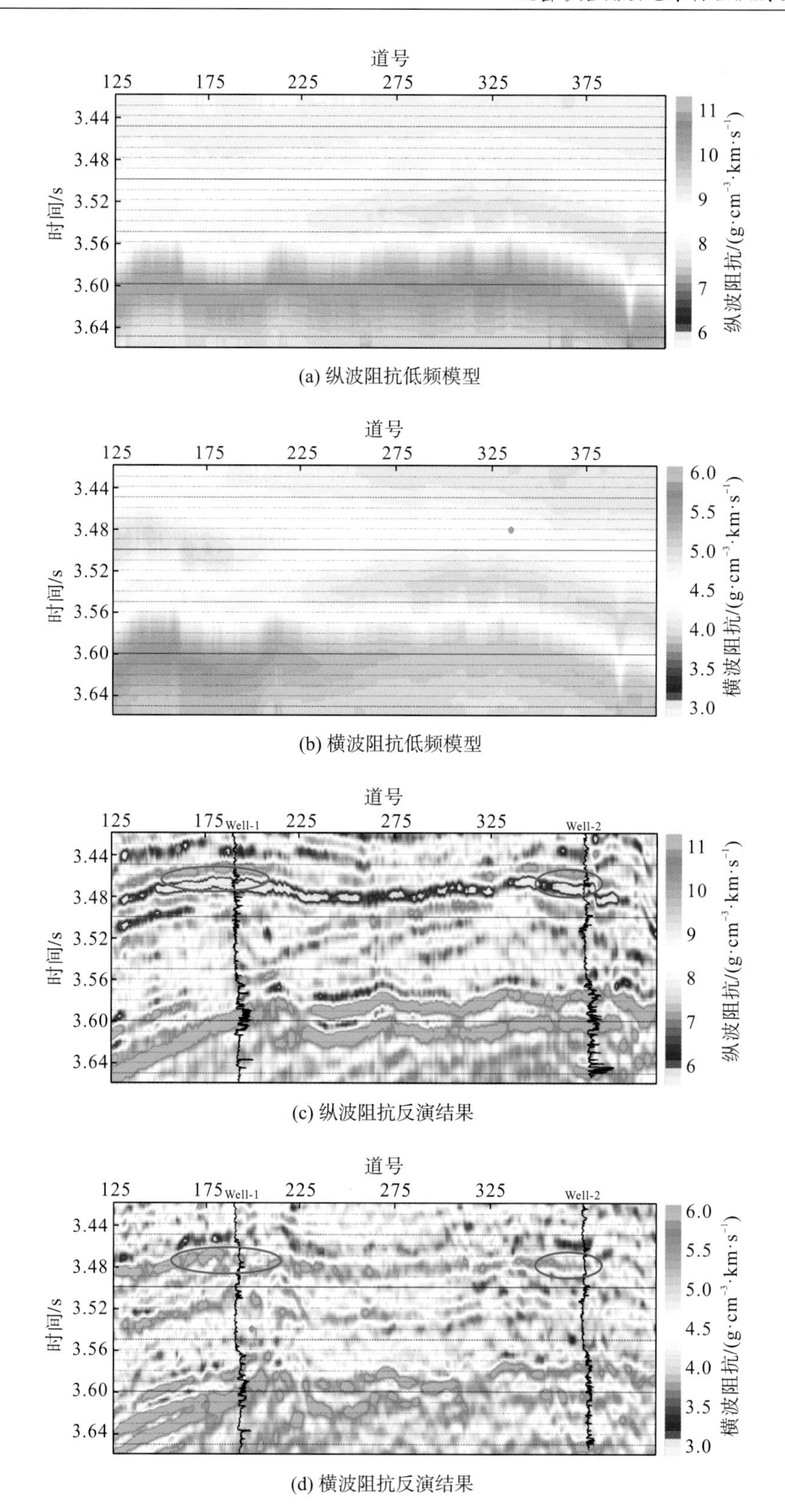

(a) 纵波阻抗低频模型

(b) 横波阻抗低频模型

(c) 纵波阻抗反演结果

(d) 横波阻抗反演结果

图 5-20　初始模型及反演结果

5.2.5　角道集选取对密度项反演的影响

众所周知，在叠前反演过程中，密度项是不稳定的，叠前角道集的选取是否是造成这种不稳定的原因之一呢？以下以最小化反演为例对这一问题进行讨论。我们选择了塔河地区某井的一段测井数据并据此正演获得了 $L_{1\text{-}2}$ 不同角度的角道集。图 5-21～图 5-23 分别给出了 6°-21°-36°、9°-24°-39°、12°-27°-42°角道集的反演结果，这三组反演图中的图(a)、图(b)、图(c)分别为纵波阻抗、横波阻抗和密度，图(d)三组道集为近角、中角和远角道集，各组的三道分别为原始地震道、反演结果合成的地震道及两者的残差。比较图 5-21～图 5-23 可以看出，当角道集较小时，可得到较准确的纵波阻抗、横波阻抗反演结果，密度反演结果与实际模型相比误差较大；当角道集逐渐增大时，反演的纵横波阻抗进一步接近真实值，密度反演的精度得到较大的提高。

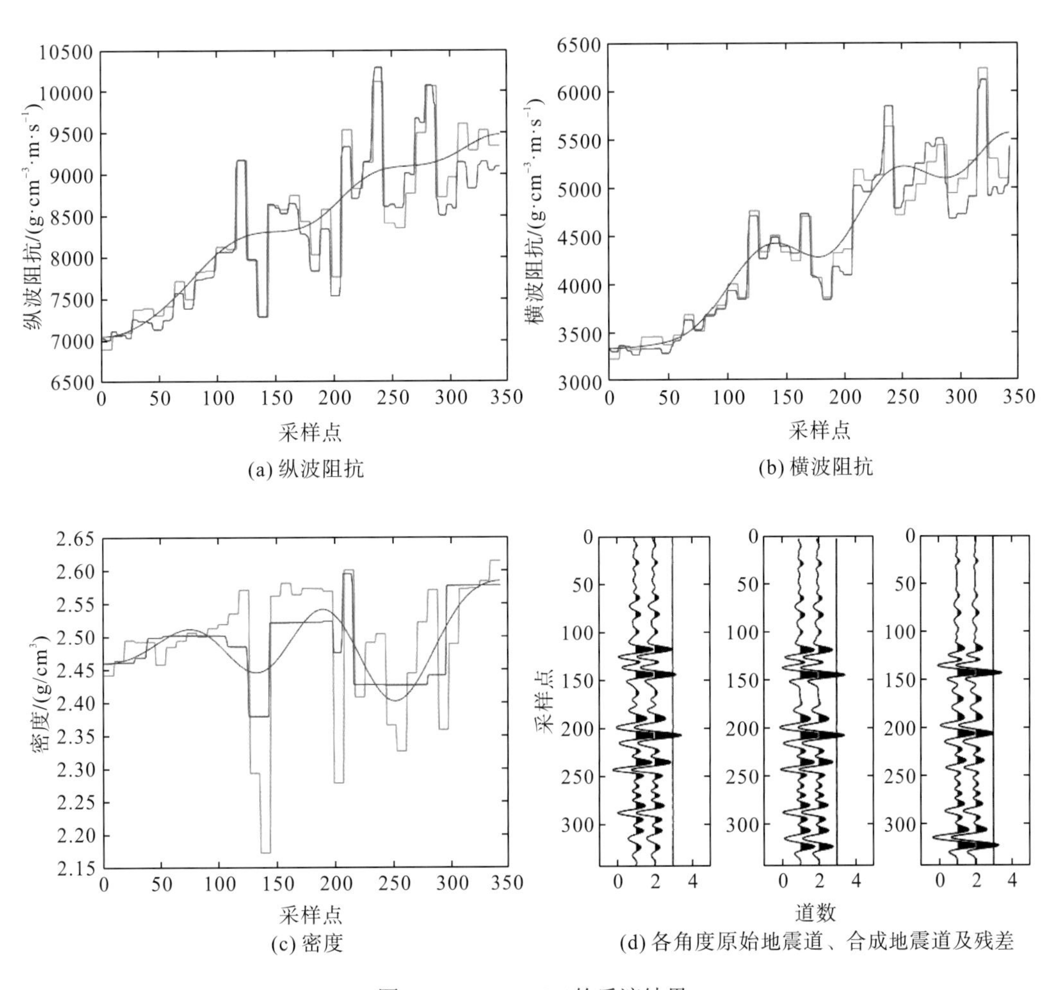

(a) 纵波阻抗　(b) 横波阻抗

(c) 密度　(d) 各角度原始地震道、合成地震道及残差

图 5-21　6°-21°-36°的反演结果

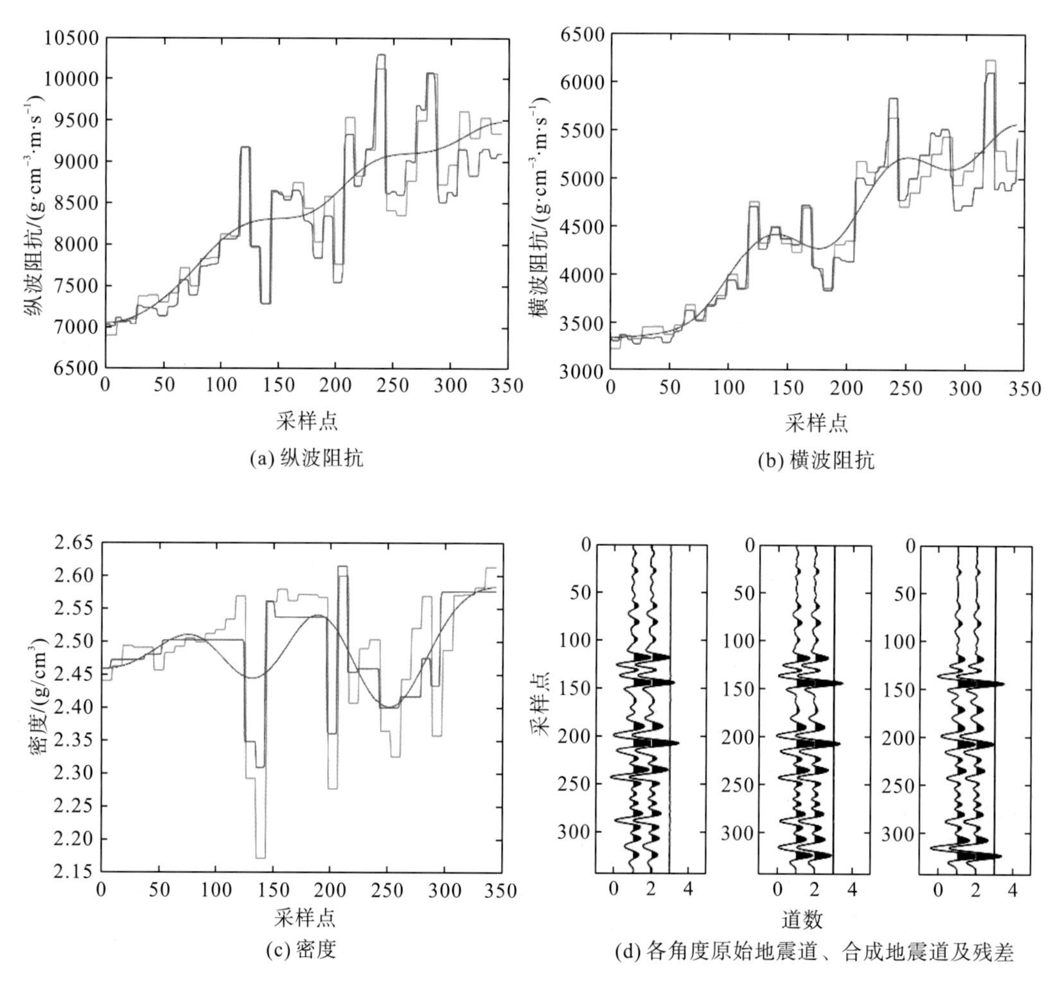

(a) 纵波阻抗 (b) 横波阻抗

(c) 密度 (d) 各角度原始地震道、合成地震道及残差

图 5-22 9°-24°-39°的反演结果

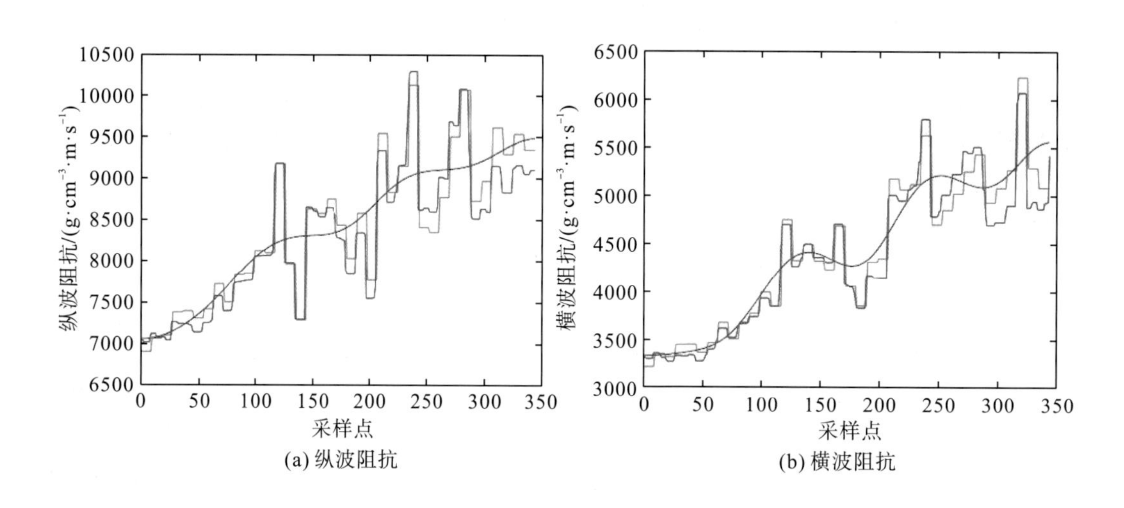

(a) 纵波阻抗 (b) 横波阻抗

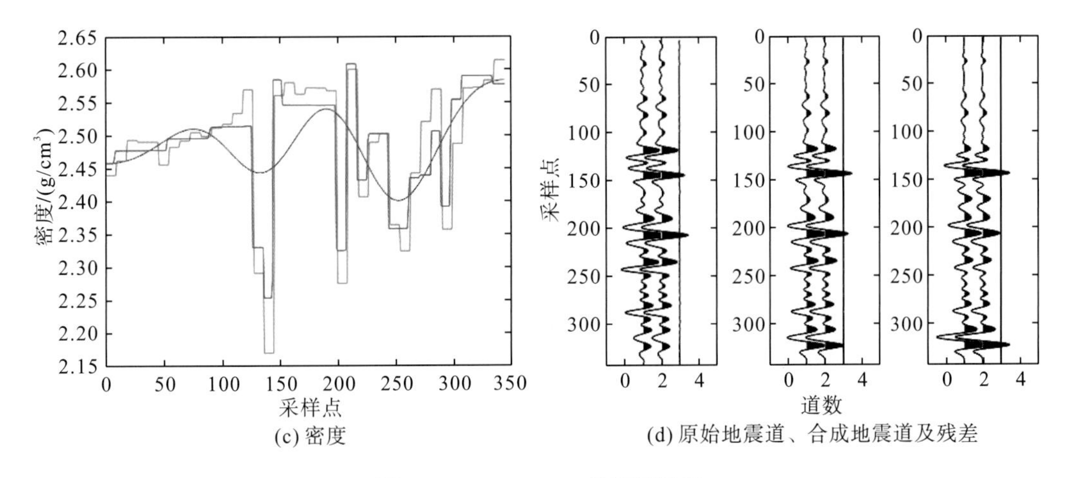

(c) 密度

(d) 原始地震道、合成地震道及残差

图 5-23　12°-27°-42°的反演结果

5.3　基于稀疏约束的叠前三参数反演

目前，地震反演所面临的关键问题可概括为：①实际地震勘探数据是不完备的、带限的，由这种不完备并伴随大量噪声和干扰的数据求取地下介质物性参数的变化，其数学表达式必然是不适定的病态方程；②现有的正演模型无法准确地模拟地下的实际地质构造，且对已知信息的挖掘不够充分，导致反演结果精度低；③只有在反问题求解理论上进行创新才能为反演提供更可靠的基础，而现今这一基础还不够坚实，层状介质理论已经远远不能满足当前需要。传统的基于 L_2 范数最小化的地震反演技术未能很好地解决这些问题。近年来，在科学界引起广泛关注的压缩感知理论有望为解决目前地震反演面临的问题带来新的思路。

近年来，随着稀疏表示理论的提出和发展，它逐渐与各行业结合，并体现出其优势，在地震反演中，稀疏约束的引入能够进一步降低多解性，提高反演结果的精度。Wang（2010）采用 L_1 范数约束反射系数并用于单道波阻抗反演，结果证明稀疏约束的引入提高了反演结果的精度。Zhang 和 Castagua（2011）首先对反射系数进行奇偶分解，然后采用 L_1 范数约束，得到了高精度的反射系数。Chai 等（2014）采用 L_1 范数来描述地球 Q 滤波算子应用到褶积模型中，解决了地球 Q 滤波不稳定造成反演结果误差大的问题。王圣川（2014）挖掘出地震脉冲信号的稀疏性，并采用 L_1 范数构成稀疏约束，提高了反演结果的精度。Liu 等（2015）根据二维实际地震剖面系统地比较了 L_1 范数稀疏约束和 L_2 范数约束，指出稀疏约束的引入能够得到更高的反演精度。Yuan 等（2015）进一步采用三维地震体数据验证了 L_1 稀疏约束所具有的优势。Sassen 和 Lasscock（2015）采用 L_1 范数与不确定度估计相结合的方法，用来分析反演结果可信度。Wang 等（2016）通过褶积模型的规律将二维地震记录分解成 Toeplitz 矩阵与稀疏矩阵的乘积，并采用 L_1 范数稀疏约束描述反射系数，反演结果的精度得到了提高，多解性得到了降低。Zhang 和 Fomel（2017）通过谱分解技术得到具有稀疏特性的时变小波并通过 L_1 范数来约束，并通过稀疏约束将非平稳特性引入地震反演中，降低了反演结果的多解性。林利明等（2017）将压缩感知中的凸集投影算法与 L_1 范数稀疏约束结合，提出了一种新的地震反演方法，实验结果表明该方法能够提高反演结果的稳定性。石战战等(2019)将地震反演中的误差用 L_1 范数约束，提出了基于双 L_1 范数的地震反演方法，实验证明该方法具有良好的噪声鲁棒性。

基于稀疏约束的叠前弹性三参数反演方法利用泊松比、密度、杨氏模量弹性三参数方程从叠前地震记录中直接反演得到杨氏模量、泊松比以及密度，而杨氏模量、泊松比等岩石物理属性能够为裂缝预测提供更多的信息。此外，反射系数的稀疏信息能够提高反演结果的精度。进一步结合反射系数的稀疏性和叠前三参数反演方法，建立了基于稀疏约束的叠前弹性参数反演方法，最后通过理论模型和实际地质数据验证了该方法的准确性。

5.3.1　弹性三参数近似方程推导

泊松比是岩石在单向受拉或受压时，横向正应变与轴向正应变的绝对值的比值，是常用的流体因子。杨氏模量是在介质弹性限度内应力与应变的比值，表征岩石抵抗形变能力的量即岩石的刚性或脆性，能够反映岩石内部结构、矿物成分、构造和孔隙度。它们与纵波和横波模量 M_{P} 、 M_{S} 的关系如下：

$$M_{\mathrm{P}}=E\frac{1-\sigma}{(1+\sigma)(1-2\sigma)} \tag{5-30}$$

$$M_{\mathrm{S}}=\frac{E}{2(1+\sigma)} \tag{5-31}$$

宗兆云等(2012)推导并得到杨氏模量、泊松比反射系数线性近似方程如下：

$$R(\theta)=a(\theta)\frac{\Delta E}{E}+b(\theta)\frac{\Delta\sigma}{\sigma}+c(\theta)\frac{\Delta\rho}{\rho} \tag{5-32}$$

式中， $\Delta E_i=E_{i+1}-E_i$ 、 $\Delta\sigma_i=\sigma_{i+1}-\sigma_i$ 、 $\Delta\rho_i=\rho_{i+1}-\rho_i$ 分别表示杨氏模量、泊松比、密度的反射系数； a 、 b 、 c 分别表示泊松比、杨氏模量、密度的参数项，表示为

$$\begin{cases}a(\theta)=\left(\dfrac{1}{4}\sec^2\theta-2k\sin^2\theta\right)\\ b(\theta)=\dfrac{1}{4}\sec^2\theta\dfrac{(2k-3)(2k-1)^2}{k(4k-3)}+2k\sin^2\theta\dfrac{1-2k}{3-4k}\\ c(\theta)=\dfrac{1}{2}-\dfrac{1}{4}\sec^2\theta\end{cases} \tag{5-33}$$

式中， θ 表示入射角； k 为横纵波比的平方，即

$$k=\frac{{V_{\mathrm{S}}}^2}{{V_{\mathrm{P}}}^2} \tag{5-34}$$

式中， V_{S} 、 V_{P} 分别表示横波和纵波速度。

5.3.2　基于稀疏约束的正演模型的构造

杨氏模量反射系数 $\dfrac{\Delta E}{E}$ 的元素 $\dfrac{\Delta E_i}{E_i}$ 表示为

$$\frac{\Delta E_i}{E_i}=\frac{1}{2}\Delta\ln E_i=\frac{1}{2}(\ln E_i-\ln E_{i-1}) \tag{5-35}$$

于是，杨氏模量 $\dfrac{\Delta E}{E}$ 表示为

$$\frac{\Delta E}{E}=\boldsymbol{D}\times\boldsymbol{L}_E \tag{5-36}$$

式中，$\boldsymbol{L}_E=\ln E$；$\boldsymbol{D}$ 表示差分矩阵，表示如下：

$$\boldsymbol{D}=\frac{1}{2}\begin{pmatrix}-1 & 1 & 0 & \cdots & \cdots & 0\\ 0 & -1 & 1 & 0 & \cdots & 0\\ \vdots & \vdots & \vdots & \vdots & & \vdots\\ 0 & 0 & 0 & 0 & -1 & 1\end{pmatrix} \tag{5-37}$$

同样，对泊松比、密度进行相同的处理，式(5-32)可以表示为

$$R(\theta)=a(\theta)\boldsymbol{DL}_E+b(\theta)\boldsymbol{DL}_\sigma+c(\theta)\boldsymbol{DL}_\rho \tag{5-38}$$

式中，$\boldsymbol{L}_\sigma=\ln\sigma$；$\boldsymbol{L}_\rho=\ln\rho$。根据褶积模型可知地震记录与反射系数的关系式如下：

$$S(\theta)=\boldsymbol{W}R(\theta) \tag{5-39}$$

式中，$\boldsymbol{W}$ 表示子波矩阵。进一步地，引入多个偏移距时：

$$\boldsymbol{S}=[S(\theta_1)\quad S(\theta_2)\quad\cdots\quad S(\theta_n)]^{\mathrm{T}} \tag{5-40}$$

结合式(5-38)和式(5-39)，得

$$\boldsymbol{S}=\boldsymbol{AL} \tag{5-41}$$

式中，矩阵 $\boldsymbol{L}=[\boldsymbol{L}_E{}^{\mathrm{T}}\quad\boldsymbol{L}_\sigma{}^{\mathrm{T}}\quad\boldsymbol{L}_\rho{}^{\mathrm{T}}]^{\mathrm{T}}$；矩阵 $\boldsymbol{A}$ 表示为

$$\boldsymbol{A}=\begin{bmatrix}a_{\theta1}\boldsymbol{WD} & b_{\theta1}\boldsymbol{WD} & c_{\theta1}\boldsymbol{WD}\\ a_{\theta2}\boldsymbol{WD} & b_{\theta2}\boldsymbol{WD} & c_{\theta2}\boldsymbol{WD}\\ \vdots & \vdots & \vdots\\ a_{\theta N}\boldsymbol{WD} & b_{\theta N}\boldsymbol{WD} & c_{\theta N}\boldsymbol{WD}\end{bmatrix} \tag{5-42}$$

于是得到目标函数如下：

$$J(\boldsymbol{L})=\min_{\boldsymbol{L}}\|\boldsymbol{S}-\boldsymbol{AL}\|_2^2 \tag{5-43}$$

为了增强反演的稳定性，加入泊松比、杨氏模量、密度的初始模型约束项，同时，由于反射系数具有稀疏性，采用 L_1 范数构造反射稀疏约束项，得到目标函数：

$$\begin{aligned}J(\boldsymbol{L})=&\min_{\boldsymbol{L}}\frac{\eta}{2}\|\boldsymbol{S}-\boldsymbol{AL}\|_2^2+\frac{\alpha}{2}\|\boldsymbol{L}_E-\ln E_0\|_2^2+\frac{\beta}{2}\|\boldsymbol{L}_\sigma-\ln\sigma_0\|_2^2\\ &+\frac{\gamma}{2}\|\boldsymbol{L}_\rho-\ln\rho_0\|_2^2+\mu\|\boldsymbol{A}_1\boldsymbol{L}\|_1\end{aligned} \tag{5-44}$$

式中，矩阵 $\boldsymbol{A}_1$ 满足反射系数 $\boldsymbol{R}=\boldsymbol{A}_1\boldsymbol{L}$，表示为

$$\boldsymbol{A}_1=\begin{bmatrix}a_{\theta1}\boldsymbol{D} & b_{\theta1}\boldsymbol{D} & c_{\theta1}\boldsymbol{D}\\ a_{\theta2}\boldsymbol{D} & b_{\theta2}\boldsymbol{D} & c_{\theta2}\boldsymbol{D}\\ \vdots & \vdots & \vdots\\ a_{\theta N}\boldsymbol{D} & b_{\theta N}\boldsymbol{D} & c_{\theta N}\boldsymbol{D}\end{bmatrix} \tag{5-45}$$

5.3.3 交替方向乘子法及反演流程

由于目标函数即包含了 L_2 范数和 L_1 范数，因此，采用交替方向乘子法对其进行求解（图 5-24）。

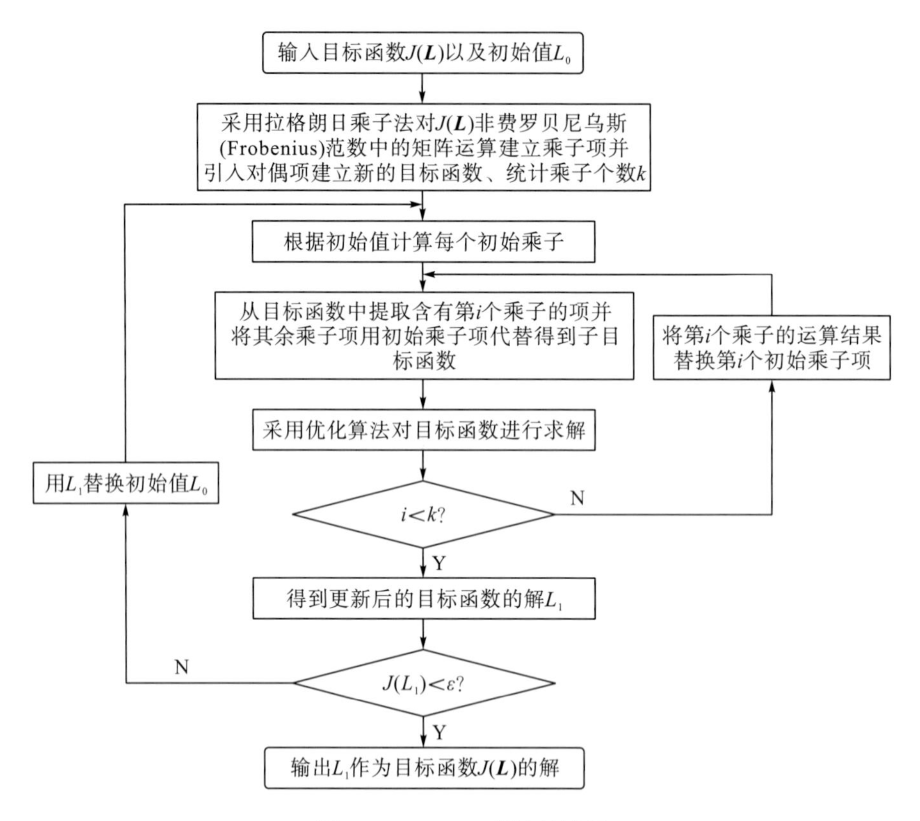

图 5-24 ADMM 算法的流程

首先，引入拉格朗日项 B 代替 L_1 范数中的运算，将式(5-44)转化为有约束的最优化问题，表示为

$$\begin{aligned}J(\boldsymbol{L},\boldsymbol{B})=\min_{\boldsymbol{L},\boldsymbol{B}}\frac{\eta}{2}\|\boldsymbol{S}-\boldsymbol{A}\boldsymbol{L}\|_2^2+\frac{\alpha}{2}\|\boldsymbol{L}_E-\ln E_0\|_2^2+\frac{\beta}{2}\|\boldsymbol{L}_\sigma-\ln\sigma_0\|_2^2\\+\frac{\gamma}{2}\|\boldsymbol{L}_\rho-\ln\rho_0\|_2^2+\mu\|\boldsymbol{B}\|_1\ \text{s.t.}\boldsymbol{B}=\boldsymbol{A}_1\boldsymbol{L}\end{aligned}\tag{5-46}$$

然后，引入对偶项 $\boldsymbol{C}$，将式(5-46)转化为无约束的最优化问题，表示为

$$\begin{aligned}J(\boldsymbol{L},\boldsymbol{B},\boldsymbol{C})=\min_{\boldsymbol{L},\boldsymbol{B},\boldsymbol{C}}\frac{\eta}{2}\|\boldsymbol{S}-\boldsymbol{A}\boldsymbol{L}\|_2^2+\frac{\alpha}{2}\|\boldsymbol{L}_E-\ln E_0\|_2^2+\frac{\beta}{2}\|\boldsymbol{L}_\sigma-\ln\sigma_0\|_2^2\\+\frac{\gamma}{2}\|\boldsymbol{L}_\rho-\ln\rho_0\|_2^2+\mu\|\boldsymbol{B}\|_1+\frac{\lambda}{2}\|\boldsymbol{B}-\boldsymbol{A}_1\boldsymbol{L}-\boldsymbol{C}\|_2^2\end{aligned}\tag{5-47}$$

将多参数的目标函数转化为单参数的目标函数组，其中关于 $\boldsymbol{L}$ 的子目标函数如下：

$$
\begin{aligned}
J(\boldsymbol{L}) = \min_{L} \frac{\eta}{2}\|\boldsymbol{S}-\boldsymbol{A}\boldsymbol{L}\|_2^2 + \frac{\alpha}{2}\|\boldsymbol{L}_E - \ln E_0\|_2^2 + \frac{\beta}{2}\|\boldsymbol{L}_\sigma - \ln\sigma_0\|_2^2 \\
+\frac{\gamma}{2}\|\boldsymbol{L}_\rho - \ln\rho_0\|_2^2 + \frac{\lambda}{2}\|\boldsymbol{B}-\boldsymbol{A}_1\boldsymbol{L}-\boldsymbol{C}\|_2^2
\end{aligned} \tag{5-48}
$$

该子目标函数仅有 L_2 范数约束项，因此，在梯度为 0 的时候，得到 $\boldsymbol{L}$ 的最优解，得到的解 L_i 如下：

$$
L_i = (\boldsymbol{A}_2 + \eta\boldsymbol{A}^{\mathrm{T}}\boldsymbol{A} + \lambda\boldsymbol{A}_1^{\mathrm{T}}\boldsymbol{A}_1)^{-1}[\boldsymbol{A}_2 L_0 + \eta\boldsymbol{A}^{\mathrm{T}}\boldsymbol{S} + \lambda\boldsymbol{A}_1^{\mathrm{T}}(\boldsymbol{B}_{i-1} - \boldsymbol{C}_{i-1})] \tag{5-49}
$$

式中，L_0 表示初始模型，$\boldsymbol{L} = \left[\ln E_0{}^{\mathrm{T}} \quad \ln\sigma_0{}^{\mathrm{T}} \quad \ln\rho_0{}^{\mathrm{T}}\right]^{\mathrm{T}}$；$i$ 表示第 i 次迭代更新后的结果。矩阵 $\boldsymbol{A}_2$ 为对角阵，表示为

$$
\boldsymbol{A}_2 = \begin{pmatrix} \alpha & 0 & 0 \\ 0 & \beta & 0 \\ 0 & 0 & \gamma \end{pmatrix} \tag{5-50}
$$

关于拉格朗日项 $\boldsymbol{B}$ 的子目标函数如下：

$$
J(\boldsymbol{B}) = \min_{\boldsymbol{B}} \mu\|\boldsymbol{B}\|_1 + \frac{\lambda}{2}\|\boldsymbol{B}-\boldsymbol{A}_1\boldsymbol{L}-\boldsymbol{C}\|_2^2 \tag{5-51}
$$

该子目标函数为含有 L_1 范数约束项，采用软阈值收缩算法进行求解，得到的解 B_i 如下：

$$
B_i = \max(|\boldsymbol{A}_1 L_i + C_{i-1}| - \mu/\lambda, 1)\cdot \mathrm{sign}(\boldsymbol{A}_1 L_i + C_{i-1}) \tag{5-52}
$$

式中，函数 $\mathrm{sign}(x)$ 表示如下：

$$
\mathrm{sign}(x) = \begin{cases} 1, & x > 0 \\ 0, & x = 0 \\ -1, & x < 0 \end{cases} \tag{5-53}
$$

关于对偶项 $\boldsymbol{C}$ 的子目标函数如下：

$$
J(\boldsymbol{C}) = \min_{\boldsymbol{C}} \|\boldsymbol{B}-\boldsymbol{A}_1\boldsymbol{L}-\boldsymbol{C}\|_2^2 \tag{5-54}
$$

该子目标函数仅有 L_2 范数约束项，因此，在梯度为 0 的时候，得到 $\boldsymbol{C}$ 的最优解，得到的解 C_i 如下：

$$
C_i = B_i - \boldsymbol{A}_1 L_i \tag{5-55}
$$

进一步地，判断前后两次迭代结果的误差 $\varepsilon = \|L_i - L_{i-1}\|_2$ 是否小于预期值，如果不小于预期值，则重复迭代循环；如果小于预期值，对 L_i 进行指数运算得到弹性三参数作为反演结果。通过总结，可得以下算法(表 5-2)。

表 5-2　算法 5-1 框架

算法 5-1　叠前杨氏模量、泊松比、密度同步反演算法框架
输入：入射角 θ_1、θ_2、θ_3，地震记录 S_0，初始模型 L_0，地震子波 w，参数项 η、α、β、γ、λ，收敛误差 ε。
输出：杨氏模量反演结果 E_r、泊松比反演结果 δ_r 以及密度反演结果 ρ_r。
初始化：$i=0$。
①根据入射角以及地震子波计算矩阵 $\boldsymbol{A}_1$、$\boldsymbol{A}$；
②通过式(5-49)计算 L_1；

续表

算法 5-1 叠前杨氏模量、泊松比、密度同步反演算法框架
③while $\|L_{i+1}-L_i\|_2/\|L_i\|_2>\varepsilon$；
④ $i=i+1$；
⑤根据式(5-49)，更新反演项 L_{i+1}；
⑥根据式(5-52)，更新拉格朗日乘子项 B_{i+1}；
⑦根据式(5-55)，更新对偶项 C_{i+1}；
⑧end while；
⑨计算反演结果 $\boldsymbol{Z}_r=\lg(\boldsymbol{L}_{i+1})$；
⑩计算 $[E_r,\delta_r,\rho_r]=\boldsymbol{Z}_r$。

5.3.4 理论模型的验证

本节选取 Marmousi-Ⅱ模型的一部分，采样间隔为 3ms，共包含 1000 道数据，每道具有 500 个采样点。在第 800 道、第 200 个采样点附近和第 900 道、第 450 个采样点附近存在含气砂岩，在第 700 道、第 425 个采样点附近和第 500 道、第 400 个采样点附近存在含油砂岩。如图 5-25(a)所示，红色的椭圆表示含气砂岩，黄色的矩形表示含油砂岩。图 5-25(b)表示密度模型，图 5-25(c)表示泊松比模型，图 5-25(d)表示杨氏模量模型。

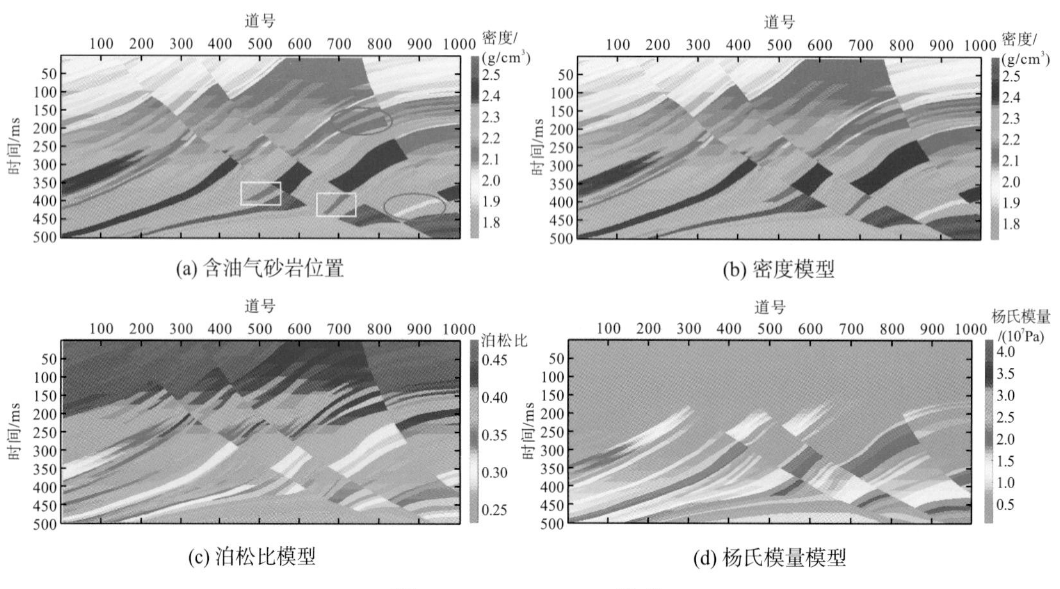

(a) 含油气砂岩位置　(b) 密度模型　(c) 泊松比模型　(d) 杨氏模量模型

图 5-25 Marmousi-Ⅱ模型

根据弹性三参数方法的原理可知，反射系数与密度、泊松比、杨氏模量以及入射角之间存在线性的关系。为了得到反射系数，需要知道部分叠加道集的入射角。此处，选择入射角为 5°、10°、15°的部分叠加道集，并进一步根据模型得到不同入射角下的反射系数，如图 5-26 所示。从图中可以看出，5°、10°、15°对应的反射系数绝大部分取值为 0，这意味着反射系数具有稀疏性，能够提供稀疏信息。

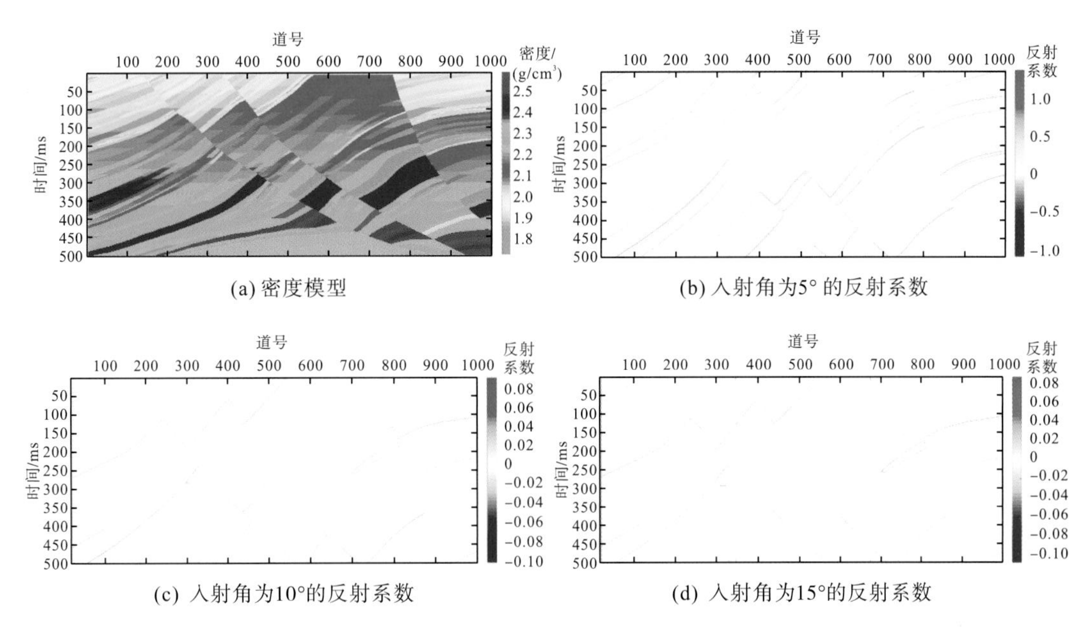

(a) 密度模型　(b) 入射角为5°的反射系数

(c) 入射角为10°的反射系数　(d) 入射角为15°的反射系数

图 5-26　不同入射角下的反射系数模型

构建主频为 30Hz、大小为 61 的里克子波，如图 5-27(a)所示，根据不同入射角下的反射系数模型，通过卷积模型合成不同入射角下的地震记录，如图 5-27(b)～图 5-27(d)，分别表示 5°、10°、15° 下的合成地震记录。

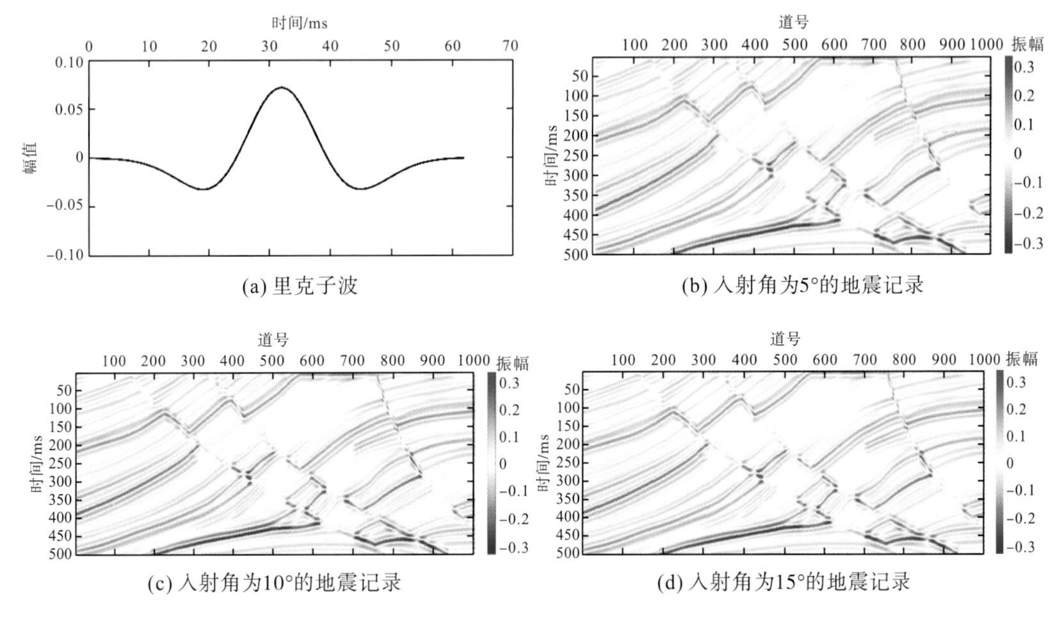

(a) 里克子波　(b) 入射角为5°的地震记录

(c) 入射角为10°的地震记录　(d) 入射角为15°的地震记录

图 5-27　不同入射角下的合成地震记录

为了增强反演的稳定性，加入初始模型，如图 5-28 所示，分别为密度、泊松比、杨氏模量的初始模型，采用大小为 51×51、方差为 20 的高斯低通滤波器对模型数据进行平滑处理。

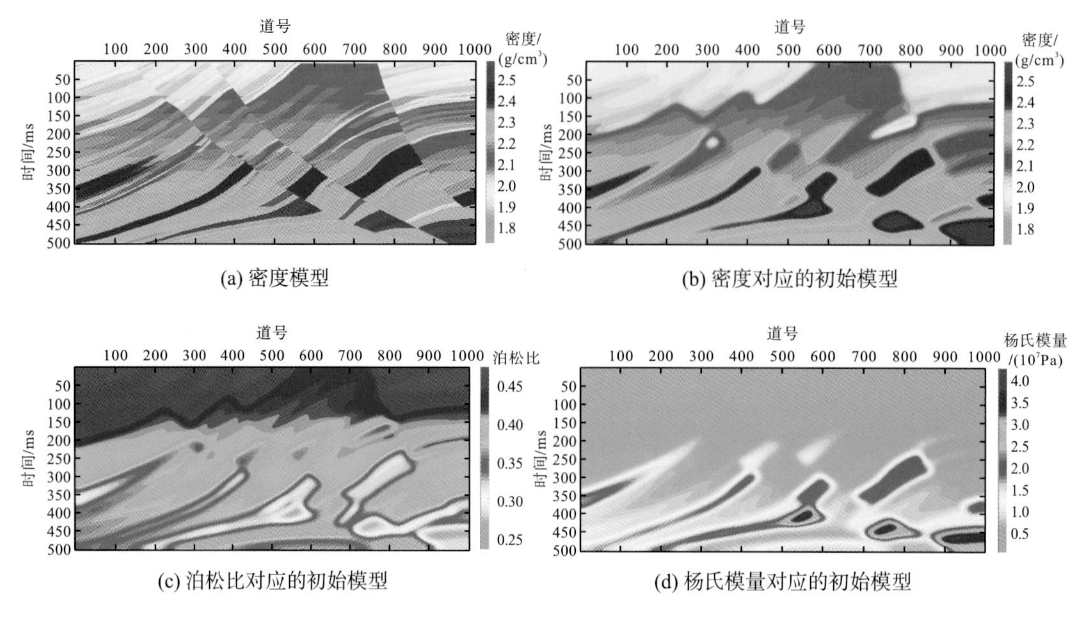

(a) 密度模型　(b) 密度对应的初始模型

(c) 泊松比对应的初始模型　(d) 杨氏模量对应的初始模型

图 5-28　初始模型

从图中可知，初始模型中的含油气砂岩储层丢失，进一步采用基于稀疏约束的叠前弹性参数反演方法进行反演，得到的结果如图 5-29 所示。

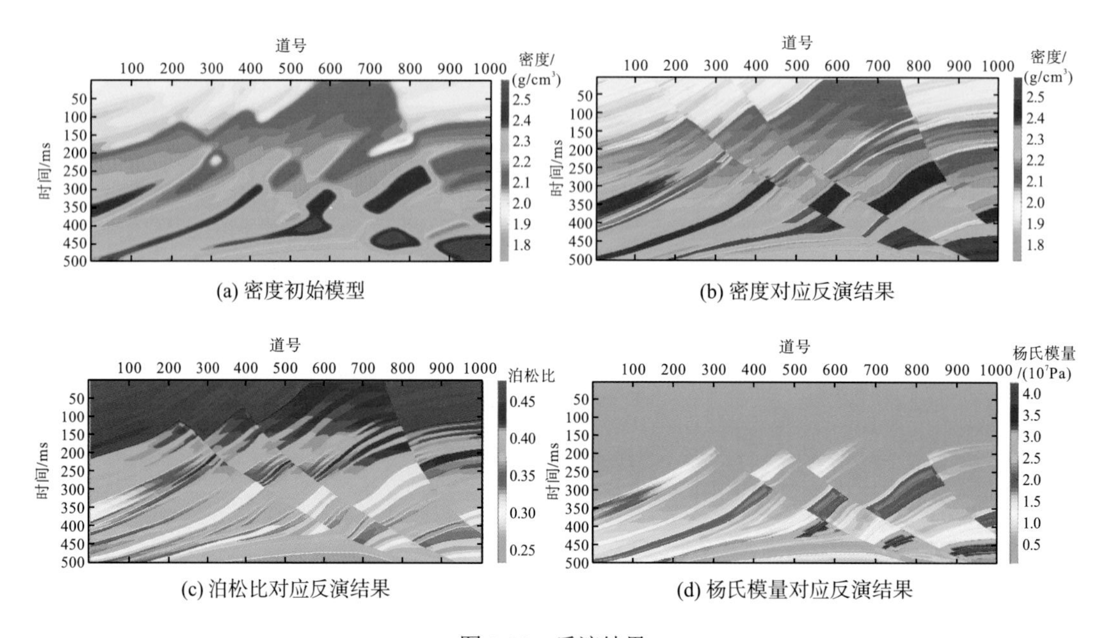

(a) 密度初始模型　(b) 密度对应反演结果

(c) 泊松比对应反演结果　(d) 杨氏模量对应反演结果

图 5-29　反演结果

从图 5-29 中可以发现反演结果能够较好地还原储层位置以及结构特征，为了从细节上观察反演结果，提取含油砂岩所包含的第 700 道数据进行对比，如图 5-30 所示。

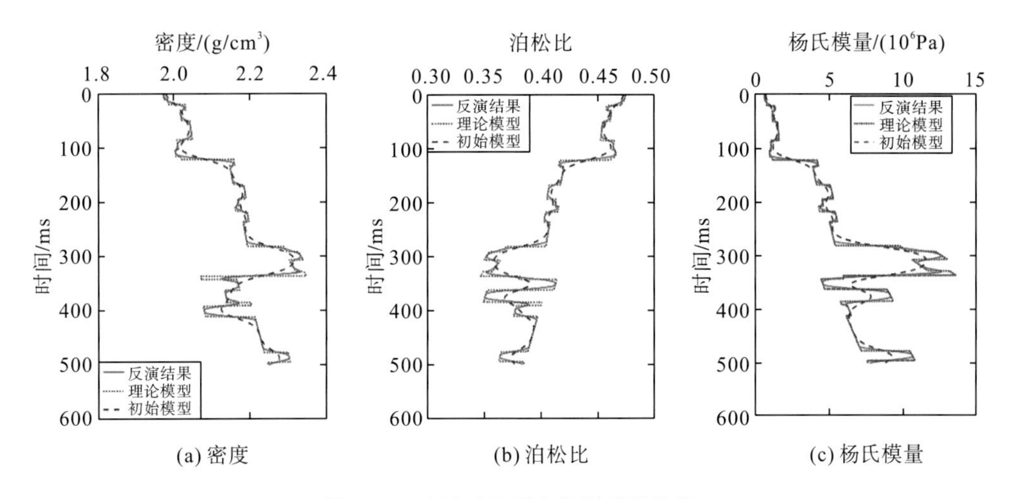

(a) 密度　(b) 泊松比　(c) 杨氏模量

图 5-30　含油砂岩所含单道反演结果

与初始模型比较，可以发现反演结果具有较好的还原效果，特别在储层位置，能够较好地还原储层所造成的数值波动变化。

综上所述，通过理论模型的实验，证明了基于稀疏约束的叠前弹性三参数反演技术应用于致密砂岩油气储层预测的可行性。

第 6 章　基于机器学习的致密砂岩储层综合预测

由于地表条件、地下构造、岩震关系非常复杂，岩石特征与地震波呈非线性耦合关系，在对应的数学模型 $F(Y, X)=0$ 中，如何由观测数据 Y 获取到地层岩石信息 X 是地震储层预测最为关心的重点与难点问题。目前的地震储层预测方法是分别从时间及频率域、复数域、相关属性、线性预测、分形分维、小波变换及反演等方面进行属性计算或反演。通过判断地震道的空间相似性或空间差异性，进而发现地震波运动学特征或动力学特征和地质信息的相关关系。但毋庸置疑的是，通过地震波携带的信息反推地下地质信息属于反问题，具有较强的多解性，而机器学习能综合多源信息解决反问题，是减少多解性的有效方法之一。

目前，储层预测应用和研究比较广泛的机器学习算法有支持向量机（Li and castagna，2004；Yuan et al.，2011）、神经网络（Yu et al.，2007；段友祥等，2016）、多元回归（宋建国等，2016）等，这些算法主要是通过从测井资料中提取揭示储层特征的参数作为储层预测的导向，利用这些智能算法建立多种属性与储层参数之间的映射关系，进而开展储层预测。课题组近年来也尝试将深度学习、近似支持向量机、随机森林等算法引入储层预测，取得了较好的效果。以下以近似支持向量机（proximal support vector machine，PSVM）、随机森林等算法为例，分析机器学习算法在致密砂岩储层预测中的应用。

6.1　基于近似支持向量机的综合预测

6.1.1　支持向量机的基础知识

1. 分类问题与训练集的构成

分类问题是数据判别中比较关键的一步，由于机器学习算法的不断完善、改革以及创新，我们现在已经可以通过数值计算的方式灵活、准确地对具有不同属性的数据体进行划分。

如表 6-1 所示，这是一个非常典型的两类分类问题，即有 A 类和 B 类两种类别的数据体，从两类数据体中都获得了属性 1 和属性 2 两种特征参数，然后再从每个类别的数据体中提取出若干个样本，这若干个样本共同组成了一个有 n 个样本的样本集。

表 6-1　分类问题的样本集示例

序号	属性 1	属性 2	标签	类别说明
1	$[x_1]_1$	$[x_1]_2$	1	A 类
2	$[x_2]_1$	$[x_2]_2$	1	A 类
3	$[x_3]_1$	$[x_3]_2$	−1	B 类
4	$[x_4]_1$	$[x_4]_2$	−1	B 类
⋮	⋮	⋮	⋮	⋮
n	$[x_n]_1$	$[x_n]_2$	…	…

对于序号为 1 的样本来说，可以用一个行向量来表示表格中的属性数据，把它记为 $\boldsymbol{x}_1=\{[x_1]_1,[x_1]_2\}^{\mathrm{T}}$，行向量中的每个元素值就是其相应的属性值，表达式括号内的脚标表示样本序号，括号外的脚标表示样本属性的序号。我们引入样本标签 $\boldsymbol{y}=+1$ 及 $\boldsymbol{y}=-1$ 来分别表示 A 类数据体和 B 类数据体，以方便使用数值的方式来描述样本所属的类别。假如采取同样的方式来表示表 6-1 中的每个样本，则可以用一个由 n 行 3 列的样本数据矩阵来表述样本集，记为

$$T=\{(x_1,y_1),(x_2,y_2),\cdots,(x_i,y_i),\cdots,(x_n,y_n)\}\in(\boldsymbol{x}\times\boldsymbol{y})^n \tag{6-1}$$

如果将属性 1 和属性 2 分别看作一个平面内的纵坐标和横坐标，那么我们就可以凭借如图 6-1 所示的二维平面来表示数据体的样本集，其中空心的点代表 A 类样本，实心的点代表 B 类样本。对于这种情况，可以选择一条合适的直线，如 $(\boldsymbol{\omega}\cdot\boldsymbol{x})+b=0$，把二维平面划分为两个部分。直线表达式中的 $\boldsymbol{\omega}$ 为系数向量，$(\boldsymbol{\omega}\cdot\boldsymbol{x})$ 表示 $\boldsymbol{\omega}=([\boldsymbol{\omega}]_1,[\boldsymbol{\omega}]_2)^{\mathrm{T}}$ 与 $\boldsymbol{x}=([\boldsymbol{x}]_1,[\boldsymbol{x}]_2)^{\mathrm{T}}$ 的内积，此结果加上系数 b 正好可以表示为一条标准的直线表达式，即 $[\boldsymbol{\omega}]_1[\boldsymbol{x}]_1+[\boldsymbol{\omega}]_2[\boldsymbol{x}]_2+b=0$。若想利用表达式中左侧的式子作为判别公式，则要将 A 类和 B 类样本的两个属性的值代入表达式的左侧，然后得到相应的计算结果 $g(\boldsymbol{x})$：

$$g(\boldsymbol{x})=(\boldsymbol{\omega}\cdot\boldsymbol{x})+b \tag{6-2}$$

从得到的结果中可以看出，如果结果中的 $g(\boldsymbol{x})>0$，则其与正类点的标签属于同一类，即均为正值，相反，如果结果 $g(\boldsymbol{x})<0$，那么其与负类点的标签类型一致。可以建立相应的判别函数：

$$\boldsymbol{y}=f(\boldsymbol{x})=\mathrm{sgn}[g(\boldsymbol{x})]=\mathrm{sgn}[(\boldsymbol{\omega}\cdot\boldsymbol{x})+b] \tag{6-3}$$

根据式(6-3)中的表达式就可以实现对两类样本点的划分。

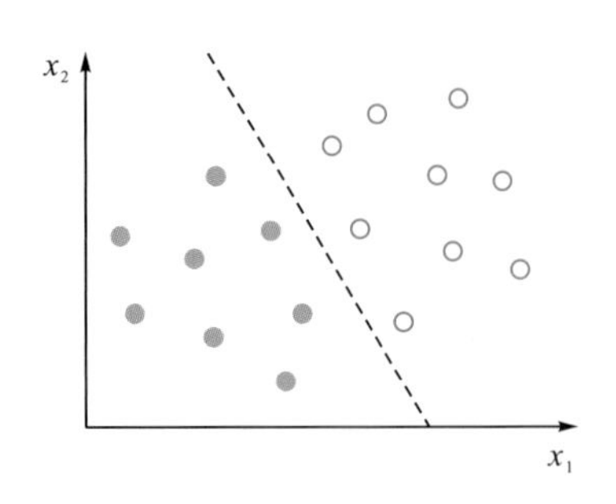

图 6-1 样本集的二维平面表示

对于一个拥有 l 个样本和 n 个属性的样本集，可以通过使用数学语言把该样本集的分类问题描述为：根据已知的训练集 $T=\{(x_1,y_1),(x_2,y_2),\cdots,(x_l,y_l)\}\in(\boldsymbol{x}\times\boldsymbol{y})^l$，其中 $x_i\in\boldsymbol{x}=\mathbf{R}^n$，$y_i\in\boldsymbol{y}=\{1,-1\}$，$i=1,2,\cdots,l$，寻找 $\boldsymbol{x}=\mathbf{R}^n$ 上的一个实值函数 $g(\boldsymbol{x})$，以便使用判别函数的表达式 $f(\boldsymbol{x})=\mathrm{sgn}[g(\boldsymbol{x})]$ 来预测其与任意一个输入 $\boldsymbol{x}$ 所对应的 y 值。

这里利用两类线性分类问题来举个例子。当两类样本点完全可以被某一条直线分开的时候，这就属于线性分类问题；当只能找到某一条最佳的直线将绝大部分的点分开且只有少数几个不聚集的点不能被分开时，就属于近似线性可分问题；当判别函数 $g(\boldsymbol{x})$ 用非线性的方式来表示时，如果在二维平面中函数 $g(\boldsymbol{x})=0$ 为一条曲线，此时属于非线性分类问题；如果参与划分的样本属性种类在两种以上，称其为多属性参与的划分，此时的 $g(\boldsymbol{x})=0$ 将不再是一条直线，通常称为多维度空间下的划分超平面。当所被划分的样本种类在三类或者三类以上时，就称为多类分类问题。

2. 线性分类方法

关于图 6-1 包含 l 个样本的分类问题，我们可以从这两种思想角度，即平分最近点法与最大间隔法，来建立线性分类学习机。

1) 平分最近点法

通过引入凸壳理论，将这两类点各自的包络视为凸壳，可以用 $\sum_{y_i=1}a_ix_i$ 与 $\sum_{y_i=-1}a_ix_i$ 来分别表示两类样本点的凸壳，这两个表达式中，$\boldsymbol{a}$ 满足 $\sum_{y_i=1}a_i=1$，$\sum_{y_i=-1}a_i=1$，$0\leqslant a_i\,(i=1,2,\cdots,l)$。从图 6-2 可以知道，假如能够在两个凸壳上分别找到一个点使得这两个凸壳距离最近(用 c 和 d 表示)，把这两个点连线后并对其作一条垂直平分线，那么这条垂直平分线就是我们想要提取的划分线。所以，只需要通过求解以系数 $\boldsymbol{a}=(a_1,a_2,\cdots,a_l)^{\mathrm{T}}$ 为变量的函数 $\frac{1}{2}\left\|\sum_{y_i=1}a_ix_i-\sum_{y_i=-1}a_ix_i\right\|^2$ 的极小点 $\hat{\boldsymbol{a}}=(\hat{a}_1,\hat{a}_2,\cdots,\hat{a}_l)^{\mathrm{T}}$，然后获取能使这两个凸壳距离最近的两个点的表达式 $c=\sum_{y_i=1}\hat{a}_ix_i$，$d=\sum_{y_i=-1}\hat{a}_ix_i$，最后就可以通过 c 和 d 两点的值求取两个凸壳划分线的表达式 $(\hat{\boldsymbol{\omega}}\cdot\boldsymbol{x})+\hat{b}=0$，其中 $\hat{\boldsymbol{\omega}}=c-d$，$\hat{b}=-\frac{1}{2}[(c-d)\cdot(c+d)]$。

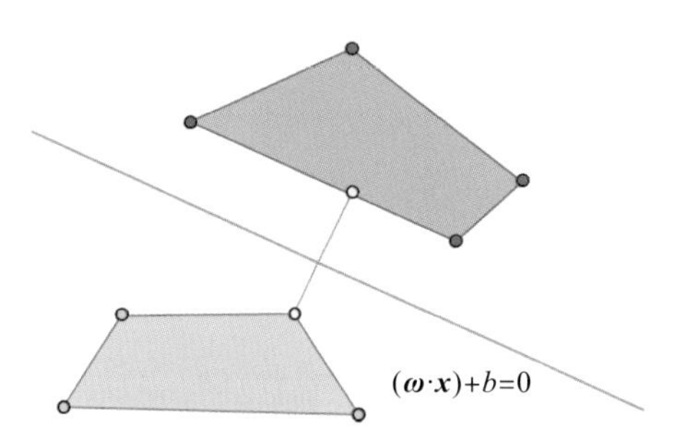

图 6-2　平分最近点法示意图

同样，通过构造最优化问题来求解最优解 $\hat{\boldsymbol{a}}=\left(\hat{a}_1,\hat{a}_2,\cdots,\hat{a}_l\right)^{\mathrm{T}}$ 并得到其划分线。可以将最优化问题表述为

$$
\begin{aligned}
&\min_a \frac{1}{2}\left\|\sum_{y_{i=1}} a_i x_i-\sum_{y_{i=-1}} a_i x_i\right\|^2 \\
&\text{s.t.}\sum_{y_{i=1}} a_i=1,\ \sum_{y_{i=-1}} a_i=1 \qquad (6\text{-}4)\\
&0 \leqslant a_i \leqslant 1,\ i=1,2,\cdots,l
\end{aligned}
$$

2) 最大间隔法

无独有偶，采用最大间隔法也可以像平分最近点法那样求取划分线。从前面对直线表达式 $(\boldsymbol{\omega}\cdot\boldsymbol{x})+b=0$ 的描述可以知道，$\boldsymbol{\omega}$ 可以控制直线的法方向。假若 $\boldsymbol{\omega}$ 的值已确定，则可以在这个法线的方向上平移直线，直到直线首次同时碰到两类样本点中的各自一个点，就可以形成图 6-3 中两条虚线表示的直线。若 $\boldsymbol{\omega}$ 为最优值，那么此时能够使得法线方向到两条虚线之间距离相同且距离最短的那条直线就是我们所说的最优划分直线。

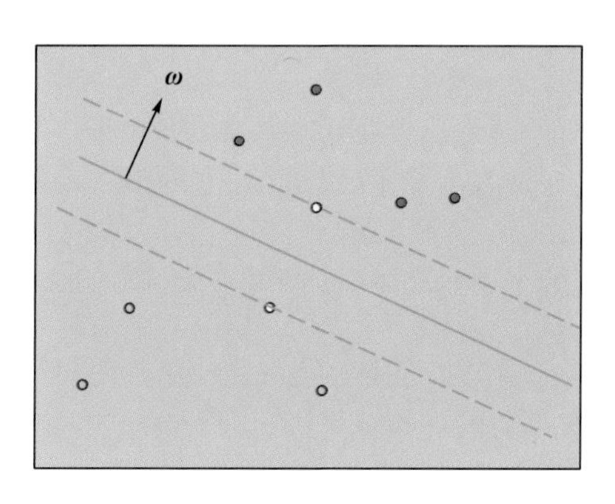

图 6-3　最大间隔法示意图

当法线方向 $\tilde{\boldsymbol{\omega}}$ 已经确定的时候，图 6-3 中的两条虚线可以分别表示为 $(\tilde{\boldsymbol{\omega}}\cdot\boldsymbol{x})+\overline{b}=k_1$ 与 $(\tilde{\boldsymbol{\omega}}\cdot\boldsymbol{x})+\tilde{b}=k_2$，若适当地调整 $\tilde{b}$，那么可以变为 $(\tilde{\boldsymbol{\omega}}\cdot\boldsymbol{x})+\tilde{b}=k$ 和 $(\tilde{\boldsymbol{\omega}}\cdot\boldsymbol{x})+\tilde{b}=-k$，则相应的划分直线可以表示为 $(\tilde{\boldsymbol{\omega}}\cdot\boldsymbol{x})+\tilde{b}=0$。令 $\omega=\dfrac{\tilde{\omega}}{k}$，$b=\dfrac{\tilde{b}}{k}$，图中的两条虚线可以分别表示为 $(\boldsymbol{\omega}\cdot\boldsymbol{x})+b=1$ 和 $(\boldsymbol{\omega}\cdot\boldsymbol{x})+b=-1$，则两条虚线中间的划分线表达式可为 $(\boldsymbol{\omega}\cdot\boldsymbol{x})+b=0$。这时，

这两条虚线之间的距离为 $\frac{2}{\|\omega\|}$，称为间隔。当间隔距离最大时，就可以根据其求取最佳的划分线。根据前文构建关于参数 ω 和 b 的最优化问题：

$$\max_{\omega,b}\frac{2}{\|\omega\|}$$

$$\text{s.t.对所有使}y_i=1\text{的下标}i\text{，都有}(\omega\cdot x_i)+b\geqslant 1$$

$$\text{对所有使}y_i=-1\text{的下标}i\text{，都有}(\omega\cdot x_i)+b\leqslant -1$$

或者可将其变形为

$$\max_{\omega,b}\frac{1}{2}\|\omega\|^2$$

$$\text{s.t. } y_i\left((\omega\cdot x_i)+b\right)\geqslant 1\text{，}\quad i=1,\cdots,l \tag{6-5}$$

3) 近似线性可分问题

面对近似线性可分问题，可以通过对平分最近点法以及最大间隔法进行适当的扩展，然后得到最佳划分表达式。

首先将比例因子 D 引入以使得凸壳缩小，使其变为线性可分问题，然后构建经过推广后的平分最近点法，相应的最优化问题可表示为

$$\min_{a}\frac{1}{2}\left\|\sum_{y_{i=1}}a_ix_i-\sum_{y_{i=-1}}a_ix_i\right\|^2$$

$$\text{s.t.}\sum_{y_{i=1}}a_i=1\text{，}\quad\sum_{y_{i=-1}}a_i=1 \tag{6-6}$$

$$0\leqslant a_i\leqslant D\text{，}\quad i=1,2,\cdots,l$$

如果允许样本的划分存在一定程度上的误差，那么可以引入松弛变量 ξ 与惩罚参数 C 来建立推广的最大间隔法，则相应的最优化问题为

$$\min_{\omega,b,\xi}\frac{1}{2}\|\omega\|^2+C\sum_{i=1}^{l}\xi_i$$

$$\text{s.t. } y_i\left[(\omega\cdot x_i)+b\right]+\xi_i\geqslant 1\qquad (i=1,2,\cdots,l) \tag{6-7}$$

$$\xi_i\geqslant 0\text{，}\quad i=1,2,\cdots,l$$

通过对偶原理可以知道式(6-6)与式(6-7)的两种方法是等效的，可以得到同样的结果。

6.1.2 近似支持向量机原理

支持向量机分类方法是一种机器学习算法，只基于统计学习理论，相对于其他机器学习算法，支持向量机实用性较强，所应用的领域也较为广泛，如金融、气象、医学等。但是支持向量机主要是针对小样本问题，对于大样本的学习问题，由于训练速度较慢，在进行二次规划运算时，其计算量很大，计算效率很低，也就很难体现出它的优越性。如何适应大规模数据的运算，国内外学者进行了大量尝试，Fung 和 Mangasarian 等(2001)提出了近似支持向量机理论。相对于传统的支持向量机，新算法在判别的准确率不降低的前提下，

能适应大规模数据的复杂运算，保持高速度、高效率，突破了传统支持向量机在计算效率上的瓶颈。

近似支持向量机是在优化理论的基础上提出的，不需要求解原来的凸二次规划问题，通过求解线性方程即可实现对样本的划分，这样就变为了一个正则最小二乘问题。相对于传统的支持向量机来说，近似支持向量机在求解分类器过程中更加简单和快速，同时也继承了优良的泛化能力，可以用来对大样本问题进行分类。近似支持向量机通过以下步骤来完成其分类过程：首先通过拟合样本数据点，得到两个有间隔的平行面；然后找到能使两类样本的聚类误差尽可能小的最优超平面，并且两个平行面的间隔最大，最大限度地远离异类样本点，达到最好的分类效果。

1. 线性近似支持向量机

已知一个两类样本集，含有 l 个样本，n 个属性，用矩阵 $\boldsymbol{A}_{l\times n}$ 来表示，按顺序排列训练集的标签 y_i，则可组成对角矩阵 $\boldsymbol{D}_{l\times l}$，那么式(6-7)中推广的最大间隔法最优化问题为

$$\begin{gathered}\min_{(\omega,b,\xi)\in R^{n+1+m}} C\boldsymbol{e}'\xi+\frac{1}{2}\omega'\omega \\ \text{s.t.}\boldsymbol{D}\left(\boldsymbol{A}\omega+\boldsymbol{e}b\right)+\xi\geqslant\boldsymbol{e},\quad \xi\geqslant 0\end{gathered}\tag{6-8}$$

式(6-8)是针对整个样本问题的最优化问题的表达式，$\boldsymbol{e}$ 表示长度为 l 的单位列向量；b 表示系数。

ξ 不需要非常明确的非负性约束条件，因为如果元素 ξ_i 为负数，那么可以假设 ξ_i 为 0 来保证以及满足表达式相应的不等式约束。如果将可最小化 ξ 中的 2-范数代替它的 1-范数，但是仍然可使其间隔最大化。所以，可以把式(6-8)中的经验风险将 1-范数改为 2-范数，最后得到：

$$\begin{gathered}\min_{(\omega,b,\xi)\in R^{n+1+m}} C\frac{1}{2}\|\xi\|^2+\frac{1}{2}\left(\omega'\omega+b^2\right) \\ \text{s.t.}\boldsymbol{D}\left(\boldsymbol{A}\omega+\boldsymbol{e}b\right)+\xi\geqslant\boldsymbol{e}\end{gathered}\tag{6-9}$$

将式(6-9)中的不等式约束条件改为等式约束，得到了近似支持向量机：

$$\begin{gathered}\min_{(\omega,b,\xi)\in R^{n+1+m}} C\frac{1}{2}\|\xi\|^2+\frac{1}{2}\left(\omega'\omega+b^2\right) \\ \text{s.t.}\boldsymbol{D}\left(\boldsymbol{A}\omega+\boldsymbol{e}b\right)+\xi\geqslant\boldsymbol{e}\end{gathered}\tag{6-10}$$

式(6-9)和式(6-10)中约束条件的修改，是在根源上改变最优化问题的本质，即用求解一次线性方程组问题代替之前的凸二次优化问题，可以得到优化问题的精确解。图 6-4 为近似支持向量机的分类形式，其不同于传统支持向量机的地方在于，两个极端平面 $(\omega\cdot x)+b=\pm1$ 变成了两类样本点的聚类中心，而不再是两类样本点分布的边界。这两个极端平面由于最优化问题中的 $\left(\omega'\omega+b^2\right)$ 而尽量使得间隔最大化，从而能够让两类样本点更好地被划分开，各类点分别聚集在各类超平面的周围。由此可见，虽然近似支持向量机与传统支持向量机在分类形式上有些细微的差别，但是两者在划分样本点的核心特性上是一致的，近似支持向量机仍然是通过实现间隔最大化来获得划分超平面的。

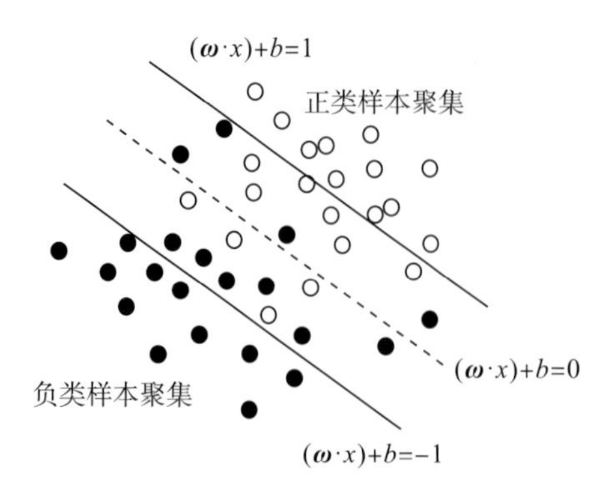

图 6-4　近似支持向量机分类形式

拉格朗日函数为：对于式(6-10)中的优化问题，根据拉格朗日乘子算法，其对偶问题为

$$L(\omega,b,\xi,u)=\frac{C}{2}\|\xi\|^2+\frac{1}{2}\left\|\begin{bmatrix}\omega\\ b\end{bmatrix}\right\|^2-u'\left[\boldsymbol{D}(\boldsymbol{A}\omega+\boldsymbol{e}b)+\xi-\boldsymbol{e}\right] \tag{6-11}$$

式中，$u\in R^l$ 表示在等式约束情况下的拉格朗日乘子。考虑关于 (ω,b,ξ,u) 梯度为 0，根据 KKT (Karush-Kuhn-Tucker) 条件，有

$$\begin{cases}\omega-\boldsymbol{A}'\boldsymbol{D}u=0\\ b-\boldsymbol{e}'\boldsymbol{D}u=0\\ C\xi-u=0\\ \boldsymbol{D}(\boldsymbol{A}\omega+\boldsymbol{e}b)+\xi-\boldsymbol{e}=0\end{cases} \tag{6-12}$$

由式(6-12)前三个公式，整理得

$$\begin{cases}\omega=\boldsymbol{A}'\boldsymbol{D}u\\ b=\boldsymbol{e}'\boldsymbol{D}u\\ \xi=\dfrac{u}{C}\end{cases} \tag{6-13}$$

将式(6-13)代入式(6-12)的第四个方程，得

$$u=\left[\frac{\boldsymbol{I}}{C}+\boldsymbol{D}(\boldsymbol{A}\boldsymbol{A}'+\boldsymbol{e}\boldsymbol{e}')\boldsymbol{D}\right]^{-1}\boldsymbol{e}=\left(\frac{\boldsymbol{I}}{C}+\boldsymbol{H}\boldsymbol{H}'\right)\boldsymbol{e} \tag{6-14}$$

式中，$\boldsymbol{I}$ 为单位矩阵；$\boldsymbol{H}$ 为

$$\boldsymbol{H}=\boldsymbol{D}(\boldsymbol{A}-\boldsymbol{e}) \tag{6-15}$$

需要通过求逆矩阵来求解式(6-14)，但是当样本点数比较多的时候，求逆矩阵就会比较耗时。这里利用 SMW (Sherman-Morrison-Woodbury) (Golub and Matrices，1997) 求逆矩阵，得

$$u=C\left[\boldsymbol{I}-\boldsymbol{H}\left(\frac{\boldsymbol{I}}{C}+\boldsymbol{H}\boldsymbol{H}'\right)^{-1}\boldsymbol{H}'\right]\boldsymbol{e} \tag{6-16}$$

根据式(6-13)～式(6-16)，按照训练集正负样本点一定的比例表达式可以得到适当的惩罚参数 C，将其代入式(6-15)中的矩阵 $\boldsymbol{A}$ 及相应的对角阵 $\boldsymbol{D}$ 就可以得到 $\boldsymbol{H}$；然后可以

通过式(6-14)计算出 u，将 u 代入式(6-13)获得 ω 和 b，最后就得到近似支持向量机线性分类的判别表达式：

$$f(x)=\operatorname{sgn}(\omega x+b)=\operatorname{sgn}\left[(\boldsymbol{A}x+\boldsymbol{e})\boldsymbol{D}u\right] \tag{6-17}$$

2. 非线性近似支持向量机

近似支持向量机在引入与支持向量机相同的核函数之后，同样能够实现相关的非线性分类。

首先，根据式(6-13)第一个式子可以得到 $\boldsymbol{\omega}=\boldsymbol{A}'\boldsymbol{D}u$，那么 $\boldsymbol{A}\omega$ 就可以写成 $\boldsymbol{AA}'\boldsymbol{D}u$。

结合核函数理论，再将 $\boldsymbol{AA}'$ 用非线性核函数的一般表达式 $\boldsymbol{K}(\boldsymbol{A}\cdot\boldsymbol{A}')$ 代替(用 $\boldsymbol{K}$ 表示)，有

$$\begin{gathered}\min_{(\omega,b,\xi)\in R^{n+1+m}} C\frac{1}{2}\|\xi\|^2+\frac{1}{2}\left(u'u+b^2\right)\\ \text{s.t. } \boldsymbol{D}(\boldsymbol{KD}u+\boldsymbol{e}b)+\xi=\boldsymbol{e}\end{gathered} \tag{6-18}$$

相应地，拉格朗日函数为

$$L(u,b,\xi,\tau)=\frac{C}{2}\|\xi\|^2+\frac{1}{2}\left\|\begin{bmatrix}u\\ b\end{bmatrix}\right\|^2-\tau'\left[\boldsymbol{D}(\boldsymbol{KD}u+\boldsymbol{e}b)+\xi-\boldsymbol{e}\right] \tag{6-19}$$

式中，$\tau\in\mathbf{R}^l$ 是式(6-18)中的最优化问题的拉格朗日乘子。令梯度为 0，根据 KKT 条件，可以得到：

$$\begin{cases}u-\boldsymbol{DK}'\boldsymbol{D}\tau=0\\ b-\boldsymbol{e}'\boldsymbol{D}\tau=0\\ C\xi-\tau=0\\ \boldsymbol{D}(\boldsymbol{KD}u+\boldsymbol{e}b)+\xi-\boldsymbol{e}=0\end{cases} \tag{6-20}$$

整理可得

$$\begin{cases}u=\boldsymbol{DK}'\boldsymbol{D}\tau\\ b=\boldsymbol{e}'\boldsymbol{D}\tau\\ \xi=\dfrac{\tau}{C}\end{cases} \tag{6-21}$$

再代入式(6-20)，有

$$\tau=\left[\frac{\boldsymbol{I}}{C}+\boldsymbol{D}(\boldsymbol{KK}'+\boldsymbol{ee}')\boldsymbol{D}\right]^{-1}\boldsymbol{e}=\left(\frac{\boldsymbol{I}}{C}+\boldsymbol{GG}'\right)^{-1}\boldsymbol{e} \tag{6-22}$$

$$\boldsymbol{G}=\boldsymbol{D}(\boldsymbol{K}-\boldsymbol{e}) \tag{6-23}$$

与近似支持向量机线性划分情况不同的地方在于，非线性分类不能再通过 SMW 方式去求逆矩阵，因为 $\boldsymbol{K}(\boldsymbol{A}\cdot\boldsymbol{A}')$ 为 $l\times l$ 类型的矩阵，求其逆矩阵的过程可能会发生在高维空间中。在求非线性划分的超平面或者判别函数之前要计算核函数 $\boldsymbol{K}(\boldsymbol{A}\cdot\boldsymbol{A}')$ 的 $\boldsymbol{K}$ 值，接下来再根据式(6-22)和式(6-23)得到 τ、u 和 b。通过式(6-17)和 $\boldsymbol{\omega}=\boldsymbol{A}'\boldsymbol{D}u$ 可以得到：

$$x'\omega+b=x'\boldsymbol{A}'\boldsymbol{D}u-b=0 \tag{6-24}$$

用 $\boldsymbol{K}(x\cdot\boldsymbol{A}')$ 代替 $x'\boldsymbol{A}'$，结合式(6-24)中 $u=\boldsymbol{DK}'\boldsymbol{D}\tau$ 和 $b=\boldsymbol{e}'\boldsymbol{D}\tau$，得到非线性划分超平面的表达式：

$$\begin{aligned} \boldsymbol{K}(x\cdot \boldsymbol{A}')\boldsymbol{D}u-b &= \boldsymbol{K}(x'\cdot \boldsymbol{A}')\boldsymbol{DDK}(\boldsymbol{A}\cdot \boldsymbol{A}')'\boldsymbol{D}\tau+\boldsymbol{e}'\boldsymbol{D}\tau \\ &= \left[\boldsymbol{K}(x'\cdot \boldsymbol{A}')\boldsymbol{DDK}(\boldsymbol{A}\cdot \boldsymbol{A}')'+\boldsymbol{e}'\right]\boldsymbol{D}\tau=0 \end{aligned} \tag{6-25}$$

相应的判别函数为

$$f(x)=\operatorname{sgn}\left[\left(\boldsymbol{K}(x'\cdot \boldsymbol{A}')\boldsymbol{K}(\boldsymbol{A}\cdot \boldsymbol{A}')+\boldsymbol{e}'\right)\boldsymbol{D}\tau\right] \tag{6-26}$$

3. 近似支持向量机多类分类

前文基于近似支持向量机的线性分类与非线性分类都是针对两类样本点的，多类分类的方式可以通过对两类分类进行扩展得到，目前我们主要通过一类对余类算法(one-against-rest，1-a-r)和成对分类算法(one-against-one，1-a-1)来实现近似支持向量机的多类分类。

假设要对 M 类目标分类，给定训练集：

$$T=\{(x_1,y_1),\cdots,(x_l,y_l)\}\in(\boldsymbol{x}\times\boldsymbol{y})^l \tag{6-27}$$

式中，$x_i\in\boldsymbol{x}=\mathbf{R}^n$，$y_i\in\boldsymbol{y}=\{1,2,\cdots,M\}$，$i=1,2,\cdots,l$，目的就是寻找判别函数 $f(x)$：$x\in\mathbf{R}^n\to y$。

1) 一类对余类算法

面对样本的多类分类，一类对余类算法是最早出现的算法。这个算法的分类原则为：首先将某一类点作为正类样本集，余下的所有点作为负类样本集，这两类样本集之间就构成了最基本的两类分类问题，通过近似支持向量机对其进行分类就得到了相对应的判别函数，记为 $f^1=\operatorname{sgn}(g^2(x))$。同样地，对剩余若干类的样本进行以上步骤操作，以 M 类分类样本集为例，需要进行判别的次数为 M 次，那么得到的判别函数有 M 个，分别为：$f^1,f^2,\cdots,f^M$，于是就形成了一个判别函数集。将新数据的属性值代入与其相对应的判别函数 $g^i(x)$，$i=1,2,\cdots,M$，找到与 $g^i(x)$ 最大值对应的上标，这个上标所对应的类别就是我们所需要的判别结果。因为每一次判别都是在两类分类的基础上进行的，有些值可能会属于不止一个类别，那么传统的判别方法在这里就不可用了，此时需要根据每个值的大小去判定其所属可能性最大的类别。

2) 成对分类算法

成对分类算法与一类对余类算法相比较为复杂，此算法就是把多类分类问题变为了若干个两类分类问题，步骤如下(仍然是针对 M 类数据集)：首先，从数据集中分别抽出一个 i 类和 j 类样本，$\{(i,j)|i<j;i,j=1,2,\cdots,M\}$，那么要对 M 类数据进行判别，就有 $(M-1)M/2$ 种组合方式；然后对每个组合都可以形成与其相对应的训练集 T^{i-j}；最后结合近似支持向量机对得到的训练集进行分类，划分函数 $g^{i-j}(x)$ 为

$$f^{i-j}=\operatorname{sgn}(g^{i-j}(x))=\begin{cases} i, & f^{i-j}>0 \\ j, & \text{其他} \end{cases} \tag{6-28}$$

将所有划分函数联合起来就得到整个判别函数集。将新组合的两类数据代入与其所对

应的判别函数之后，就在其所属的类别上投一票，投票数最多的那一类就被判别为当前数据所属的类，如果出现相等的投票数，那么就把其计为序号较小的类。

4. 方法的选择及需要注意的问题

程学云(2009)分析了多类分类算法及其应用。在数据集较为均衡的情况下，一类对余类和成对分类算法有着同等的判别效果。一类对余类算法适合大样本集，因为它的判别次数较少；但是这个算法在面对不同类别的样本数量差距较大的时候，判别的效果就会比较差，这时我们可以通过依次单独调节与判别样本相对应的惩罚函数来改善判别效果。成对分类算法的准确度基本都是比较稳定的，但是没有处理好投票数相等的情况。除了这两类常用的多类分类算法，还有其他的算法，但适用性不高，都存在着各种不适用的情景与弊端。所以，当要选择某一类算法的时候，要充分考虑各种因素(比如样本集的构成以及算法存在的弊端)，以便选择出最适合的算法。

6.1.3　对测井数据的分类

我们选用了剪切模量(μ)、拉梅常数(λ)、体积模量(K)、泊松比(σ)、杨氏模量(E)、高灵敏度流体识别因子(σ_{HSFIF})、流体属性(ρf)等 7 个弹性参数作为训练集和样本集，利用近似支持向量机对位于南海某气田的井 A 做了气水识别，目的层段为砂岩。其中，流体属性是 Russell 等(2003)提出的：

$$\rho f = I_{\text{P}}^2 - CI_{\text{S}}^2 \tag{6-29}$$

式中，f 代表 Gassman 方程中的流体因子项；C 为调节参数；I_{P}、I_{S} 分别为纵波和横波阻抗。高灵敏度流体识别因子由贺振华等(2006)提出：

$$\sigma_{\text{HSFIF}} = \frac{I_{\text{P}}}{I_{\text{S}}} I_{\text{P}}^2 - CI_{\text{S}}^2 \tag{6-30}$$

我们建立了一套基于近似支持向量机的气水划分测试流程图(图 6-5)，以及通过测井数据计算出的包含高灵敏度流体识别因子、流体属性等 7 个弹性参数的气水识别训练集(表 6-2)。

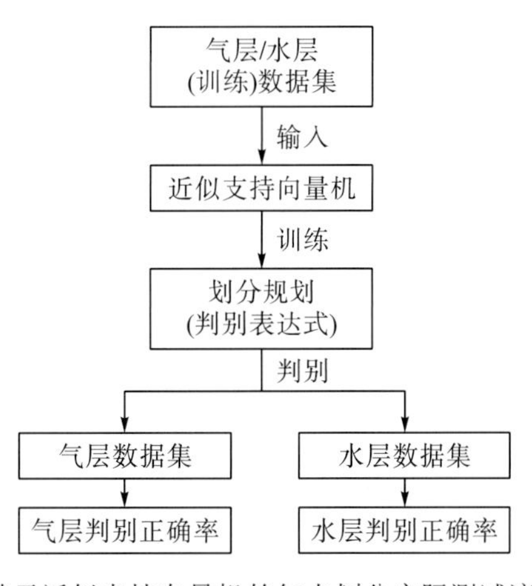

图 6-5　基于近似支持向量机的气水划分实际测试流程示意图

图 6-6 和图 6-7 为近似支持向量机判别结果的部分交会图，其中对 106 个数据含水样本集的识别正确率达 92%，对 228 个数据含气样本集的识别正确率达到了 95%。得益于多属性的参与，绿色虚线框内一部分原本相互混合的点也可以被正确识别，从而证明我们利用近似支持向量机进行气水识别的这种方法是可靠的。

表 6-2 气水识别的部分训练集

μ / GPa	λ / GPa	K / GPa	σ	E / GPa	σ_{HSFIF} / $(GPa\cdot g\cdot cm^{-3})$	ρf / $(GPa\cdot g\cdot cm^{-3})$	标签	结果
10.8698	7.1350	14.3815	0.1981	26.0472	27.3593	11.6717	1	含气层
10.9315	6.1553	13.4430	0.1801	25.8010	22.37193	9.1505	1	含气层
11.0726	6.0398	13.4215	0.1765	26.0532	21.9945	8.7311	1	含气层
11.3189	6.1806	13.7265	0.1766	26.6355	22.4554	8.8986	1	含气层
13.0232	11.1273	19.8094	0.2304	32.0468	45.2452	20.5116	−1	含水层
12.6966	11.9949	20.4593	0.2429	31.5612	49.5896	22.7802	−1	含水层
12.5249	12.8734	21.2233	0.2534	31.3982	54.2876	25.1278	−1	含水层
12.5110	13.2564	21.5971	0.2572	31.4585	56.6775	26.2865	−1	含水层

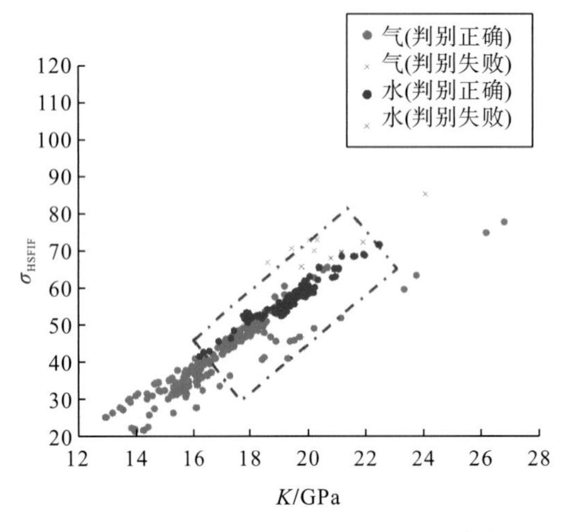

图 6-6 PSVM 划分结果的 K-σ_{HSFIF} 交会图

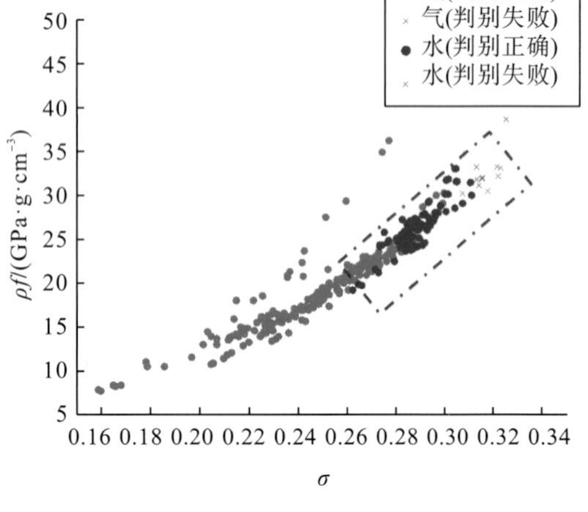

图 6-7 PSVM 划分结果的 σ-ρf 交会图

6.1.4 对道集 AVO 曲线的分类

AVO 技术研究并利用地震波振幅与炮检距的关系，是一种常见的油气勘探方法。因为含气砂岩压实程度与上覆盖层的组合不同，导致反射系数随入射角的变化特征也是不同的，所以研究 AVO 特征，可以定性地描述储层的含油气性，对于储层含油气分析有着十分重要的指导意义。一般而言，现有的储层 AVO 分析主要是研究者人为进行 AVO 类型的识别，若想对工区目的层的 AVO 类型进行判别，工作量很大。鉴于此，我们尝试从四类 AVO 曲线中提取特征参数作为训练集着手，引入近似支持向量机对 AVO 曲线进行分类，从而对从叠前地震资料中提取出的特征参数进行判别，实现对研究区的储层 AVO 类型自动识别。具体流程如图 6-8 所示。

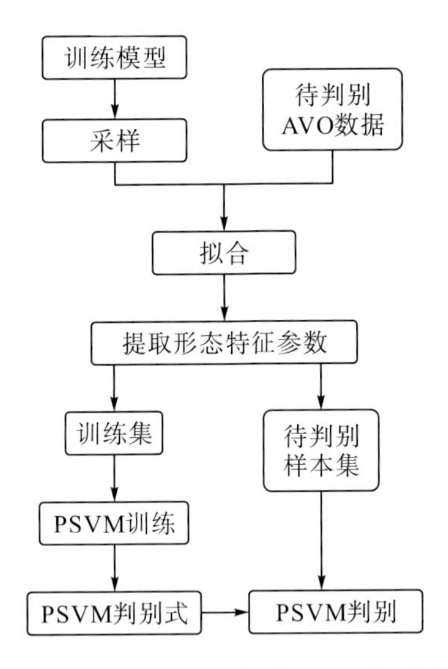

图 6-8　基于近似支持向量机的 AVO 类型判别流程

具体步骤如下。

1. 训练集的准备

利用研究区的测井资料建立弹性参数模型(表 6-3)，通过 Shuey 近似公式对模型求取反射系数曲线(图 6-9)。因为计算出的反射系数曲线是离散的，很难从中提取出形态参数，所以对离散数据进行多项式拟合。图 6-9 中连续的曲线就是用多项式拟合得到的，对数据进行拟合后得到拟合函数表达式就可以进行反射系数曲线的形态特征参数的提取。

表 6-3　训练模型参数　(单位：m/s)

类型	上覆介质			含气砂岩层		
	V_{P1}	V_{S1}	V_{P1}	V_{S1}	V_{P1}	V_{S1}
Ⅰ类	4000	1760	4000	1760	4000	1760
Ⅱ类	4000	1760	4000	1760	4000	1760
	4000	1760	4000	1760	4000	1760
Ⅲ类	4000	1760	4000	1760	4000	1760
Ⅳ类	4000	1760	4000	1760	4000	1760

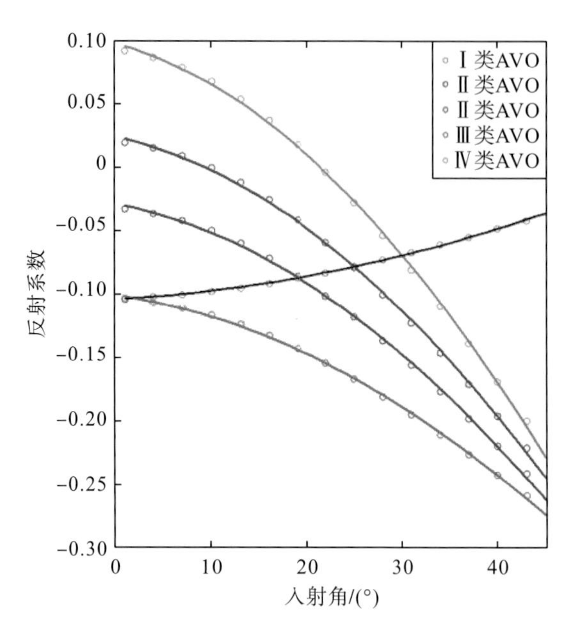

图 6-9 四类 AVO 反射系数随入射角的变化

2. 特征值的提取

从图 6-9 中可以看出，四类 AVO 反射系数曲线的形态变化是不同的，Ⅰ类、Ⅲ类、Ⅳ类 AVO 因为储层和盖层的波阻抗差异大，所以法线入射时的反射系数绝对值比较大；Ⅱ类 AVO 的储层和盖层的波阻抗差异较小，所以法线入射时的反射系数绝对值趋近于 0；Ⅰ类 AVO 入射角逐渐地增大时，反射系数相应地减小，其值也由正转负，会出现极性反转；Ⅳ类 AVO 的反射系数绝对值随入射角增大而变小。四类含气砂岩的反射系数随入射角的变化各有不同，可以从上一步中得到的拟合函数表达式提取出形态特征参数。形态特征参数主要包括曲线的单调性、凹凸性、极值点的个数和所在的位置、拐点的个数和所在的位置。将这些信息提取出来就形成了训练集和样本集(表 6-4)。

表 6-4 训练集样本(部分)

序号	训练集属性参数													标签
1	1.3	1	−1	−1	1	−1	−1	−1	−1	−1	2	2	2	1
2	0.3	1	−1	−1	1	−1	−1	−1	−1	−1	2	1	1	2
3	−0.4	1	−1	−1	1	−1	−1	−1	−1	−1	0	1	1	2
4	−0.8	1	−1	−1	1	−1	−1	−1	−1	−1	0	1	2	3
5	−1.4	2	−1	−1	2	−1	−1	−1	−1	−1	0	1	2	4

3. 近似支持向量机判别

形成的训练集可记为 $T=\{(x_1,y_1),\cdots,(x_l,y_l)\}\in(\boldsymbol{x}\times\boldsymbol{y})^l$。其中 l 为样本的个数，特征属性有 13 个即 $x_i\in\boldsymbol{x}=\mathbf{R}^{13}$，标签根据实际情况制定，若是多个类别(设有 M 个类)的模型参

与训练和判别，则标签按照多类分类的方式依次定位$1,2,\cdots,M$。待判别的 AVO 数据也需经步骤 1 和步骤 2 拟合后提取属性形成待判别样本。最后利用 PSVM 训练后得到的判别式对待判别目标的样本进行分类。

通过以上步骤我们建立了一套基于近似支持向量机的 AVO 类型判别流程，因为在实际的地震数据中应用时，是从地震波振幅随角度的变化曲线中提取形态参数，所以可以通过实际工区的井上子波和四类 AVO 的反射系数褶积合成地震记录来制作训练集。

我们对某区的叠前地震资料进行 AVO 类型识别，结果如图 6-10 所示，判别出呈亮紫色的区域为Ⅲ类 AVO，可以看出井旁处的 AVO 类型属于Ⅲ类，为验证方法的正确性，我们利用井资料计算了井点处目的层顶界的 AVO 曲线，如图 6-11 所示。从图中可看出井 A、B 确实应为Ⅲ类 AVO。

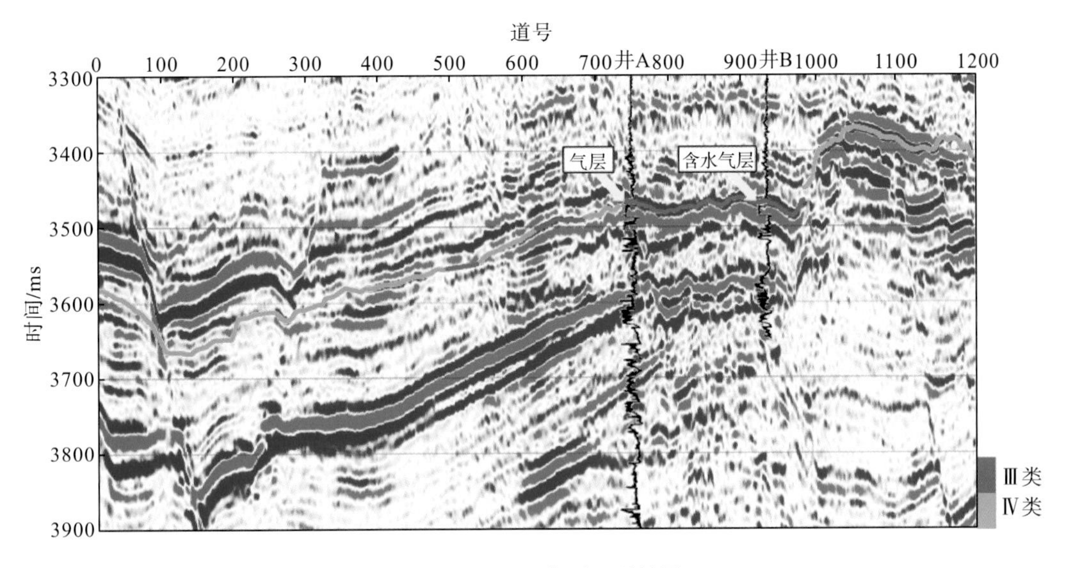

图 6-10　AVO 类型识别结果

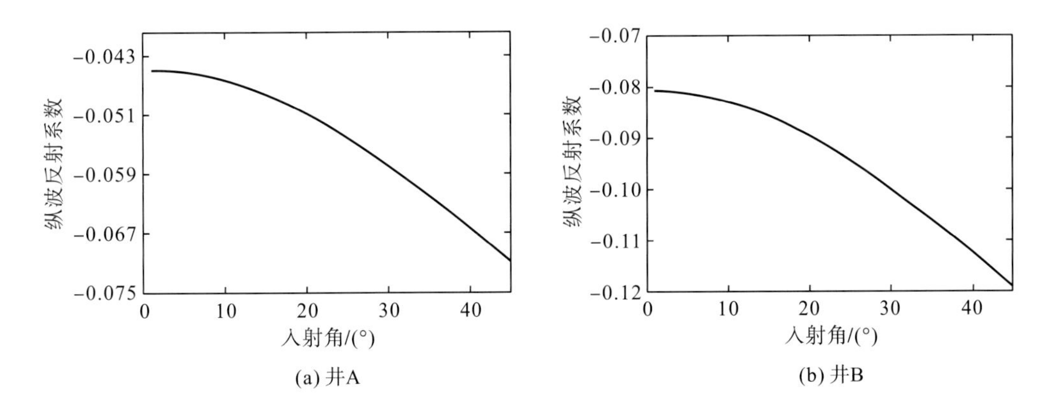

图 6-11　基于测井数据建模获得的 AVO 曲线

6.1.5 对储层的分类

在验证基于近似支持向量机在储层流体识别中的可靠性后，我们选取了区域内的三口井的连井剖面对其进行流体识别，图 6-12 是工区内过三口井的连井地震剖面，图中的绿线表示砂岩储层的顶部和底部所在位置，已知井 A 和井 C 在储层顶部钻遇工业气流，井 B 在储层顶部钻遇水层。通过叠前地震数据反演出的纵波阻抗、横波阻抗和密度计算得出泊松比(图 6-13)、高灵敏度流体识别因子(图 6-14)和流体属性剖面(图 6-15)，剖面中指示的含气层的泊松比、高灵敏度流体识别因子和流体属性都呈现出低值，但与水层的差异不大，且低值区范围较大，可能不仅包括含气区，也包括一些泥岩层，所以通过单个流体识别因子识别该工区的流体类型存在一定的多解性。

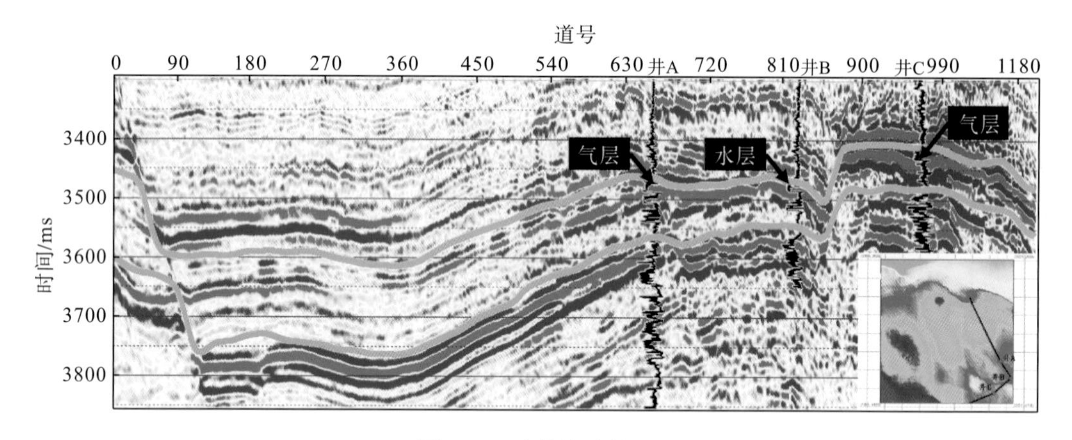

图 6-12 连井地震剖面

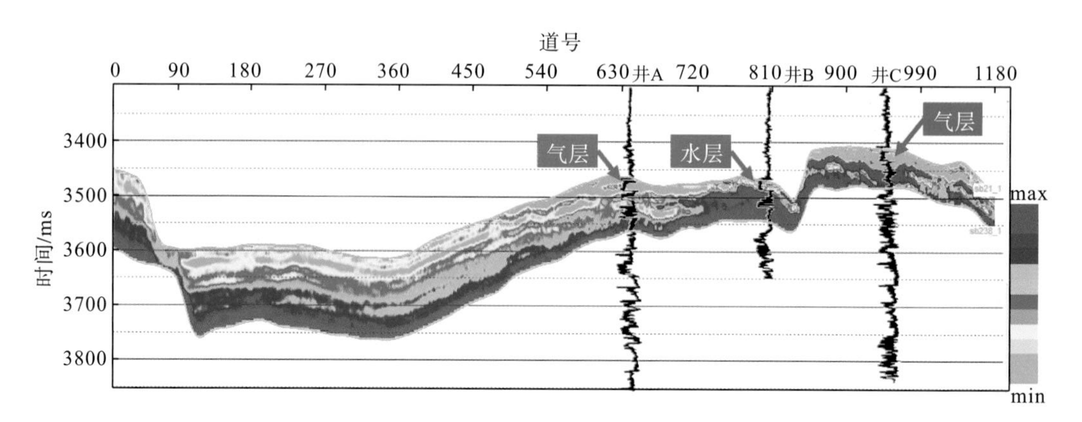

图 6-13 泊松比连井剖面

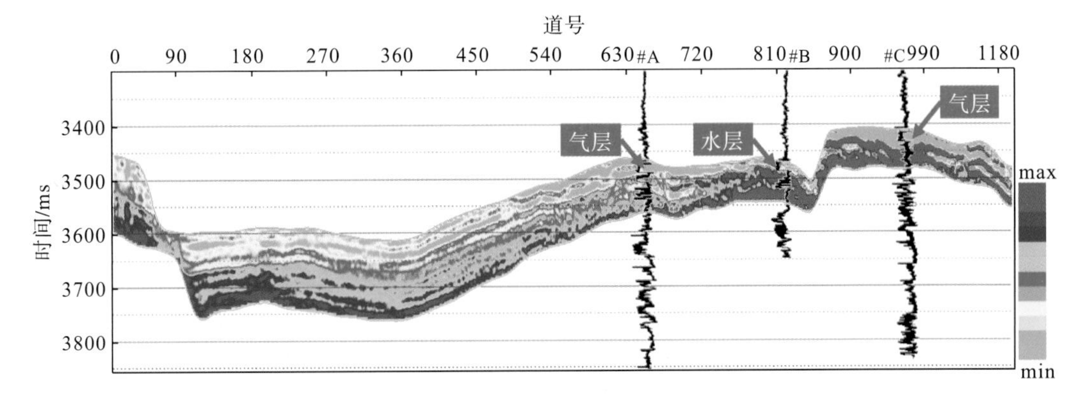

图 6-14　高灵敏度流体识别因子连井剖面

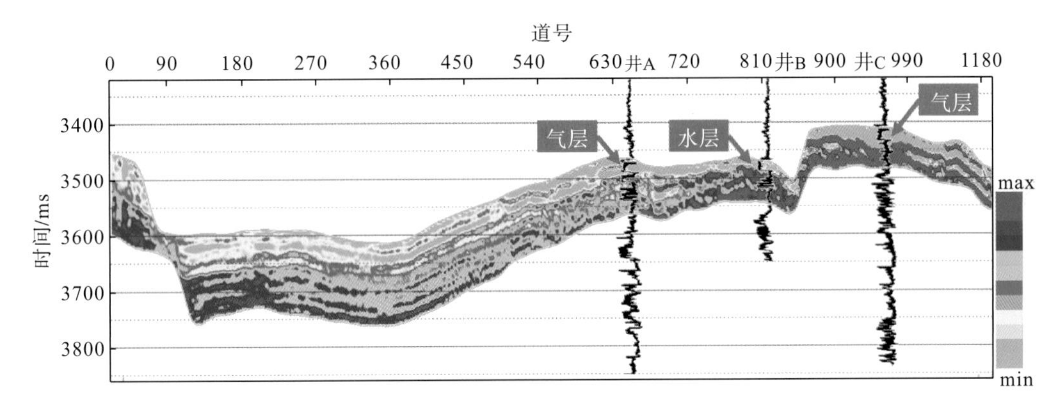

图 6-15　流体属性连井剖面

随后我们将测井数据计算出的高灵敏度流体识别因子、泊松比和流体属性作为训练集，将反演计算出的这三个属性作为样本集，然后应用 PSVM 方法对储层的流体类型进行了判别。图 6-16 是我们的识别结果，图中色标的含义分别是：红色代表含气层，蓝色代表含水层，黄色代表干层。可以看见剖面中井 A 和井 C 在目的层顶部红色的含气区，井 B 在目的层顶部蓝色的含水区，判别结果与实钻情况吻合良好，说明了该方法的有效性。

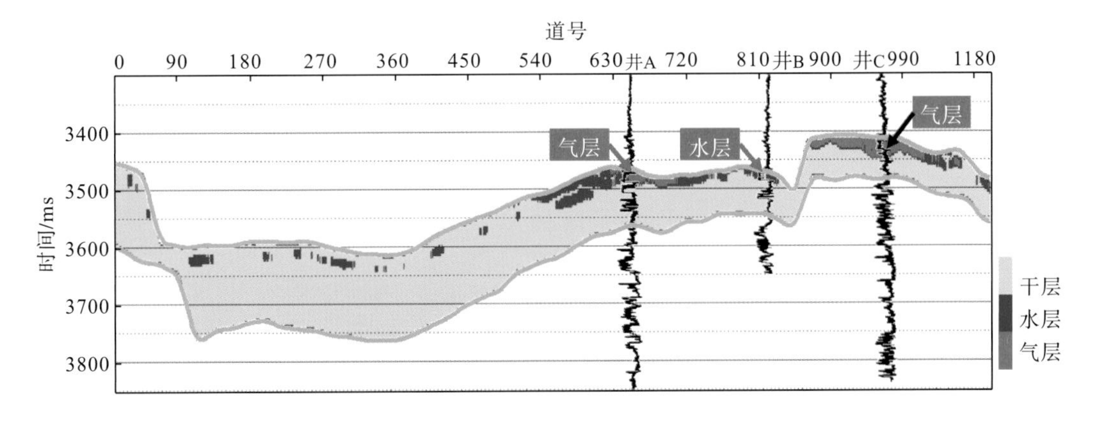

图 6-16　流体识别结果

6.2 基于随机森林的储层综合预测

随机森林算法属于机器学习中的监督学习，它将装袋(Bagging)算法思想作为基础，使用决策树模型作为分类工具，在数据分类方面具有显著的效果。随机森林先采用Bootstrap 随机重复抽取样本，通过集成多棵用于判别储层信息的决策树构建随机森林分类器，然后利用该集成分类器对包含各种地震属性和流体识别因子的大尺度地震数据进行分类，并统计森林中所有决策树的预测结果，选择在每棵决策树的分类结果中出现次数最多的作为森林的最终分类结果，从而达到提高储层预测准确率的目的。

6.2.1 随机森林的理论基础

随机森林回归预测算法是一种集成大量随机决策树模型的集成学习算法，其基础是回归决策树算法(classification and regression trees，CART)。对于 $y=F(X)$，其中 $X=\left(x_1,x_2,\cdots,x_p\right)$ 型的回归问题，CART 回归树算法通过优选分割变量及其阈值，将原始的 P 维输入空间递归分割为有限个子空间。在具体的递归分割过程中，假设当前父节点所对应子空间为 X_C，记对于第 i 个输入变量 x_i、阈值为 x_i^* 的分割为 $S\left(x_i^*\right)$，则 $S\left(x_i^*\right)$ 等效于将其分割为左边节点和右边节点两个节点，设左边节点对应子空间 X_L，右边节点对应的子空间为 X_R，分割规则可表示如下：

$$X_L=\left\{X_C\left|x_i<x_i^*\right.\right\},\quad X_R=\left\{X_C\left|x_i\geqslant x_i^*\right.\right\} \tag{6-31}$$

对于回归问题，CART 决策树算法将遍历 XC 中 P 维输入 $x_1,x_2,\cdots,x_p$ 中每一个潜在的分割 $S\left(x_i^*\right)$，优选最佳分割使得“不纯度” $I\left(x_i^*\right)$ 最小，其中 $I\left(x_i^*\right)$ 可表示为

$$I\left(x_i^*\right)=\frac{1}{\left|X_C\right|}\left[\sum_{x_j\in X_L}\left(y_j-\overline{y}_L\right)^2+\sum_{x_j\in X_R}\left(y_j-\overline{y}_R\right)^2\right] \tag{6-32}$$

式中，$|X|$ 表示属于空间 X 中样本点的个数；$\overline{y}_L$ 和 $\overline{y}_R$ 分别为子空间 X_L 和子空间 X_R 中的样本 y 的条件均值。按照上述分割方法，在将 X_C 分割为 X_L 和 X_R 后，分别将 X_L 和 X_R 作为父节点，递归进行上述过程，直至：

①当前父节点中所有样本 P 维特征均一致；

②当前父节点中样本个数少于给定最小叶子节点样本个数；

③当前父节点中样本的 y 值方差小于给定方差阈值。

条件满足时，停止递归分割并将当前父节点设置为叶子结点。在完成递归分割后，所生成的 CART 决策树等效于将整个样本空间 X 分割为 $x_1,x_2,\cdots,x_s$，并以二叉树的形式存储分割逻辑。在预测时，CART 决策树取每个空间内的样本在预测变量 y 上的均值作为该子空间内的预测值，建立回归预测函数：

$$y=\sum_{n=1}^{s}I\left(x\in X_n\right)\cdot E\left(y\left|x\in X_n\right.\right) \tag{6-33}$$

式中，I 为脉冲函数；E 为期望值。

综上所述，CART 可通过对训练样本的学习拟合出一个分段常数函数，该函数能够在一定程度上有效地表示原始训练样本中的潜在统计关系，但往往过于粗糙且不稳定。对此布赖曼(Breiman)利用集成学习的思想，通过对原始样本集进行 Bootstrap 抽样获取 N 个样本子集，而后在这 N 个样本子集的基础上分别构建 CART 回归树，在预测时取这 N 个 CART 回归树的预测均值作为最终的预测结果，这种方法被称为 Bagging 集成，它能够在一定程度上克服单个 CART 预测模型的弊端。

而后 Breiman 通过数学证明和数据实验表明，在保证 Bagging 集成模型中每棵树的有效性的同时，使得每棵树间的差异越大则最终的集成预测效果越好。在此思路的指导下，Breiman 通过在决策树的生成过程中引入更多随机性来增大每棵树间的差异。该算法被称为随机森林算法，其算法框架如图 6-17 所示，其随机性的引入通过两方面进行：

(1) 与 Bagging 集成相同，随机森林首先对全部样本集进行 Bootstrap 抽样，生成一系列随机样本子集，在各样本子集的基础上进行决策树的构建；

(2) 在节点分割过程中，与 CART 决策树遍历所有输入的所有潜在分割不同，随机森林中随机决策树仅在 K 个随机抽选的特征子集中进行优选来分割当前节点。

根据上述方法构建出的随机决策树在保证每棵树具有相当的准确性的同时，使得树与树之间的差异足够大，较之于 Bagging 集成随机森林模型具有抗噪性好、能有效避免过拟合且得到的函数关系更为平滑的优点。大量实践证明，随机森林回归预测算法能够有效学习样本集中的高维非线性统计关系，因此本书主要基于随机森林算法学习缺失道集临近道各点振幅间的高维非线性统计关系，据此进行缺失道的补全。

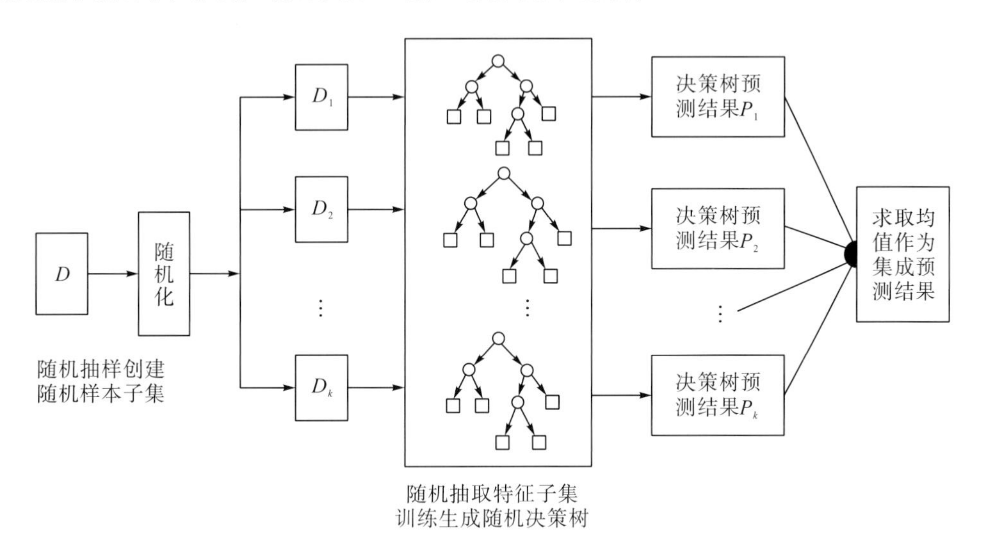

图 6-17　随机森林回归预测算法示意图

6.2.2　随机森林的相关定义

设由 K 棵决策树 $h_1(x),h_2(x),\cdots,h_K(x)$ 构成的森林，训练集为 $D(X,Y)$。其中，X 表示样本的特征属性，Y 则是样本的类别。

定义 1　边缘函数：

$$\mathrm{mg}(X,Y)=av_K\left[I\left(h_K(X)=Y\right)\right]-\max_{j\neq Y}av_K\left[I\left(h_K(X)=j\right)\right] \tag{6-34}$$

式中，$I(\ )$为指示函数；$\boldsymbol{j}$为分类向量；$av_K(\ )$表示取均值。

对于某个样本来说，边缘函数$\mathrm{mg}(X,Y)$表示正确判别得票数超过错误判别得票数的最大票数的程度，该函数表征了模型能够进行正确分类的程度。所以，模型的可靠度越高，$\mathrm{mg}(X,Y)$的值也就越大。

定义 2　泛化误差：

$$PE^*=P_{X,Y}\left(\mathrm{mg}(X,Y)<0\right) \tag{6-35}$$

式中，$P_{X,Y}$表示概率值。

对于随机森林算法来说，泛化误差通过对算法的期望风险和经验风险之间偏差与收敛速度进行刻画达到了反映算法泛化能力的目的。

定义 3　随机森林余量函数为

$$mr(X,Y)=P\left(h_K(X)=Y\right)-\max_{j\neq Y,j=1}P\left(h_K(X)=\boldsymbol{j}\right) \tag{6-36}$$

式中，$P\left(h_K(X)=Y\right)$是分类结果判别正确的概率；$\max\limits_{j\neq Y,j=1}P\left(h_K(X)=\boldsymbol{j}\right)$是分类结果判别错误的其余分类的概率最大值，即程序所选择的变量包含两个或两个以上的分类。

对数据进行分类和预测是随机森林算法的两个主要用途，那么就需要对算法的分类性能进行考核。该算法在处理数据集的过程中主要有两个方面的因素影响其分类性能。首先是来自森林外部的因素，总的来说外部因素主要来自训练数据集的制作情况，包括训练数据集中各类样本的分布情况，即训练数据集的平衡性；训练数据集的规模，即训练数据集的大小及其包含的变量个数和变量类型。其次是来自森林内部的因素，这部分因素主要包括森林中决策树之间的相关度和单棵决策树的强度。因此，衡量随机森林算法性能的指标主要有分类效果指标和泛化误差指标两种。

能够度量算法分类效果的相关指标有很多，为了更好地描述这些指标，通常可以引入二分类数据的混淆矩阵，如表 6-5 所示。

表 6-5　二分类的混淆矩阵

	划分为正类	划分为负类
真实为正类	TP	FN
真实为负类	FP	TN

混淆矩阵包含正类和负类两个分类，如表 6-5 所示。TP、FN 分别代表正确分类和错误分类的正类样本数量，FP、TN 分别代表错误分类和正确分类的负类样本数量。则衡量随机森林算法分类效果的相关指标如下。

定义 4　分类精度(Accuracy)：

$$\text{Accuracy}=\frac{\text{TP}+\text{TN}}{\text{TP}+\text{TN}+\text{FP}+\text{FN}} \tag{6-37}$$

显然该指标用于描述随机森林算法针对预测数据集的分类正确率，该值越大，表明算法的分类效果越理想。

定义 5　几何均值(G-mean)：

$$G\text{-mean}=\sqrt{\frac{\mathrm{TP}}{\mathrm{TP+FN}}\times\frac{\mathrm{TN}}{\mathrm{TN+FP}}} \tag{6-38}$$

几何均值 G-mean 表示随机森林算法对预测数据集进行分类，即正确分类正类样本和负类样本的正确率的几何均值。从式(6-38)可知，只有正类和负类的分类正确率都较高时，几何均值 G-mean 才会高。

定义 6　负类检验值(F-value)：

在引入 F-value 之前，需要先介绍查全率(Recall)和查准率(Precision)。

$$\mathrm{Recall}=\frac{\mathrm{TP}}{\mathrm{TP+FN}} \tag{6-39}$$

$$\mathrm{Precision}=\frac{\mathrm{TP}}{\mathrm{TP+FP}} \tag{6-40}$$

式中，Recall 表示正类的分类精度，即被随机森林算法正确分类的正类样本的数量与所有真实为正类样本的数量之比；Precision 表示被随机森林算法正确分类的正类样本的数量与所有预测为正类样本的数量之比。那么 F-value 可根据如下表达式计算：

$$F\text{-value}=\frac{\left(1+\beta^2\right)\times\mathrm{Precision}\times\mathrm{Recall}}{\beta^2\times\mathrm{Precision}+\mathrm{Recall}}\times100\% \tag{6-41}$$

式中，β 在(0,1]的范围内取值，通常情况下其值取 1，但也可根据实际情况进行适当调整。F-value 兼顾了 Recall 和 Precision 两个衡量分类效果的指标，它是一个对随机森林算法分类性能进行综合评价的指标。在对不平衡预测数据的分类效果进行评价时常常使用 F-value，它能对数量较少样本的分类效果进行有效反映，其值越大则算法的分类效果越佳。

6.2.3　随机森林的相关性质

1. 随机森林的收敛性

根据决策树的结构以及相关的数学理论(如大数定律、定义 1、定义 2)可知，森林中所有决策树的泛化误差都是收敛的，且会收敛于如下极限：

$$\lim_{K\to\infty}PE^*=P_{X,Y}\left(P_\Theta\left(h\left(X,\Theta\right)=Y\right)\right)-P_\Theta\left(h\left(X,\Theta\right)=j\right)<0 \tag{6-42}$$

式中，Θ 表示单个决策树所对应的随机向量；$h\left(X,\Theta\right)$ 为基于样本的特征属性 X 和 Θ 的分类器的输出；K 为森林中包含的决策树的数量。

由式(6-42)可知，随机森林中决策树的泛化误差 PE 有一个极大值，因此，随机森林算法不会因为森林中决策树的数量增加而出现过拟合的问题，但值得注意的是，随机森林算法可能会产生一定限度内的泛化误差。

2. 随机森林的泛化误差界

根据随机森林算法的收敛性可知 $\lim_{K\to\infty} PE^*=P_{X,Y}\left(mr\left(X,Y\right)<0\right)$，因此可通过估算 $P_{X,Y}\left(mr\left(X,Y\right)<0\right)$ 的上界来估算 PE^* 的上界。假设随机森林算法对各个样本分类结果的期望 $E_{X,Y}mr\left(X,Y\right)>0$，则根据契比雪夫不等式可得

$$PE^*\leqslant\frac{\mathrm{var}_{X,Y}\left(mr\left(X,Y\right)\right)}{E_{X,Y}mr\left(X,Y\right)^2} \tag{6-43}$$

由于森林中各决策树的平均强度 s 和森林中决策树之间的相关度的均值 $\overline{p}$ 可表示为

$$s=E_{X,Y}mr\left(X,Y\right) \tag{6-44}$$

$$\overline{p}=\frac{E_{\Theta,\Theta'}\left(\rho\left(\Theta,\Theta'\right)sd\left(\Theta\right)sd\left(\Theta'\right)\right)}{E_{\Theta,\Theta'}\left(sd\left(\Theta\right)sd\left(\Theta'\right)\right)} \tag{6-45}$$

则可得随机森林算法的泛化误差界为

$$PE^*\leqslant\overline{p}\left(1-s^2\right)/s^2 \tag{6-46}$$

上式表明，影响随机森林泛化误差的因素只有森林中决策树的平均强度和相关度，因此，当决策树形成森林后要增强随机森林算法的泛化性能，就应该在降低森林中决策树之间相关度的同时增加单棵决策树的强度。

3. 泛化误差与 OOB 估计

泛化能力是指机器学习算法对新鲜数据集的适应能力(周志华，2016)。机器学习算法通过对训练数据集进行学习可以挖掘数据背后的规律，还可以利用该规律对具有相同规律的其他数据进行判别并给出合适的输出。泛化误差则是一个描述泛化能力的常用指标，算法的泛化误差越小，其泛化能力越好。从理论上讲，随机森林算法的泛化误差可以根据定义 2 进行计算，但是对实际数据进行处理时样本的分布情况和期望输出均无从得知，因此难以根据定义 2 计算的泛化误差直接对随机森林算法的泛化能力进行评估。

在随机森林算法中使用袋外估计可以达到估计泛化误差的目的。根据上述所描述的随机重复抽样方法(Bootstrap 技术)生成足够多的训练子集时，原始训练数据集 D 中就会有大约 36.8%的数据不能参与整个随机森林算法的运算，这一部分数据组成的集合就被称为袋外(out-of-bag，OOB)数据(方匡南，2012)。根据 OOB 数据对决策树的分类强度和决策树之间的相关度进行评价，从而预测算法泛化误差的方式称为袋外估计(又称 OOB 估计)。Breiman(2001)采用 OOB 数据进行试验并估计了组合分类器的泛化误差，得到的结果比采用其他方式更为方便、简捷、高效，同时还证实了 OOB 估计是随机森林的泛化误差的一个无偏估计。OOB 估计并不像其他方法一样需要很烦琐的操作，只需要进行简单的计算即可。在这些优点下，OOB 估计同时能保障其精度与交叉验证相当。Tibshirani(1996)、Wolpert 和 Macready(1999)及 Breiman(2001)通过相关实验验证了 OOB 估计泛化误差的精确度与使用样本容量相同的测试数据集的精度相同。因此，能够根据 OOB 数据估算决策树的强度和相关系数以及泛化误差界的界限。

6.2.4　储层预测中随机森林算法构建方法及优点

1. 储层预测中随机森林算法的构建方法

从前文可知，随机森林算法的构建过程主要有训练集的抽取、决策树的构建和森林算法的形成三个步骤。因此，利用随机森林算法对储层进行自动预测的操作流程如下。

(1) 制作训练数据集。根据地震数据进行储层预测的过程中，测井数据往往是我们唯一已知的地下数据。因此，可以根据合成地震记录标定出在储层顶底位置(图 6-18)提取的地震数据或测井数据并制作训练数据集。

(2) 制作预测数据集。在研究区域内根据地震资料分别计算出与训练数据集对应的地震属性，并将其组成预测数据集。

(3) 构建储层预测的随机森林模型。根据 Bootstrap 重复取样方法和信息增益率最大化原则重复构造 K 棵决策树，从而构建一个用于储层预测的随机森林模型。

(4) 储层综合预测。利用随机抽选方式构造的 K 棵决策树对预测数据集进行分类，归纳统计出所有决策树的预测结果，最后将投票数最多的类别作为随机森林算法储层预测的结果。

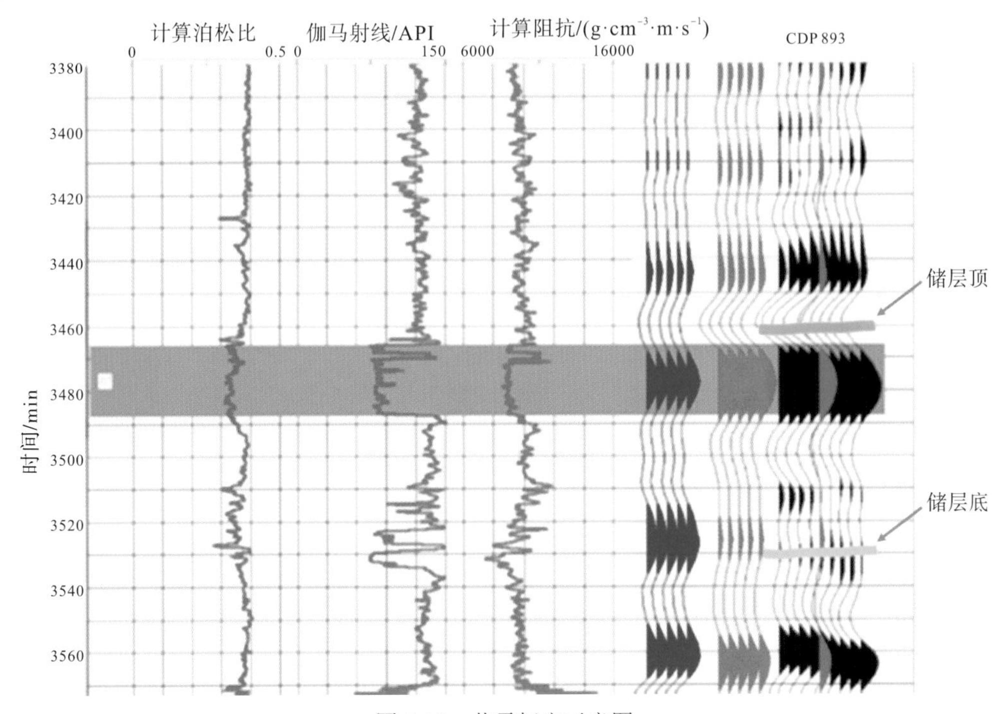

图 6-18　井震标定示意图

随机森林算法之所以在储层预测中能够取得较为准确的预测结果，主要是由于在生成每棵用于回归预测和分类预测的决策树模型的过程中，每个节点随机选取一部分输入变量的可能分割，再从中选取最优的分割进行分裂。这样可以降低随机森林中用于回归预测和分类预测的决策树之间的相关强度，提升集成系统的多样性和分类能力。

2. 储层预测中随机森林算法的优点

随机森林预测模型通过随机重复采样和随机特征选取两个随机性有效地结合了决策树分类算法。因此，它在储层预测中具有决策树不可比拟的优良特性。

(1) 性能优异。随机森林算法内部的两个随机特性让其在储层预测中不仅不易陷入过度拟合，而且还具有优异的降噪声效果及超高的准确性。该算法在处理众多未经筛选、参差不齐的测井数据和地震数据时，能快速有效地平衡误差并做出准确预测。

(2) 人工干预少。在进行储层预测时，随机森林算法不需要标准化处理数据集，它根据测井数据和地震数据自动确定特性，大大简化了储层预测过程中算法自身的设计。储层预测中需要对该算法进行手动设置的参数较少，在一定程度上给用户带来了使用上的便捷，构建储层预测模型时也仅需设置决策树的棵数、决策树中分裂节点数和随机变量的数量三个参数，而且在一定条件下这几个参数对储层预测的准确性表现得并不是特别敏感。

(3) 优选地震属性。随机森林算法在训练过程中，可以通过检测训练数据集中各特征的相互影响来确定特征的重要性，对根据哪些地震属性进行研究区域的储层综合预测具有一定的参考价值。

(4) 并行计算处理。随机森林模型所包含的决策树完全独立，它们在构建森林时彼此之间也互不影响。因此很容易利用并行计算的方式生成森林里的决策树，达到显著提高森林模型运算效率的目的。

6.2.5 基于随机森林算法的储层预测

前文首先针对随机森林算法生成决策树的节点分裂算法做出改进，然后介绍了储层预测中随机森林模型的构建方式及算法的基本理论。但是，该算法是否适用于处理地震数据尚需进一步验证。因此，本节首先从理论数据出发验证算法的分类能力，然后实测测井数据并确定了该算法应用于储层预测的相关参数，最后根据正确率等指标和相关交会图进一步分析了算法的分类性能。

1. 理论数据试算

如表 6-6 所示，这是一个非常典型的三类分类问题，有 A 类、B 类和 C 类三种类别的数据体，从 m 个数据体中都获得了含有属性 1、属性 2 和属性 m 的特征参数，然后再从每个类别的数据体中都提取出若干个样本，这若干个样本共同组成了一个有 n 个样本的样本集。

表 6-6 分类问题的样本集示例

序号	属性 1	属性 2	…	属性 m	标签	类别
1	$[x_1]_1$	$[x_1]_2$	…	$[x_1]_m$	1	A 类
2	$[x_2]_1$	$[x_2]_2$	…	$[x_2]_m$	2	B 类
3	$[x_3]_1$	$[x_3]_2$	…	$[x_3]_m$	3	C 类

续表

序号	属性 1	属性 2	…	属性 m	标签	类别
⋮	⋮	⋮	⋮	⋮	⋮	⋮
n	$[x_n]_1$	$[x_n]_2$	…	$[x_n]_m$	…	…

对于序号为 1 的样本来说，表格中的属性数据可以用一个行向量来表示，记为 $\boldsymbol{x}_1=\{[x_1]_1,[x_1]_2,\cdots,[x_1]_m\}$，行向量中的每个元素值就是其相应的属性值，表达式括号内的脚标表示样本序号，括号外的脚标表示样本属性的序号。我们引入样本标签 $y=1$、$y=2$ 及 $y=3$ 来分别表示 A 类、B 类、C 类三类数据体，以便使用数值的方式来描述样本所属的类别。假如采取同样的方式来表示表 6-6 中的每个样本，则可以用一个 n 行 m+1 列的样本数据矩阵来表述训练数据集，记为

$$D=\{(x_1,y_1),(x_2,y_2),\cdots,(x_i,y_i),\cdots,(x_n,y_n)\} \tag{6-47}$$

这里我们以简单模型为例，即当 m=2 时，则可将属性 1 和属性 2 分别看作一个平面内的纵坐标和横坐标。因此我们可以从训练数据集 D 中随机选取 1/3 的数据作为训练数据集，其余的作为预测数据集 T。然后使用随机森林算法对线性数据样本集进行分类。其分类结果可以凭借如图 6-19 所示的二维平面来表示数据体的样本，其中蓝色点代表 A 类样本数据在二维平面中的分布，红色点代表 B 类样本数据在平面中的分布，草绿色点代表 C 类样本数据在平面中的分布。图中随机森林算法对两类随机数据组成的样本数据的分类结果完全准确，这也验证了随机森林算法的基本分类功能，说明了随机森林算法能应用于简单线性数据的分类。

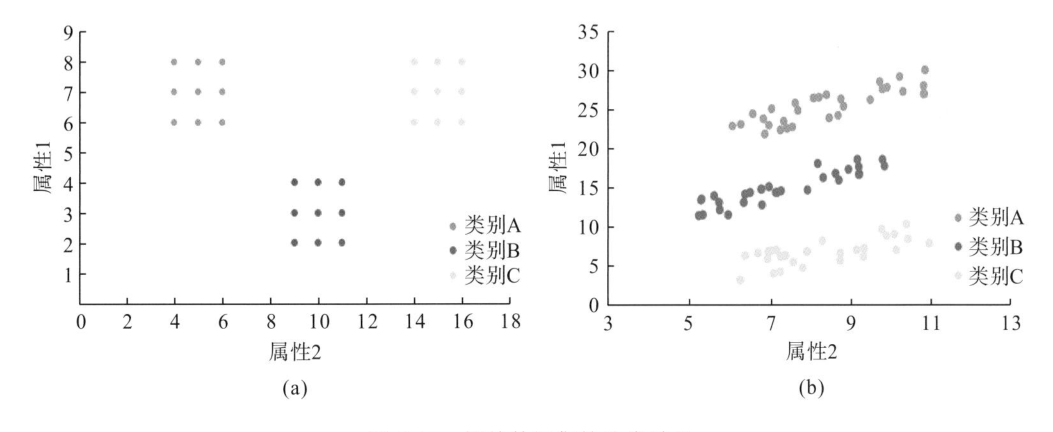

图 6-19　简单数据集的分类结果

2. 实测数据试算

随机森林算法对简单线性数据虽然能准确分类，但是否适用于储层预测数据这类较为复杂的数据还需进一步实验验证。因此，将该算法应用于基于测井数据的裂缝带预测和流体识别。

1) 误差与决策树数量的关系

随机森林算法在进行储层裂缝带预测和流体识别时还需根据需要选择决策树的数量。刘敏等(2015)应用随机森林算法对9类加利福尼亚大学尔湾分校(University of California，Irvine，UCI)数据进行处理时发现，当森林中有足够数量的决策树时，测试误差和袋外误差均趋于稳定。而且，当决策树的数量大于100棵时，即使大幅度增加决策树的数量，随机森林算法对数据进行分类的错误率也小于1%。同时，宋建国等(2016)也通过实验指出随着森林中决策树数量的增加，训练误差和测试误差均逐渐下降，当决策树的棵数增加到一定数量时，误差值基本趋于稳定。为此，本书选择了5种测井数据，统计了随机森林模型包含的决策树的棵数从1变化到800时所对应的误差率。统计结果如图6-20所示。

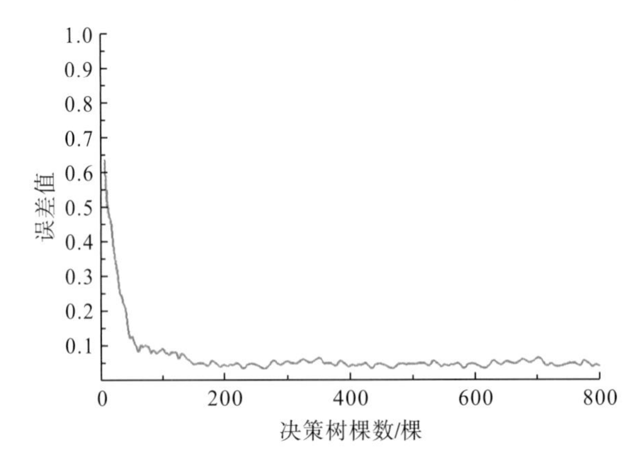

图6-20 误差值随决策树数量的变化

从图中可以看出，森林中决策树数量不足时，随着决策树数量的增加错误率逐渐降低。当森林中决策树的数量大于100棵以后预测结果的错误率将趋于稳定。因此，在达到准确预测地下储层的目的且满足运算效率要求的前提下，本书保守地将森林中决策树数量定为600棵。

2) 基于测井数据的裂缝带识别验证

首先用川东北YL地区两组(17井和171井)测井数据验证随机森林分类算法的分类效果。分别在17井和171井油气储层裂缝发育、较发育和欠发育段选取声波时差(AC)、补偿中子(CNL)、密度(DEN)、自然伽马(GR)、无铀伽马(KTH)、深侧向电阻率(RD)和浅侧向电阻率(RS)等七种测井参数作为训练数据集(表6-7)和预测数据集。

表6-7 测井裂缝带识别训练数据集(部分)

	AC /(μs/m)	CNL /%	DEN /(g/cm³)	GR /API	KTH /API	RD /(Ω·m)	RS /(Ω·m)	标签	裂缝带发育状况
min	66.033	16.276	2.346	72.939	58.968	15.446	11.413	1	欠发育
max	99.774	29.129	2.699	97.122	83.206	52.214	46.037	1	欠发育
min	57.004	4.129	2.518	47.951	31.211	30.664	29.804	2	较发育
max	72.382	22.885	2.676	85.356	70.307	149.525	138.448	2	较发育

续表

	AC /(μs/m)	CNL /%	DEN /(g/cm³)	GR /API	KTH /API	RD /(Ω·m)	RS /(Ω·m)	标签	裂缝带发育状况
min	44.792	1.832	2.483	24.546	8.520	85.989	73.623	3	发育
max	67.915	27.318	2.858	61.699	47.058	2241.029	2939.778	3	发育

为了度量实验模型的分类性能，选择正确率评估随机森林算法的分类效果。正确率即为分类正确的样本数与样本总数的比值。

按照排列组合的方式，选取含有 1～7 种测井参数(以下简称属性)数据作为预测数据集。可用 m 维向量 $\boldsymbol{T}_i=\{[x_i]_1,[x_i]_2,\cdots,[x_i]_m\}$（$i=1,2,\cdots,1490$，$m=1,2,\cdots,7$）表示预测数据集，然后引入随机森林算法来对这些预测数据集进行分类预测。

在验证算法进行测井裂缝带识别的效果时，首先根据有放回地随机重复采样技术和节点随机分裂技术对训练数据集进行学习并组建 600 棵用于分类的决策树。然后利用这些决策树对 1490 个预测数据进行测井裂缝带识别，并将决策树的识别结果中出现频率最高的作为随机森林算法的最终识别结果。最后将识别结果 py_i（$i=1,2,\cdots,n$）与实际标签 y_i（$i=1,2,\cdots,n$）进行对比，若 $py_i=y_i$，说明随机森林算法识别正确；若 $py_i\neq y_i$，说明随机森林算法识别错误。因此，

$$\mathrm{CR}=\frac{\mathrm{CQ}}{n} \tag{6-48}$$

式中，CR 为正确率；CQ 为识别结果正确的数量；n 为预测数据集中每类属性的数量。则分类结果如表 6-8 所示。

表 6-8　测井裂缝带识别结果

属性数量/个	样本量/个	平均正确数/个	平均正确率/%	正确率增长率/%
1		1295	86.90	0
2		1391	93.36	6.46
3		1405	94.30	0.94
4	1490	1416	95.03	0.73
5		1423	95.50	0.47
6		1428	95.84	0.34
7		1431	96.04	0.20

来自裂缝欠发育带和裂缝发育带的各个属性在数值上均有交集，因此仅使用单个属性进行分类预测，准确率较低。表 6-8 显示当选择两个属性进行分类预测时，准确率相比一个属性增长较快。当所选属性达到 5 个后，再增加分类预测中预测数据集的属性个数，分类预测的正确率上升得较为缓慢。为了直观地反映测试结果中正确率随属性个数增加的变化趋势，在优选适合于随机森林算法对研究区域进行裂缝带识别的属性数量时，我们将训练数据集中的属性数量与平均正确率进行二次多项式拟合，其拟合结果如图 6-21 所示：从分类预测的拟合结果来看，该测井数据制作的预测数据集使用 5 个属性进行分类预测的正确率达到 95.50%，已经满足了分类预测正确率的要求。

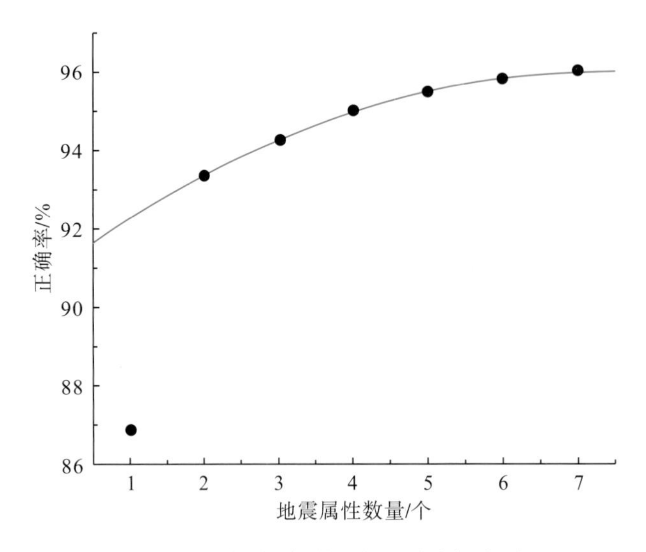

图 6-21　地震属性数量与正确率拟合图

将包含密度、自然伽马、无铀伽马、深侧向电阻率和浅侧向电阻率五类属性参数的预测数据集引入随机森林算法，预测结果部分参数的交会图如图 6-22 所示。图中红色和蓝色球体所对应的密度、自然伽马、无铀伽马数据和深侧向电阻率均来自井中裂缝发育段，绿色和洋红色球体所对应的四类测井数据均来自井中裂缝较发育段，深蓝色和黄色球体所对应的四类测井数据均来自井中裂缝欠发育段，其中红色、绿色和深蓝色部分为随机森林算法预测正确的部分，蓝色、洋红色和黄色部分为随机森林算法预测错误的部分。得益于多个属性的参与，图中灰色虚线框内一些原本互相混合的部分也能正确地进行分类。这说明随机森林算法的分类效果能够满足工程应用的要求。

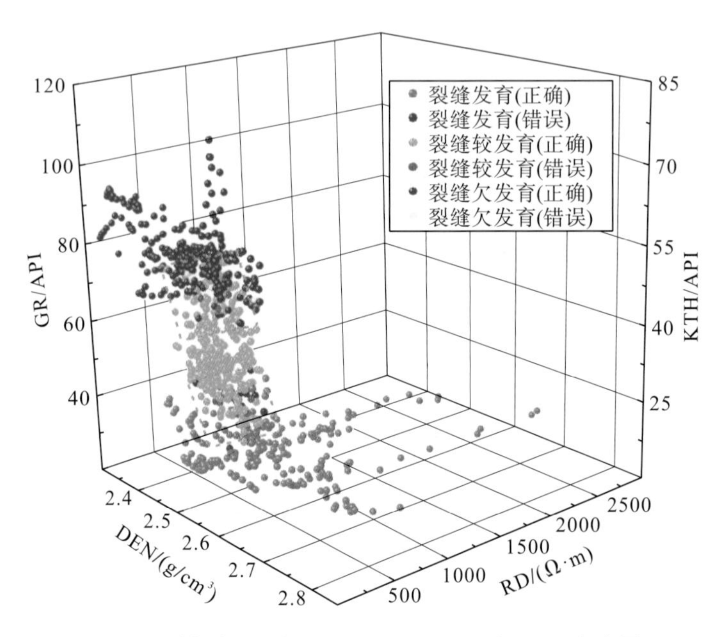

图 6-22　模型测试结果 DEN、RD、GR 和 KTH 交会图

3. 基于地震数据的裂缝预测

从上一节的算法验证中可知，随机森林算法在数据分类中具有较高的准确率，因此，本书将该算法引入川东北 YL 地区对裂缝带进行分类预测。考虑到蚂蚁体追踪属性、体曲率属性和相干体属性都可以在不同程度上反映断层及裂缝带信息，以及反映岩石对地震波吸收衰减强弱的品质因子 Q 值属性在一定地震地质条件下也可表示储层内较丰富的孔隙和裂缝带特征。因此将蚂蚁体追踪属性、体曲率属性、相干体属性和 Q 属性引入随机森林算法进行裂缝带的识别。

通过合成地震记录可标定须四段顶、底位置。然后提取该工区的井旁道地震属性组成训练数据集。再根据井中裂缝的发育程度，将训练数据集分为裂缝发育带、裂缝较发育带以及裂缝欠发育带三类。为了验证该训练数据集的准确性，首先提取该井附近区域须四段的蚂蚁体追踪属性、体曲率属性、相干体属性和品质因子 Q 值属性作为预测数据集，各属性的切片图如图 6-23 所示。然后利用随机森林算法对井区内的裂缝带进行识别。

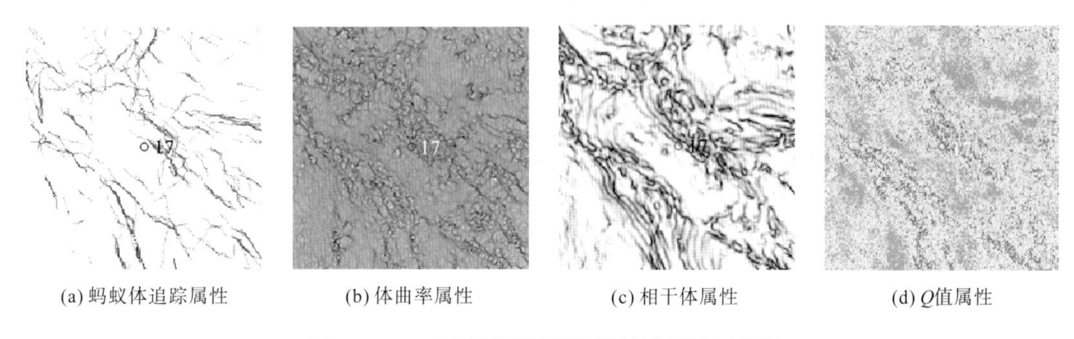

(a) 蚂蚁体追踪属性　(b) 体曲率属性　(c) 相干体属性　(d) Q值属性

图 6-23　17 井附近区域须四段地震属性切片图

从训练数据集中有放回地随机选取 2/3 的训练数据用于构建随机森林进行裂缝带分类的模型，剩下的 1/3 袋外数据用于检验模型的分类性能，随机生成 600 棵用于分类的决策树，组成井中裂缝发育信息与各地震属性之间的非线性对应关系模型。将该模型按照如图 6-24 所示流程应用于 17 井附近区域须四段的裂缝带预测，预测结果如图 6-25 所示。从预测结果可以看出，17 井位于该地区须四段裂缝带较发育的位置。这与该井的地层微扫描动态图像（formation microscanner image，FMI）及岩心裂缝特征等（图 6-26）资料描述吻合。

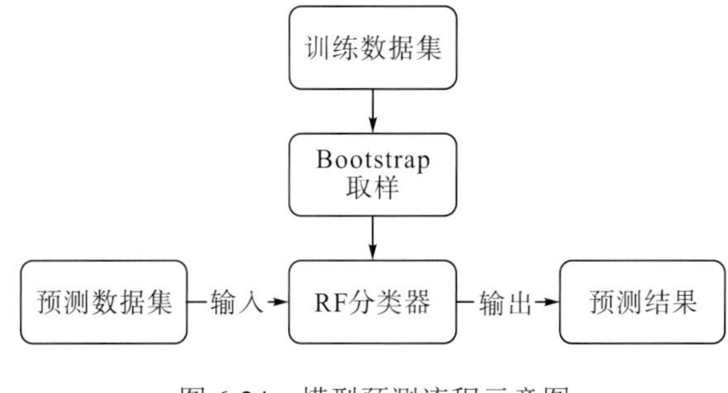

图 6-24　模型预测流程示意图

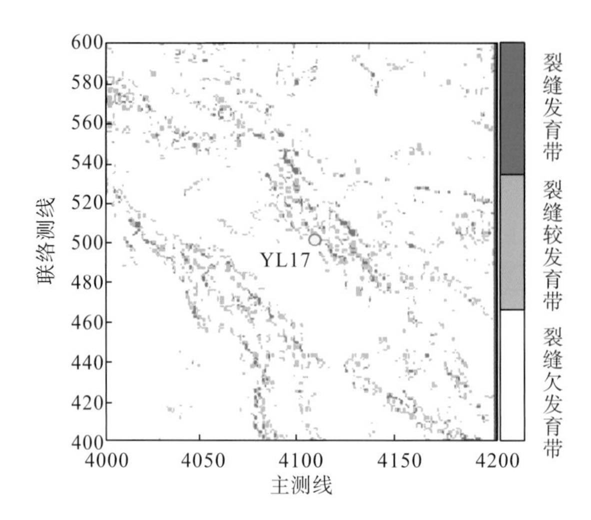

图 6-25 17 井附近区域须四段裂缝带随机森林算法预测结果

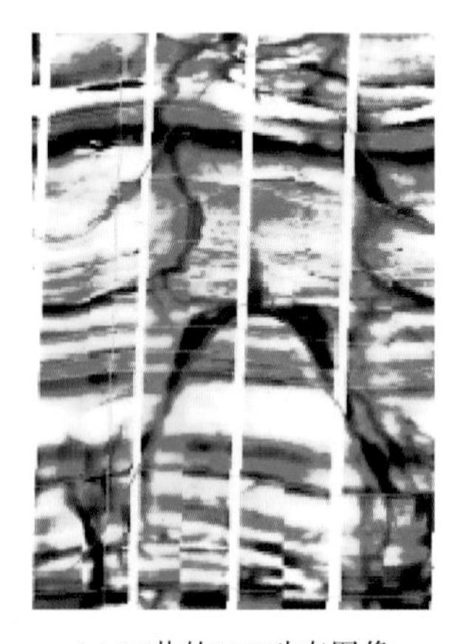

(a) 17井的FMI动态图像

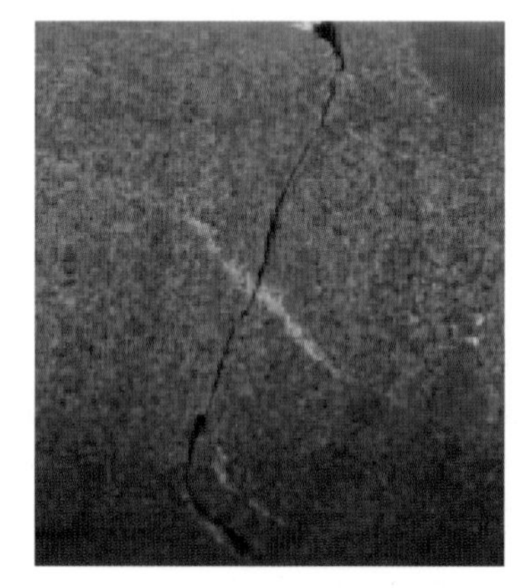

(b) 17井的岩心裂缝特征图

图 6-26 17 井的 FMI 动态图像和岩心裂缝特征图

4. 基于测井数据的流体识别

为了优选适合于随机森林算法的对研究区域进行含气、含水识别的流体识别因子及其数量并验证该算法的识别能力，本书将随机森林算法应用于测井数据并对井中储层进行含气、含水识别。该测井数据来源于南海某海上油气田，区域内有 A 类、B 类、C 类三口井，其中 A 井和 C 井的储层为含气层，B 井的储层为含水层。因此首先从 A 井、B 井以及 C 井的含气储层和含水储层所在区域的测井数据中选取纵波及横波速度和密度三个岩性参数。然后以这三个参数为依据分别计算出泊松比（ν）、纵波阻抗（Z_P）、横波阻抗（Z_S）、纵横波速度比（$R=V_P/V_S$）、杨氏模量（E）、纵横波阻抗差（Z_P-Z_S）、拉梅常数（λ）、泊松阻抗(PI)、体积模量（K）、剪切模量（μ）、高灵敏度流体识别因子（σ_{HSFIF}）和流体属性(ρf)等 12 个流体识别因子。最后将根据 A 井和 B 井含气储层和含水储层所求取的这些流体识别因子作为训练数据集(表 6-9)；将根据 C 井含气储层所求取的 12 个流体识别因子作为预测数据集。其中训练数据集的每类流体识别因子包含 662 个数据，预测数据集的每类流体识别因子包含 885 个数据。

表 6-9　测井含气、含水识别训练数据集(部分)

	ν	Z_P /(kg·m^{-2}·s^{-1})	Z_S /(kg·m^{-2}·s^{-1})	R	E /GPa	Z_P-Z_S /(kg·m^{-2}·s^{-1})	标签	标签说明
min	0.052	7.036×10^6	4.020×10^6	1.455	7.403	2.899×10^6	1	含气
max	0.368	10.615×10^6	6.904×10^6	2.188	15.893	4.924×10^6	1	含气
min	0.308	7.861×10^6	4.705×10^6	1.900	7.293	3.825×10^6	2	含水
max	0.382	9.846×10^6	7.435×10^6	2.286	9.762	5.426×10^6	2	含水

	λ /GPa	PI /(kg·m^{-2}·s^{-1})	K /GPa	μ /GPa	ρf /(GPa·kg·m^{-3})	σ_{HSFIF} /(GPa·kg·m^{-3})	标签	标签说明
min	2.141	0.539	12.503	6.492	5.130	14.927	1	含气
max	19.827	6.332	26.805	19.570	48.491	204.158	1	含气
min	12.528	4.149	17.540	6.077	29.102	110.889	2	含水
max	22.942	7.205	28.073	8.707	57.843	258.195	2	含水

实验测试中首先将单个流体识别因子引入随机森林算法对 C 井进行含气、含水识别，并根据识别结果选取适合于该工区进行含气、含水识别的流体识别因子。然后从选取出的流体识别因子中按照排列组合的方式分别选取含气、含水类的流体识别因子组成新的训练数据集和预测数据集。最后应用随机森林算法对新的预测数据集进行判别，并从判别结果中找到适合于该工区进行含气、含水识别的流体识别因子的类别及数量。

引入随机森林算法，对根据 A 井、B 井含气储层和含水储层测井数据计算出的 12 类流体识别因子分别进行学习，再根据这 12 种不同的学习结果对 C 井储层的含气、含水状况进行识别，然后根据式(6-48)计算识别的正确率，如图 6-27 所示。识别结果显示，基于随机森林算法的单个流体识别因子对含气、含水储层都具有一定的识别能力，但是判别结果各有千秋。

从图 6-27 中的识别结果来看，分别利用泊松比、纵横波速度比、杨氏模量、拉梅常数、泊松阻抗、高灵敏度流体识别因子和流体属性 7 类流体识别因子对 C 井进行含气、含水识别的准确率均在 85%以上。因此，本书将这 7 类流体识别因子按照排列组合的方式分别提取出含气，含水类的流体识别因子组成新的训练数据集和预测数据集。这样就形成了含有 1,2,···,7 类流体识别因子的 127 个训练数据集和预测数据集。最后根据随机森林算法对新的 127 个训练数据集进行分别学习的 127 个结果来判别 C 井储层的含气和含水状况。测试结果如表 6-10 所示。

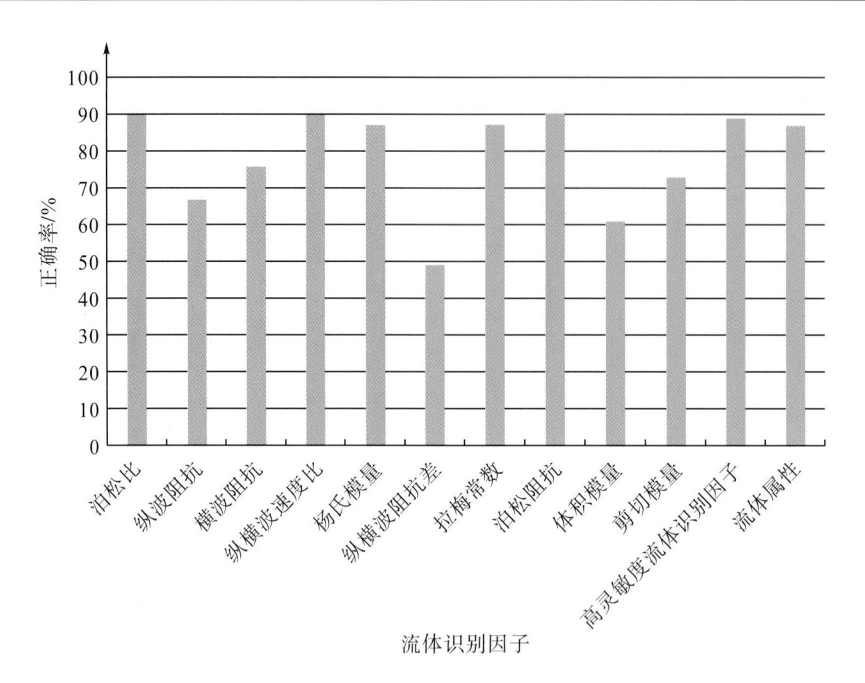

图 6-27 基于单流体识别因子的随机森林算法预测结果

表 6-10 测井含气、含水识别结果

流体识别因子数量/个	样本量/个	平均正确数/个	平均正确率/%	正确率增长率/%
1		783.1	88.49	0
2		805.4	91.01	2.52
3		812.0	91.75	0.74
4	885	815.4	92.14	0.39
5		817.4	92.36	0.22
6		818.4	92.48	0.12
7		819.0	92.54	0.06

从表 6-10 中虽然能够清晰地看出训练数据集中流体识别因子数量所对应的含气、含水识别的正确率，但是不能直观地反映测试结果中正确率随属性个数增加的变化趋势。因此在优选适合于随机森林算法对研究区域进行含气、含水识别的流体识别因子的数量时，我们将训练数据集中流体识别因子的数量与对 C 井储层进行含气、含水识别的平均正确率进行二次多项式拟合，拟合结果如图 6-28 所示。

由于根据井中含气储层和含水储层的测井参数分别计算的 7 类流体识别因子在数值上均有交集，因此仅使用单个流体识别因子进行流体识别的准确率较使用多个流体识别因子低。拟合结果(图 6-28)显示当流体识别因子的数量增加到两个时正确率明显增大，随着增加用于识别含气、含水储层的流体识别因子的数量，预测准确率也逐步上升，但上升趋势越来越缓慢。从图中红线所表现出的趋势来看，使用 5 种流体识别因子与使用更多的流体识别因子对该区域内 C 井含气、含水情况进行识别的结果相差不大。

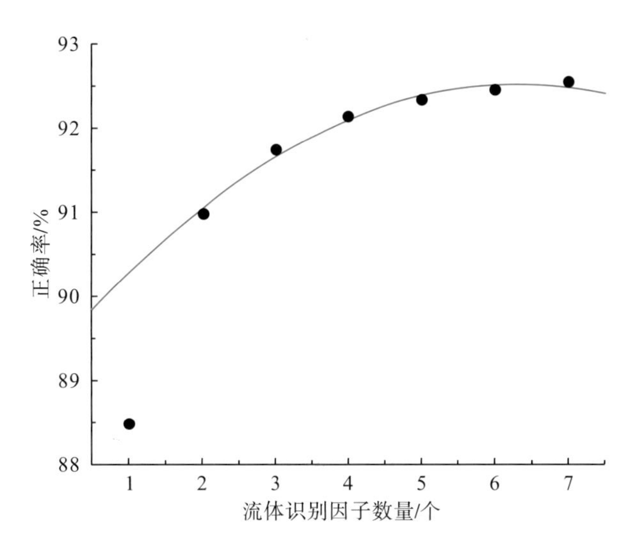

图 6-28　流体识别因子数量与正确率拟合图

5. 基于地震数据的流体识别

基于优选的流体识别因子，我们对三口井的连井剖面进行了流体识别(图 6-29)，识别结果与井测试结果及近似支持向量机结果(图 6-16)类似，验证了方法的可行性。

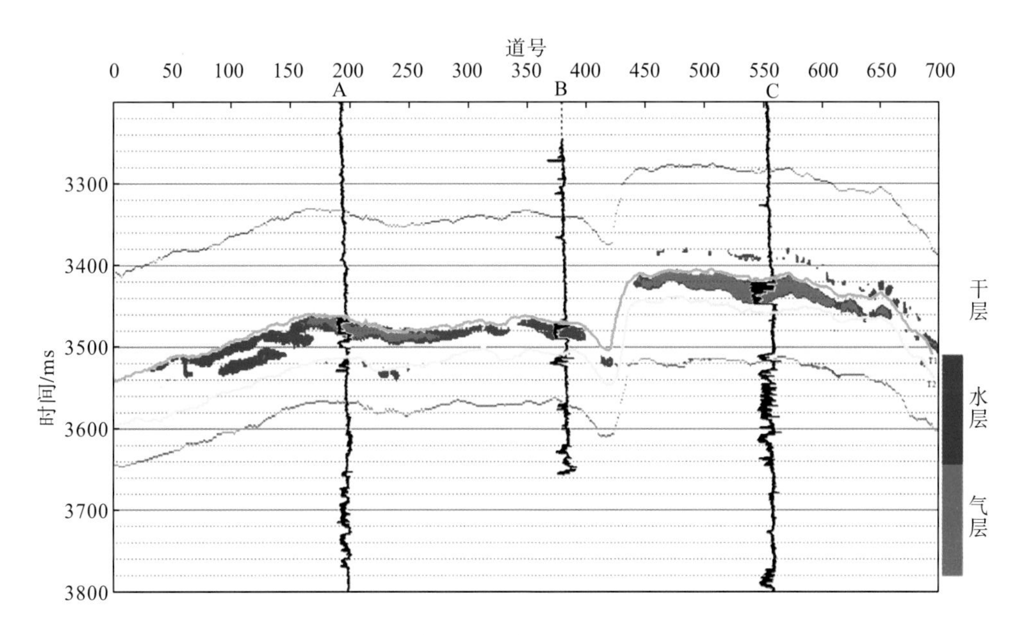

图 6-29　基于随机森林算法的叠前流体识别结果

6.3 基于极限学习机的储层预测

6.3.1 极限学习机

极限学习机(Huang et al.，2006)是架构在单隐层前馈神经网络的基础之上，神经网络的输入权值和偏置均采取随机赋值的方式，并在最小二乘准则的框架下，利用穆尔-彭罗斯(Moore-Penrose)广义逆计算输出权值。因此，极限学习机较传统的基于梯度下降学习理论的神经网络有快速收敛、不易陷入局部极值等优点，适合针对区域尺度大、数据繁杂的裂缝带进行预测。极限学习机的原理如下。

现有给定包含 N 个任意样本 (x_i,t_i) 的数据集，输入层节点数 n，输出层节点数 m，其中 $x_i=[x_{i1},x_{i2},\cdots,x_{in}]\in\mathbf{R}^n$， $t_i=[t_{i1},t_{i2},\cdots,t_{in}]\in\mathbf{R}^m$。对于一个激励函数为 $g(x)$，且有 K 个隐藏节点的单隐藏层的神经网络：

$$\sum_{i=0}^{K}\beta_i g(w_i\cdot x_j+b_i)=o_j \qquad (j=1,2,\cdots,N) \tag{6-49}$$

式中，$g(x)$ 可选用 Sigmoid 函数、Gaussian 函数等；$\boldsymbol{w}_i=[w_{i,1},w_{i,2},\cdots,w_{i,n}]^{\mathrm{T}}$ 为第 i 个隐藏节点与输入节点间的权值向量；$\boldsymbol{\beta}_i=[\beta_{i,1},\beta_{i,2},\cdots,\beta_{i,n}]^{\mathrm{T}}$ 为第 i 个隐藏节点与输出节点间的权值向量；b_i 是第 i 个隐藏节点的偏置；$w_i\cdot x_i$ 表示 w_i 和 x_i 的内积；o_j 为输出值。

极限学习机的网络结构如图 6-30 所示。

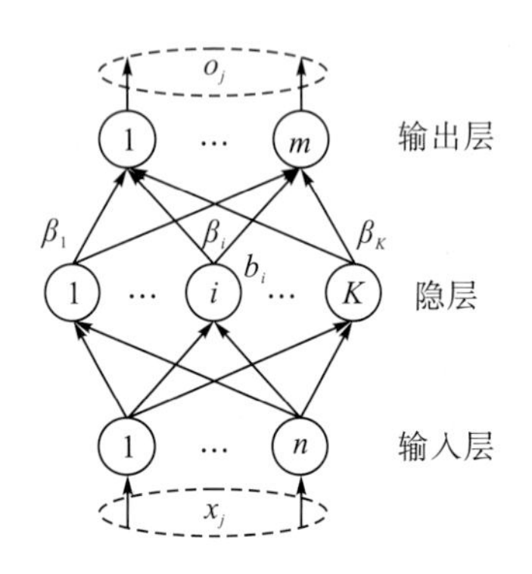

图 6-30 极限学习机网络结构图

已知单隐层神经网络的学习目标是使输出的误差最小，即存在 β_i、w_i 和 b_i 使得：

$$\sum_{i=0}^{K}\beta_i g(w_i\cdot x_j+b_i)=t_j \qquad (j=1,2,\cdots,N) \tag{6-50}$$

式(6-50)用矩阵表示为

$$\boldsymbol{H\beta}=\boldsymbol{T} \tag{6-51}$$

式中，$\boldsymbol{H}$ 表示为神经网络隐层的输出矩阵；$\boldsymbol{\beta}$ 为输出权重矩阵；$\boldsymbol{T}$ 为期望输出矩阵。

$$\boldsymbol{H}\left(w_1,w_2,\cdots,w_K,b_1,b_2,\cdots,b_K,x_1,x_2,\cdots,x_N\right)=\begin{bmatrix} g\left(w_1\cdot x_1+b_1\right) & \cdots & g\left(w_K\cdot x_1+b_K\right) \\ \vdots & & \vdots \\ g\left(w_1\cdot x_N+b_1\right) & \cdots & g\left(w_K\cdot x_N+b_K\right) \end{bmatrix}_{N\times K} \tag{6-52}$$

通常，期望找到 $\widehat{w}_i$、$\widehat{b}_i$ 和 $\widehat{\beta}_i$，从而达到训练单隐层神经网络的目的，以使得：

$$\left\|\boldsymbol{H}\left(\widehat{w}_i,\widehat{b}_i\right)\widehat{\beta}_i-\boldsymbol{T}\right\|=\min_{w,b,\beta}\left\|\boldsymbol{H}\left(w_i,b_i\right)\beta_i-\boldsymbol{T}\right\| \qquad \left(i=1,2,\cdots,K\right) \tag{6-53}$$

这等价于求解最小化损失函数：

$$E=\sum_{j=1}^{N}\left[\sum_{i=1}^{K}\beta_i g\left(w_i\cdot x_j+b_i\right)-t_j\right]^2 \tag{6-54}$$

传统的基于梯度下降算法的神经网络可以解决这类问题，不过这些算法需要在迭代过程之中不断调整参数。根据极限学习机(extreme learning machine，ELM)理论，输入权重值 w_i 和隐藏层偏置 b_i 一旦被随机确定后，隐层的输出矩阵 $\boldsymbol{H}$ 就不会再变化，恒为常数矩阵。这时，极限学习机的训练过程等效为求解 $\boldsymbol{H\beta}=\boldsymbol{T}$ 的最小二乘解 $\widehat{\beta}$。如果隐层节点数 K 等于训练样本数 N，则矩阵 $\boldsymbol{H}$ 是方阵而且可逆，当输入权值和隐藏层偏置随机赋值时，极限学习机可以以零误差逼近训练样本。则 $\boldsymbol{H\beta}=\boldsymbol{T}$ 的最小范数二乘解为

$$\widehat{\boldsymbol{\beta}}=\boldsymbol{H}^{\dagger}\boldsymbol{T} \tag{6-55}$$

式中，$\boldsymbol{H}^{\dagger}$ 为隐层输出矩阵 $\boldsymbol{H}$ 的 Moore-Penrose 广义逆矩阵。

6.3.2　基于极限学习机的裂缝带预测

本书运用极限学习机算法对裂缝带发育情况进行预测。根据完钻报告等测井解释资料将工区大致划分成裂缝欠发育区、裂缝较发育区和裂缝发育区三部分。以此来将曲率、相干和反射强度属性数据按划分区域分别制作成训练样本，处于裂缝欠发育区域样本视为 1 类样本，裂缝较发育区域样本视为 2 类样本，裂缝发育区域样本视为 3 类样本，以此构建一个三分类问题，利用极限学习机学习出网络模型，将目的层全部区域内的曲率、相干和反射强度属性作为预测集判别，最终实现裂缝带预测。

利用曲率属性可以预测裂缝发育情况，岩层褶皱或弯曲时的应力作用会影响曲率和裂缝之间的关系。通常，随着形变持续或者褶皱作用增强，岩层因受力而越弯曲，相应的曲率值越大，裂缝也就越发育。因此，曲率属性可以间接反映裂缝的发育情况。曲率属性可以突出显示断层和较小的线性特征，本书选取体曲率作为训练样本的参数属性之一。

通过相干属性可以清晰地识别断层及裂缝发育带的分布规律和延展形态。相干属性的基本原理是在地震数据体中，计算每个样点与周围点的相干性，从而得到一个三维数据体。本书采用基于本征结构分析的相干体技术。相干体切片能够提供准确丰富的断层信息，在断层解释和构造成像中有着实际的指导意义。

反射强度属性即瞬时振幅，主要表征地层波阻抗的差异，可以突出特殊岩层与围岩的差异性，反映岩性变化，在断层、缝(洞)体识别等方面具有良好的应用效果。地震信号 $x(t)$

经过 Hilbert 变换后得到$Y(t)$，故原地震信号的解析信号$Z(t)$可表示为

$$Z(t)=x(t)+iY(t)=A(t)\mathrm{e}^{i\theta(t)} \tag{6-56}$$

式中，$i=x(t)\times\frac{1}{\pi t}$；$A(t)$是地震信号$x(t)$的反射强度，表示为

$$A(t)=\sqrt{x^2(t)+Y^2(t)} \tag{6-57}$$

由于测井或地震数据输入单位不一，有些数据范围较大，而有些数据范围较小，导致神经网络训练时间长，收敛慢，还有可能使得输入属性的作用权重不同，影响训练结果。因此，要将网络训练的目标数据映射到激活函数值域。本书算法建议将属性值归一化到[-1,1]。归一化公式为

$$Y=2\times\frac{X-x_{\min}}{x_{\max}-x_{\min}}-1 \tag{6-58}$$

式中，Y为归一化后的属性值；X为归一化前的属性值；$x_{\min}$为该类属性最小值；$x_{\max}$为该类属性最大值。

我们建立了一套基于极限学习机的裂缝划分技术流程（图 6-31）。

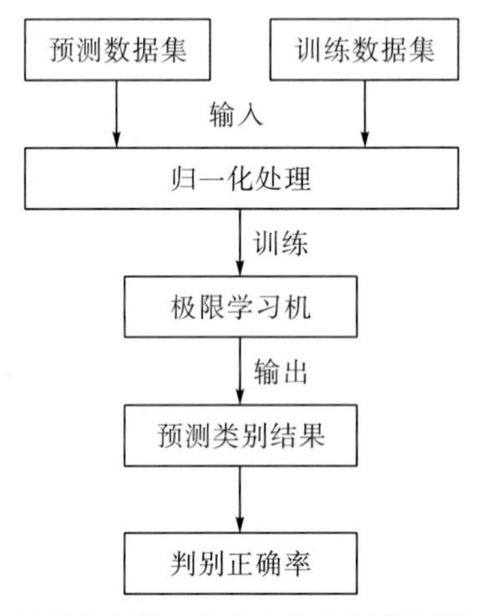

图 6-31　基于极限学习机的裂缝划分测试流程示意图

1. 模型数据实验

本书选用川东北某地区两组测井数据（w1 井和 w2 井）以及对应井旁道地震属性数据来验证极限学习机分类算法的分类效果。采用图 6-31 所示的技术流程。在 w1 井和 w2 井油气储层裂缝发育、欠发育区域分别选取自然伽马（GR）、声波时差（AC）、补偿中子（CNL）、浅侧向电阻率（RS）、深侧向电阻率（RD）等五种测井数据制作训练数据集和预测数据集（表 6-11）。这五种测井参数的数值在裂缝发育和裂缝欠发育区域有较为明显的差异，可以较好地区分裂缝发育区和欠发育区。w1 井数据制作成为训练数据集，w2 井数据则为预测数据集。另外，与测井数据集制作方法相同，在 w1 井和 w2 井旁地震道按油气储层裂缝发育、欠发育区域选择选取常用于揭示裂缝特征的曲率、相干和反射强度等地震属性来制作训练数据集和预测数据集（表 6-12）。w1 井数据制作成为训练数据集，w2 井数据则为预测数据集。

表 6-11　裂缝识别测井训练数据集（部分）

	自然伽马(GR)/API	声波时差(AC)/(μs/m)	补偿中子(CNL)/%	浅侧向电阻率(RS)/(Ω·m)	深侧向电阻率(RD)/(Ω·m)	标签	裂缝发育状况
min	56.559	76.033	4.739	11.698	10.775	1	欠发育
max	156.294	100.071	41.357	89.444	104.694	1	欠发育
min	20.253	48.037	1.886	72.489	51.786	2	发育
max	81.753	81.996	15.441	3240.277	3298.225	2	发育

表 6-12　裂缝识别地震属性训练数据集（部分）

	曲率值	相干值	反射强度值	标签	裂缝发育状况
min	−0.7291	0.0769	0.0235	1	欠发育
max	0.9709	0.5314	0.8637	1	欠发育
min	−0.3254	0.3802	0.0087	2	发育
max	1.3288	0.6367	0.2776	2	发育

基于测井解释结果及测井曲线，挑选 w1 井裂缝区域测井数据，并将裂缝发育状况按裂缝欠发育和裂缝发育分别附上 1 类和 2 类标签作为训练数据集。再依据 w2 井测井解释结果及数据制作预测数据集并附上标签。同理，挑选 w1 井旁单地震道地震属性数据，按裂缝发育状况分别用 1 类和 2 类标签标注作为训练数据集。挑选 w2 井旁单地震道地震属性数据制作预测数据集并附上标签。将训练数据集与预测数据集作为输入，运用 ELM 算法进行分类计算，得到分类结果。

2. 测试及结果

1) 基于测井数据

基于实验模型的分类效果主要是由分类正确率和计算用时来衡量。分类正确率即此类样本数据划分正确的数量与此类样本总数的比值。

制作的训练数据集由 509 个裂缝欠发育带样本数据和 491 个裂缝发育带样本数据组成；预测数据集包含 490 个裂缝欠发育带样本数据和 501 个裂缝发育带样本数据。将训练数据集和预测数据集作为输入并使用 ELM 算法进行分类。预测的结果如表 6-13 所示。

表 6-13　ELM 算法预测结果

隐层节点数量/个	平均正确率/%	ELM 计算耗时/s
20	85.97	0.044
100	89.81	0.077
500	91.92	0.097
1000	94.95	0.113
2000	94.25	0.175
3000	93.54	0.251

预测结果表明ELM算法耗时与隐层节点设置数量有直接联系，隐层节点数设置越多，算法耗时越长。总体上，随着隐层节点数量增加，预测正确率就越高。但当隐层节点数量大于训练数据集数量后，正确率增加不明显，且有波动。实验表明，隐层节点数设置为1000时，预测数据集正确率能达到94.95%，已经满足了分类预测的要求。

为了研究极限学习机算法与近似支持向量机算法的分类效果，我们将相同的训练数据集和预测数据集引入PSVM算法进行分类。理论上，分类效果直接受到映射方式的影响，ELM因其随机输入权重和隐层偏置的特性使其有若干种方式投影到高维，且训练速度极快；而PSVM映射方式受核函数影响，加之训练速度相对较慢，总体性能就相对不及ELM。分类效果如表6-14所示。可以看出，ELM算法正确率略高于PSVM算法并且耗时较短。随机输入权重和隐层偏置使得ELM算法在处理大数据训练集时有更高的运算效率。

表6-14 ELM与PSVM算法分类效果对比

裂缝类型	样本数/个	ELM			PSVM		
		预测集正确率/%	均值/%	计算耗时/s	正确率/%	均值/%	计算耗时/s
欠发育	490	93.27	94.95	0.097	92.04	94.28	0.183
发育	501	97.17			96.51		

由于体现裂缝欠发育带的测井数据和揭示裂缝发育带的测井数据在局部重叠，因此采用多属性融合的方式，划分复杂数据类型，能有效提高分类正确率。图6-32表示PSVM算法与ELM预测结果的声波时差和自然伽马的交会图，图中橙色圆点和红色叉号对应的声波时差和自然伽马数据均来自测井裂缝发育带，浅蓝圆点和深蓝叉号数据则来自裂缝欠发育区域，叉号是预测失败部分。从黑色虚线框所在的声波时差和自然伽马数值交集部分分类效果来看，ELM算法分类效果明显优于PSVM算法，表明PSVM算法对针对重叠部分的数据分类效果不如ELM算法。ELM算法划分相互交叠的部分，也能够保持较高的分类正确率。

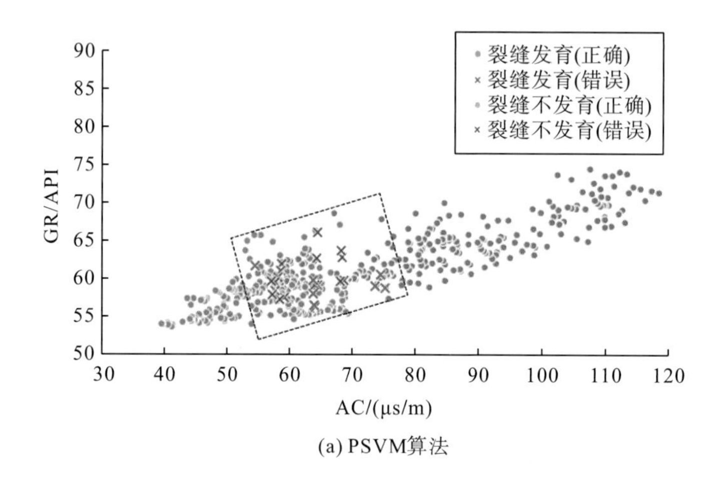

(a) PSVM算法

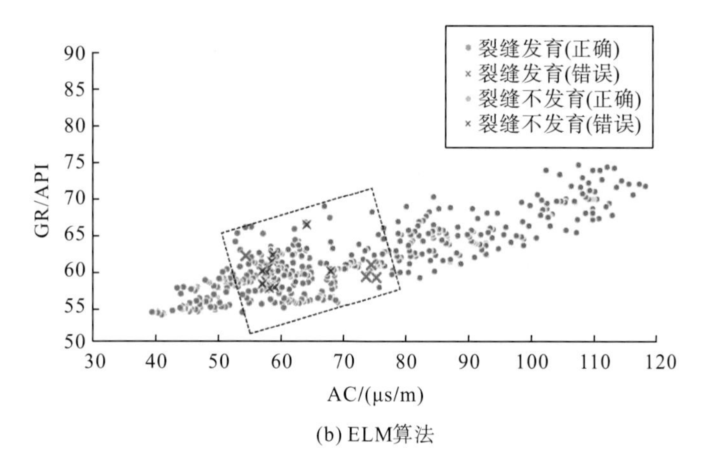

(b) ELM算法

图 6-32　模型测试结果(部分)GR 和 AC 交会图

2) 基于地震属性数据

由 w1 井旁道地震属性数据制作的训练数据集由 479 个裂缝欠发育带样本数据和 521 个裂缝发育带样本数据组成。由 w2 井旁道地震数据制作的预测数据集包含 218 个裂缝欠发育带样本数据和 237 个裂缝发育带样本数据。将训练数据集和预测数据集作为输入，分别使用 ELM 算法和 PSVM 算法进行分类。ELM 算法隐层节点数设置为 1000。预测的结果如表 6-15 所示。

表 6-15　基于地震数据的 ELM 与 PSVM 算法分类效果对比

裂缝类型	样本数/个	ELM			PSVM		
		预测集正确率/%	均值/%	计算耗时/s	正确率/%	均值/%	计算耗时/s
欠发育	218	92.66	94.22	0.087	93.12	93.61	0.165
发育	237	95.78			94.09		

预测结果表明，ELM 算法的正确率略高于 PSVM 算法并且有计算耗时更短的优势。基于地震数据和测井数据的极限学习机的裂缝分类都能保持不错的正确率。选择适当的样本集，地震数据三属性的分类效果就能够同测井数据五属性的分类效果相当，能够达到实际运用的要求。

3. 实际应用

测井数据的极限学习机分类，常常能够达到较高的精度，对测井岩样中的一条或几条裂缝有一定的识别能力。在尺度大、数据多的地震勘探中识别单条裂缝时，常规技术难以达到极高的精度要求。但对于发育有较多数量裂缝且具有一定规模的裂缝带的区域，地震数据就可以满足裂缝预测的识别精度要求。针对以上研究内容，选取川东北某区域须家河组须四段地震资料，验证极限学习机算法对裂缝带的预测效果。

1）研究区概况

川东北地区区域内断层主要发育在九龙山构造转折端，须家河组须四段主要发育北西和北东两组方向的裂缝。成像测井等资料表明北西向中高倾角裂缝开启性好。研究区域内致密砂岩气藏富集，有四口产气井，其中 w1 井、w2 井、w3 井为高产气井。受北西向对冲、背冲断层组合影响，有效裂缝发育规模大，高产单井日产量均能达到 12 万 m^3。单井日产量及测试段裂缝地震相类型如表 6-16 所示。

表 6-16 单井日产量及裂缝地震相类型

井名	测试段/m	裂缝地震相类型	日产量/万 m^3
w1	4529～4599	第 3、4 类	18.77
w2	4535～4564	第 3、4 类	22.64
w3	4544～4605	第 1、2、3、4 类	12.73
w4	4723～4757	第 4、5 类	2.13

裂缝地震相是不同尺度的断裂在地震剖面上所反映的特征。在该研究区域进行地震相分析，解释为 5 类地震相。第 1 类为大断裂；第 2 类为断裂；第 3 类为微断裂；第 4 类为裂缝；第 5 类为基质。第 1、2、3、4 类裂缝地震相为研究区域须四段裂缝发育有利相带，占总数据比例为 65%。

2）裂缝带预测训练数据集的选取

体曲率可以有效表征裂缝发育程度，相干属性能反映断层空间展布特征，反射强度属性体现地震反射波能量强度变化。尽管这些地震属性能够从不同的角度来刻画裂缝带的各类特征，但仅使用单一属性不能全面客观地评价裂缝发育的实际情况，容易造成多解等问题。因此，应综合利用多种属性，将体曲率、相干属性和反射强度属性融合，利用极限学习机算法进行裂缝发育带的预测。

训练数据集由研究区内四口井井旁道体曲率、相干属性和反射强度属性数据构成。再基于完钻报告等测井解释资料将裂缝的发育程度分成三类：裂缝欠发育、裂缝较发育和裂缝发育，分别对应附上标签 1、2、3。

在制作训练数据集时需要考虑以下两点。

（1）训练数据的选取要有代表性。本书是在测井解释结果及测井曲线的基础上筛选数据，考虑到数据的均衡性，选取的数据应兼顾主裂缝带和次级裂缝带。分析裂缝发育带、较发育带和欠发育带的数据特征，根据其差异，挑选典型的数据样本，尽量使得局部重叠的数据最小化。

（2）训练数据中三类样本的比例要合适。在针对整个研究区进行大范围的裂缝带预测时，需要考虑训练数据中各类样本之间数量的比例。根据地质背景等资料，研究区域裂缝欠发育带范围是远大于裂缝发育带和较发育带的，且裂缝发育带相比较发育带规模更小。因此，选取的训练数据中三类样本的占比需要根据实际情况调整。

3）预测效果

不同地震属性对于裂缝带识别各有优势，但同时也存在一定缺陷。研究区须四段等时切片地震属性如图 6-33 所示。体曲率属性[图 6-33(a)]虽能够反映裂缝发育情况，但其易受噪声干扰，对地层起伏形态的刻画也受制于人工解释的主观性影响，所以位于欠发育带的 w4 井的裂缝发育情况难以分辨。反射强度属性[图 6-33(b)]表现出横向变化趋势，却在一定程度上损失了垂直分辨率；在大尺度裂缝预测应用中，存在一定误差，导致研究区高产气 w3 井是否在裂缝发育带上难以准确判别。相干属性[图 6-33(c)]对数据信噪比有一定要求，常在低信噪比数据预测产生假相干，因此，预测结果中 w4 井所在区域的裂缝发育状况不太准确。

利用极限学习机算法对研究区地震三属性数据进行裂缝预测。图 6-33(d)为极限学习机算法对研究区裂缝发育带的预测结果。图中白色部分代表裂缝带欠发育区域，绿色部分代表裂缝带较发育区域，红色部分则代表裂缝带发育区域。预测结果较好地反映了该区域大断裂的基本形态，准确地将 w1 井、w2 井、w3 井及其附近裂缝发育情况预测出来，这 3 口高产气井均位于裂缝较发育带上，且井位附近也预测出裂缝发育带。同时，将单地震属性难以判断的 w4 井所在裂缝发育情况正确表示。位于裂缝欠发育带的 w4 井的预测结果符合其低产井的实际开采情况。以上预测结果与测井资料、单井产量等钻探信息一致，说明极限学习机算法能够针对该研究区域裂缝带类型进行有效预测。

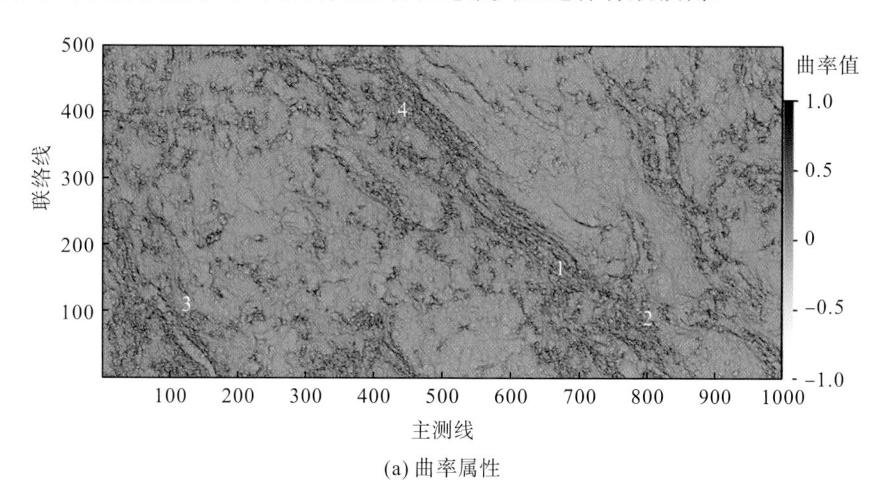

(a) 曲率属性

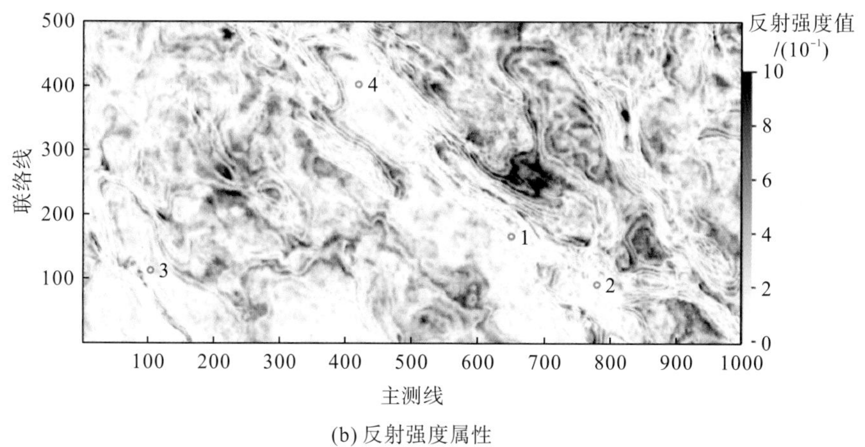

(b) 反射强度属性

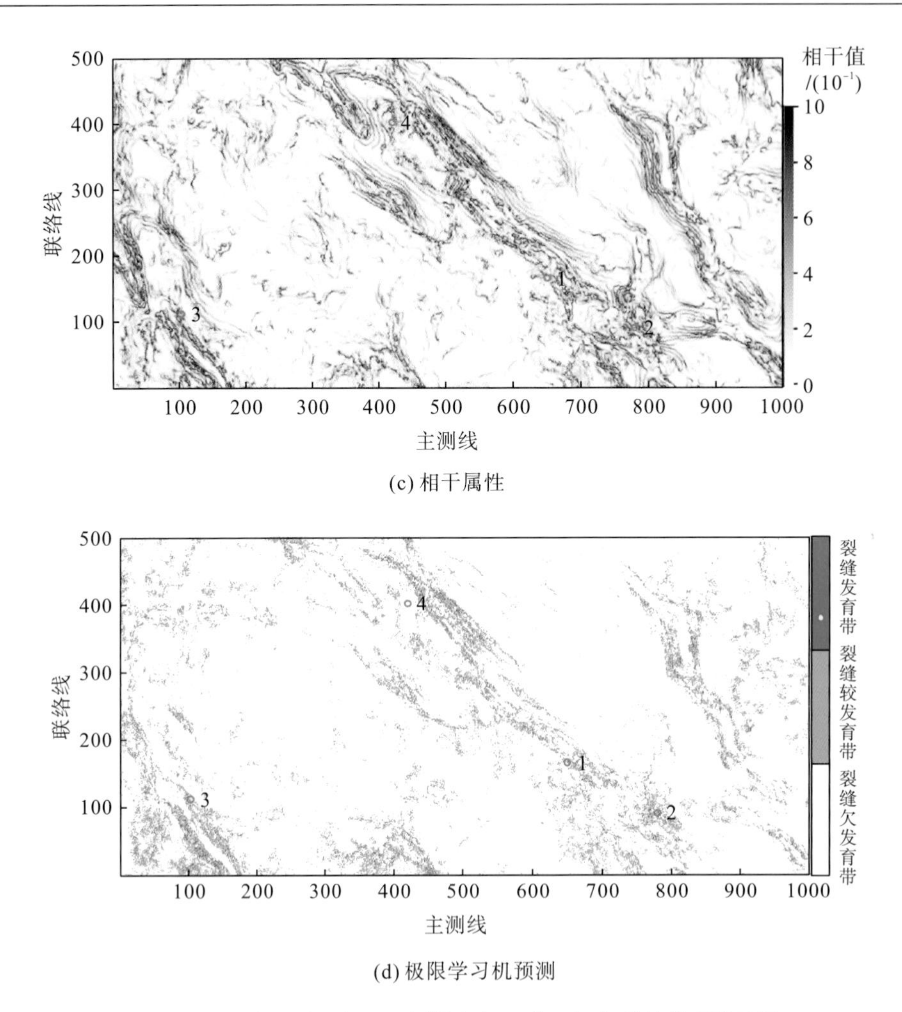

(c) 相干属性

(d) 极限学习机预测

图 6-33 研究区须四段不同属性和极限学习机的裂缝带预测结果

4. 结论

(1) 将 ELM 算法用于裂缝带综合预测，相较于单地震属性裂缝带分析，有更准确的识别效果；能有效避免单一属性在裂缝识别方面的不足，在一定程度上克服多解性。研究区裂缝带预测结果表明，ELM 算法能有效应用于裂缝带预测，这也为 ELM 算法推广到其他地区提供了一定思路。

(2) ELM 算法能随机生成输入与输出层间连接权重以及隐层神经元阈值，极大简化了样本的学习过程，训练效率显著提高。同时相比 PSVM 方法，本书方法准确率高、用时短。针对数据量大、范围广的工区做裂缝带分类具有较大潜力。

在一定范围内，ELM 算法隐层节点个数越多，分类准确率越高。当隐层节点个数设置过多(一般远大于样本数量)时，分类效果受节点增多影响就会变小，有时分类正确率反而会有所降低。此外，计算时间是随节点个数的增多而增加的。因此，在实际应用中，应根据工区需求合理选择节点数量。

第7章 应用实例

7.1 区域概况

本书研究的目标区为 YL17 井区。YL17 井是中国石油化工股份有限公司勘探分公司(简称中石化勘探分公司)部署在四川盆地川东北巴中地区的第一口预探井，位于元坝气田的东面，以下侏罗统自流井组、中侏罗统千佛崖组及上三叠统须家河组四段为主要目的层。该井在钻探过程中，录井在千佛崖组、自流井组、须家河组和雷口坡组共发现良好油气显示 177.8m/107 层；测井解释油气层 228.6m/78 层。

研究发现，巴中地区发育须四段、珍珠冲段两套砂岩储层以及千佛崖组、大安寨段两套页岩气层，立体勘探潜力大。其中，须家河组四段为三角洲前缘沉积，砂体分布稳定、厚度大，评价须四段岩性圈闭面积达 635km^2，资源潜力大，有望形成新的增储上产阵地。

整个工区断裂、构造具有分带性，发育北北西、北北东、南北向三组断裂体系，断层主要发育在中东部构造复合部位、通南巴地区以及西部九龙山构造转折端。如图 7-1 所示，元坝—巴中一带隆凹相间，断裂、褶皱发育，断层下断膏盐、上断中侏罗统。须家河组构造变形较强，往上变形较弱。

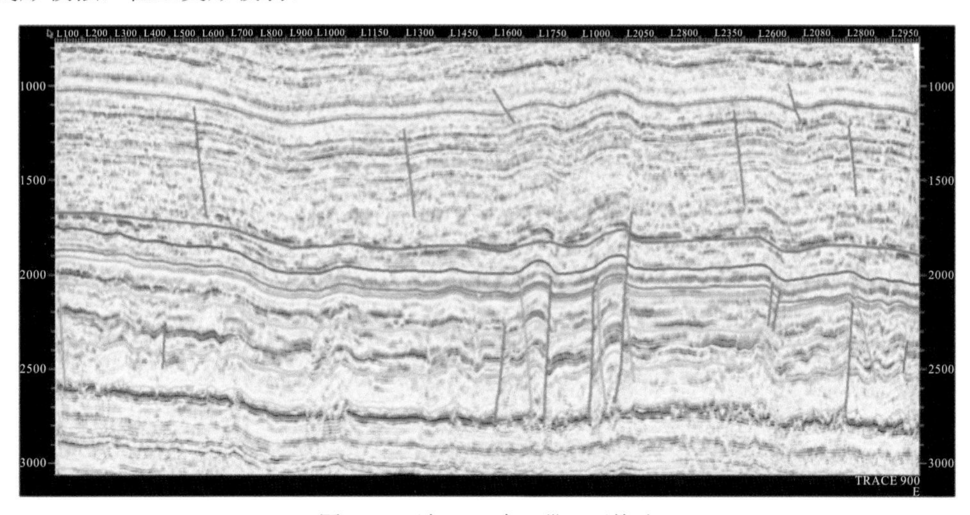

图 7-1 元坝—巴中一带工区构造

该研究区域内的地震资料、测井解释、单井精细解剖、成像测井图像及大量岩心分析(图 7-2)表明，须四段有效裂缝带的分布主要受到北西向对冲、背冲式断层控制，有效裂缝带发育规模较大且裂缝带倾角以中-高倾角为主。其中，3 口高产井的紧闭型对冲断层夹持的地层整体表现为空间不连续，不连续性分布范围受对冲断层之间的距离控制，宽度均在 1000m 以上。

研究区目的层主频在 38Hz 左右(图 7-3)，频带范围较宽，低频信息丰富，适合进行储层预测。

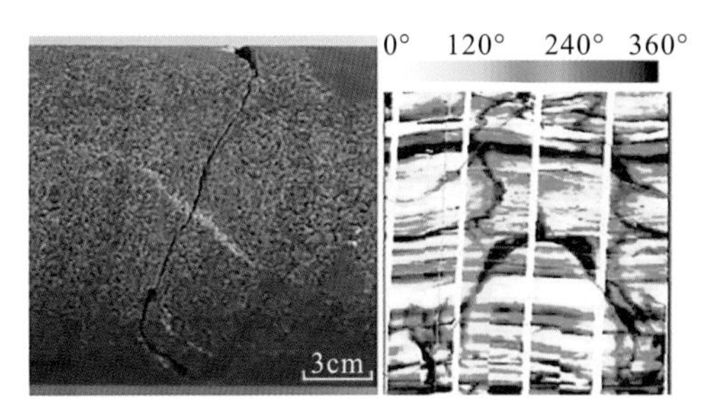

(a) 高倾角裂缝，细砂岩，4553~4554m，YL17井

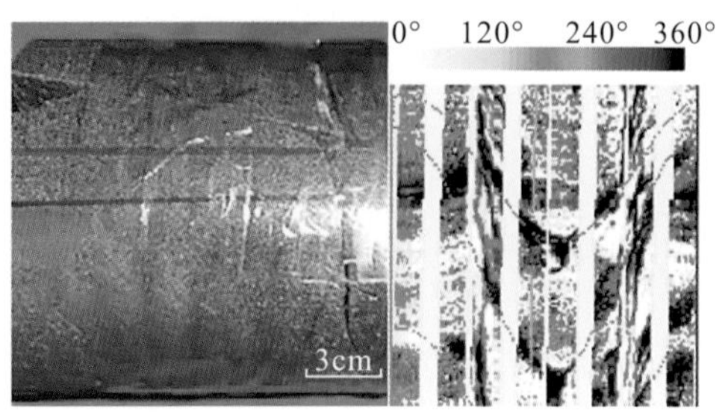

(b) 高倾角裂缝，砂岩，4541~4542m，YL171井

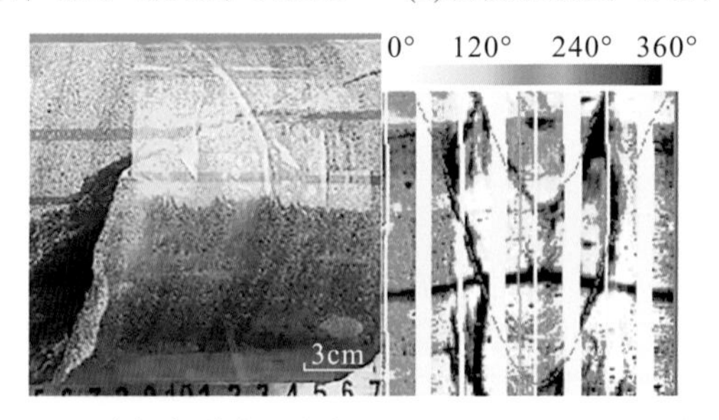

(c) 高倾角裂缝，砂岩，4570~4571m，YL173井

图 7-2 须四段岩心特征与成像测井图像

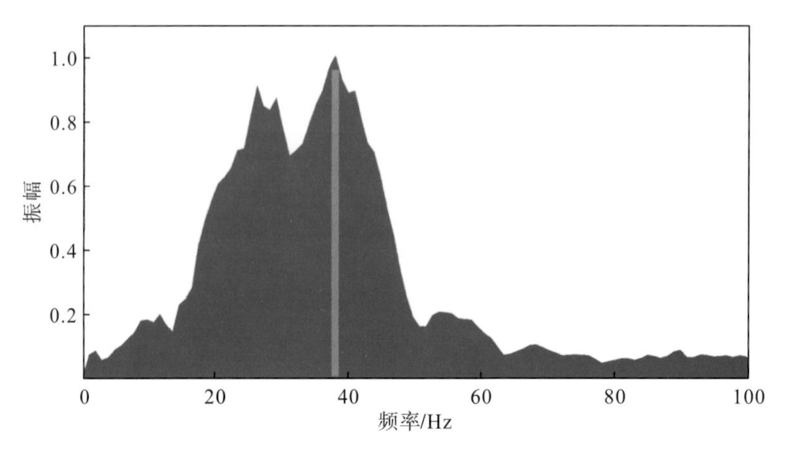

图 7-3 研究区目的层频谱分析

7.2 吸收属性应用效果分析

利用基于广义 S 域 Q 值属性的各向异性裂缝检测方法对整个工区进行处理，得到裂缝密度图(图 7-4)，在密度图基础上得到玫瑰图(图 7-5)。图 7-6 是蚂蚁体切片图，对比图 7-4、图 7-5 和图 7-6 可以看出，基于广义 S 域 Q 值属性的各向异性裂缝检测方法效果良好，其方向与蚂蚁体有很好的一致性，且细节较丰富。

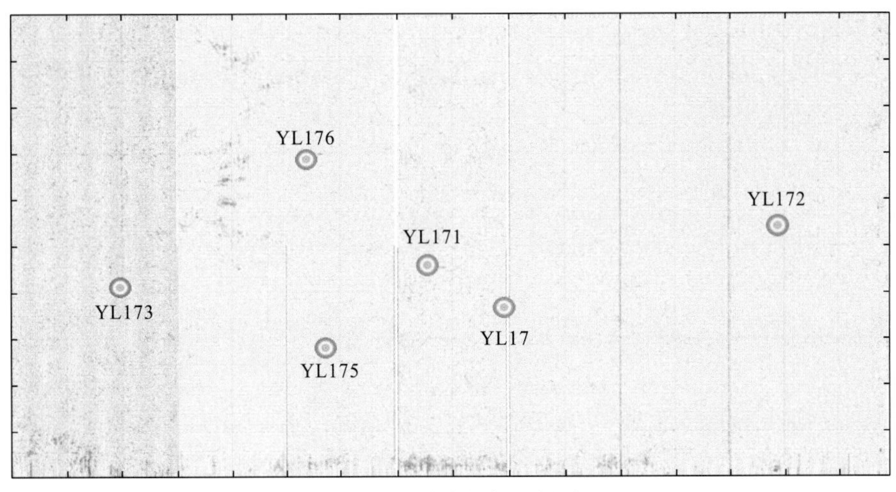

图 7-4 裂缝密度分布图

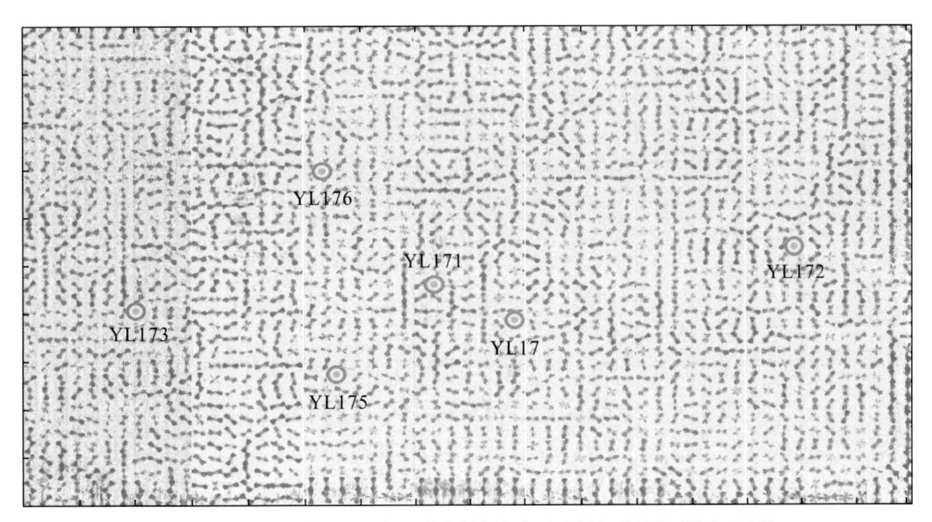

图 7-5 基于广义 S 域 Q 值属性的各向异性裂缝检测玫瑰图

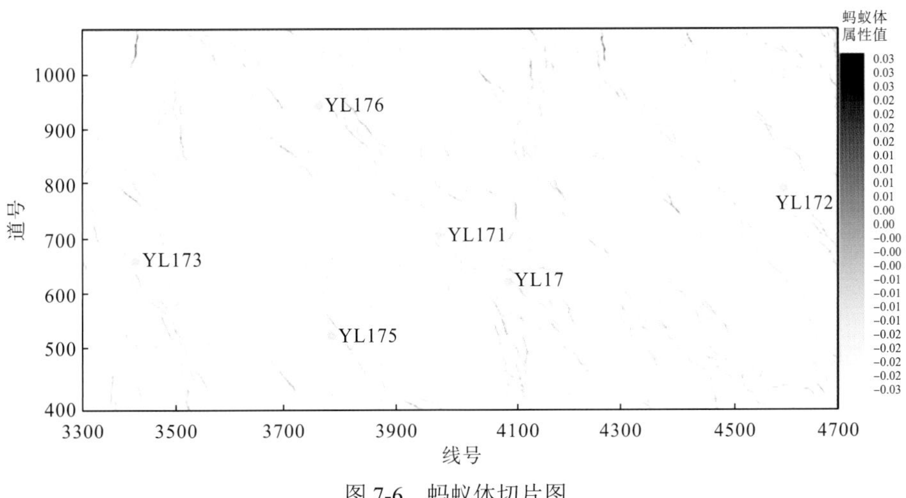

图 7-6 蚂蚁体切片图

为进一步说明问题，我们对 YL17 井区及 YL171～YL176 井区进行了细致的分析。首先基于 4.3.2 节的原则进行了角道集划分和叠加；然后分别对各方位角道集叠加数据体进行高精度 Q 值反演计算，即基于广义 S 变换的 Q 值反演。计算流程如图 7-7 所示。

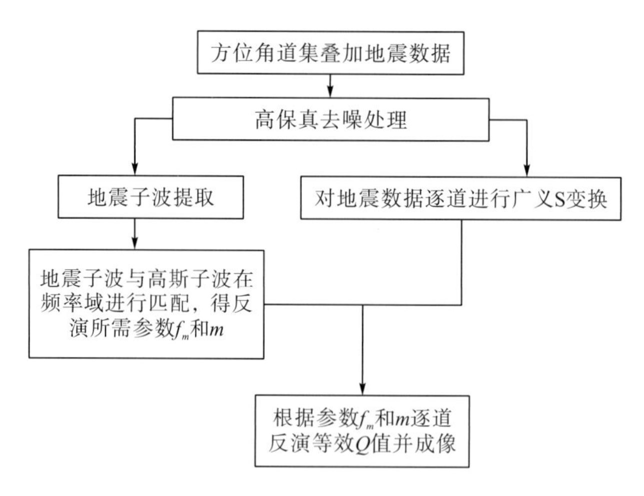

图 7-7 高精度 Q 值估值流程图

将不同方位角的地震属性投影到以方位角和属性为坐标轴的坐标系中，进行地震属性方位各向异性椭圆的拟合，检测该数据区裂缝的空间分布，得到 YL17 井区及 YL171 井区的裂缝发育密度对比图(图 7-8)。

结合该区域相对应的蚂蚁追踪属性体时间切片[图 7-9(c)]，对比该区常规振幅类属性各向异性裂缝检测玫瑰图[图 7-9(a)]与基于 Q 值分析的各向异性裂缝检测玫瑰图[图 7-9(b)]，可以看出：①YL17 井区及 YL171 井区中部裂缝发育方向主要呈 S-N 向，如图 7-9(c)中蓝色方框所示，井区东部裂缝发育方向主要呈 NNW-SSE 向，如图 7-9(c)中黑色方框所示；②Q 值各向异性结果与井中玫瑰图方向(4.3.2 节)和蚂蚁体展示的断层走向较一致，而振幅各向异性的方向性与井中玫瑰图方向及蚂蚁体展示的断层走向相关性不强，说明利用 Q 值各向异性进行致密砂岩裂缝预测是可行的、可靠的。

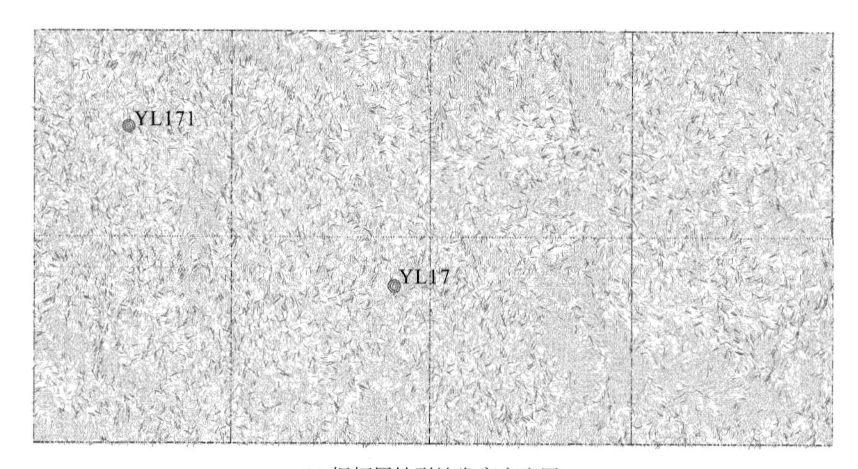

(a) 振幅属性裂缝发育密度图

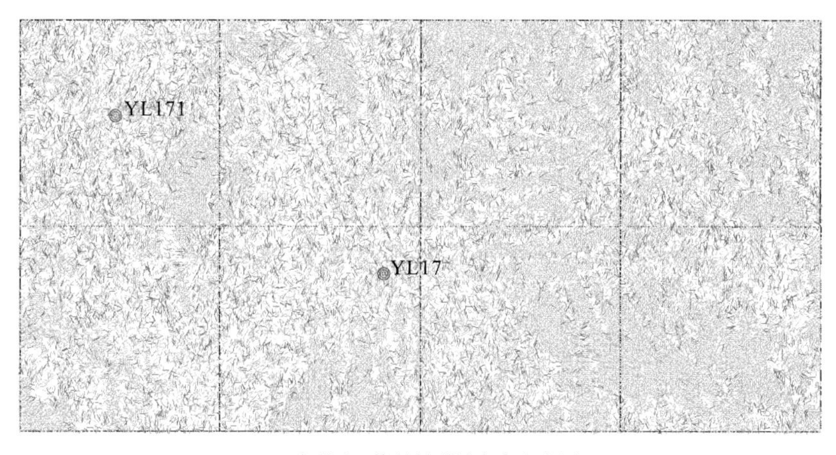

(b) 高精度Q值属性裂缝发育密度图

图 7-8　工区裂缝发育密度对比图

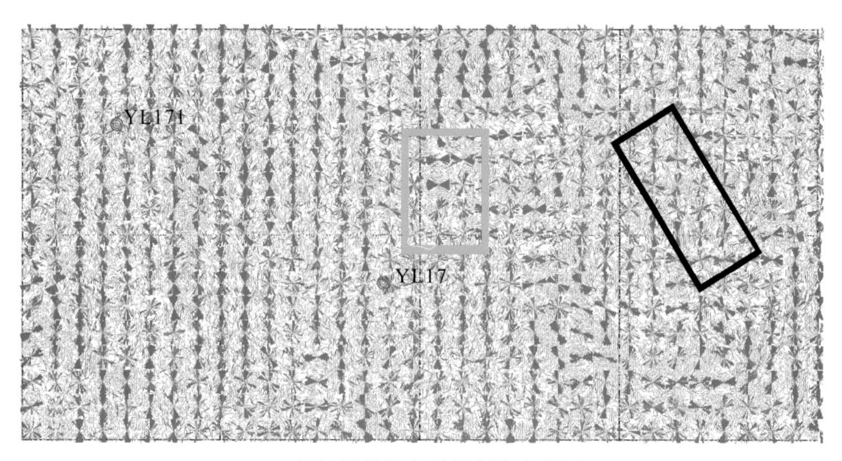

(a) 振幅属性各向异性裂缝玫瑰图

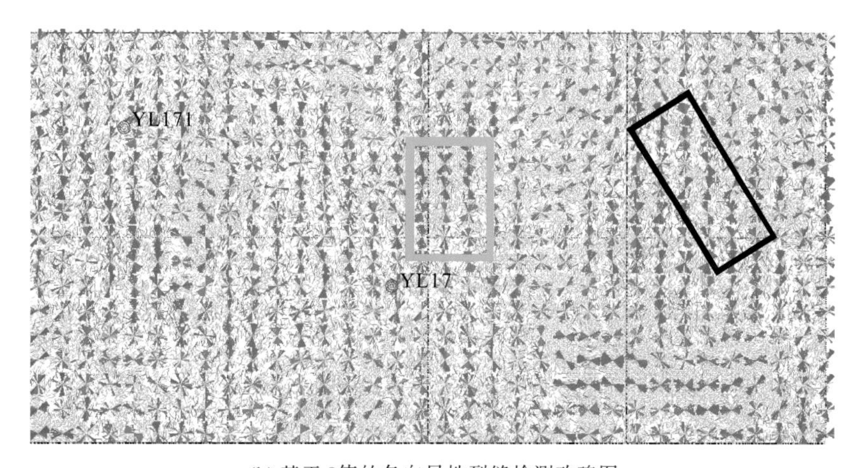

(b) 基于Q值的各向异性裂缝检测玫瑰图

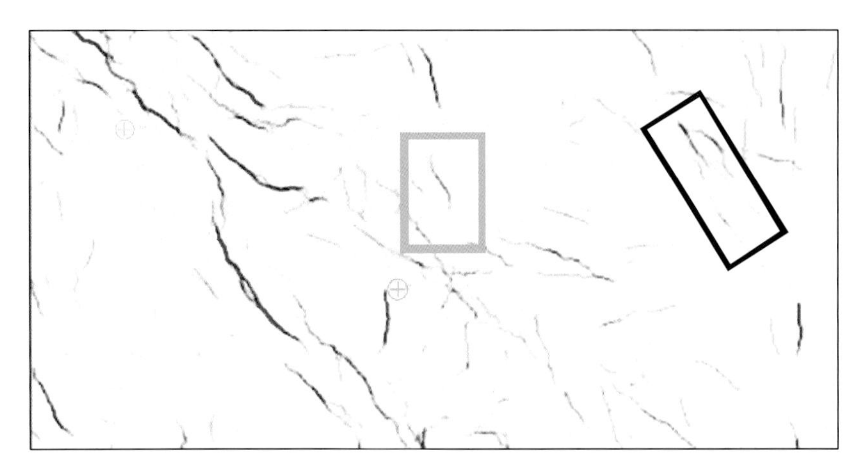

(c) 蚂蚁追踪属性体切片

图 7-9 振幅及 Q 值各向异性玫瑰图与蚂蚁追踪属性对比

7.3 流度属性应用效果分析

巴中须四段具有“大面积含气、局部富集高产”特点，但存在“商业动用难度大，高产富集主控因素不清、甜点预测难度大”等关键问题。通过开展新一轮评价研究工作，深化有效裂缝地质成因及高产富集主控因素认识，攻关有效裂缝预测方法技术，评价研究取得新进展。储层流体流度属性中的渗透率可反映储层发育信息，因此我们针对 YL 气田的地震资料进行了流度属性的提取，为有效裂缝带预测提供一定的依据。

图 7-10 为须四上亚段气藏剖面(据中石化勘探分公司内部资料)。图 7-11 为原始叠后连井剖面，基于原始叠后连井剖面，我们进行了流度属性提取。图 7-12 为基于广义 S 变换得到的流度属性剖面。图 7-13 为基于反褶积同步挤压广义 S 变换得到的流度属性剖面，比较两图我们可看出，利用反褶积同步挤压广义 S 变换计算得到的流度属性对于薄互含油气储层显示出了更为优越的成像能力。图 7-14 为 YL173 井、YL171 井、YL17 井、YL172 井连井剖面，图 7-15 为 YL173 井、YL171 井、YL17 井、YL172 井的流度属性剖面，图 7-16 为巴中地区须四上亚段储层波阻抗剖面图(据中石化勘探分公司内部资料)，对比图 7-15 和图 7-16 可以发现流度属性剖面高流度值位置与波阻抗剖面相对低阻区域相一致，说明流度属性与波阻抗有着良好的对应性。图 7-17 为 YL173 井、YL176 井、YL175 井连井剖面，图 7-18 为 YL173 井、YL176 井、YL175 井的流度属性剖面，根据图 7-15 和图 7-18 可知各井高流度段(图 7-15、图 7-18 中黑色方框所示)与各井产气测试段相一致，具体为 YL17 井，测试段 4535～4564m，高流度段 4532～4579m；YL171 井，测试段 4529～4599m，高流度段 4521～4590m；YL172 井，测试段 5037～5093m，高流度段 5031～5068m；YL173 井，测试段 4544～4605m，高流度段 4546～4588m；YL175 井，测试段 4590～4643m，高流度段 4607～4640m；YL176 井，测试段 4723～5757m，高流度段 4715～4737m。

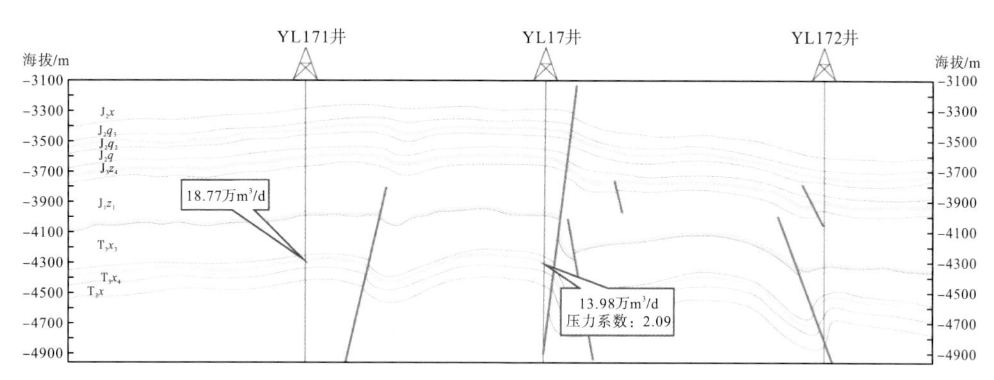

图 7-10　须四上亚段气藏剖面

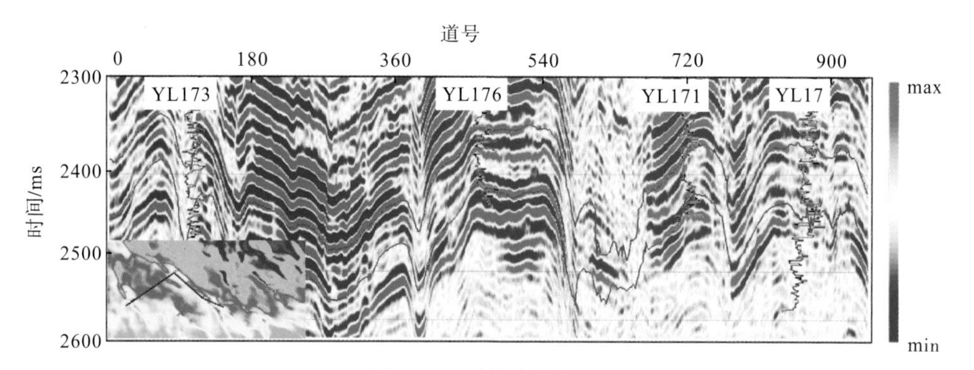

图 7-11　原始连井剖面

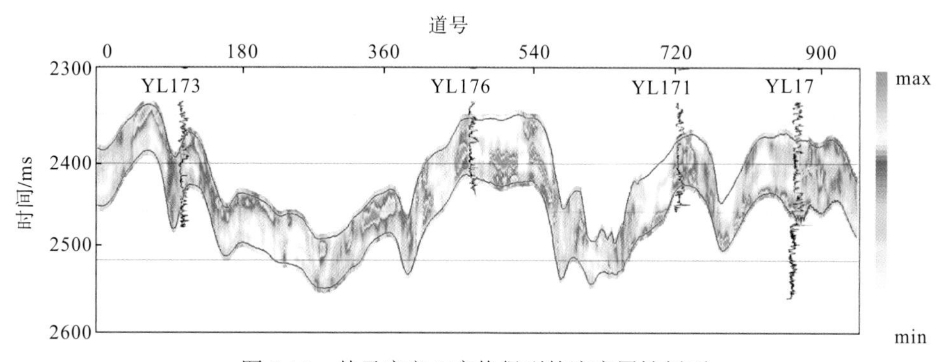

图 7-12　基于广义 S 变换得到的流度属性剖面

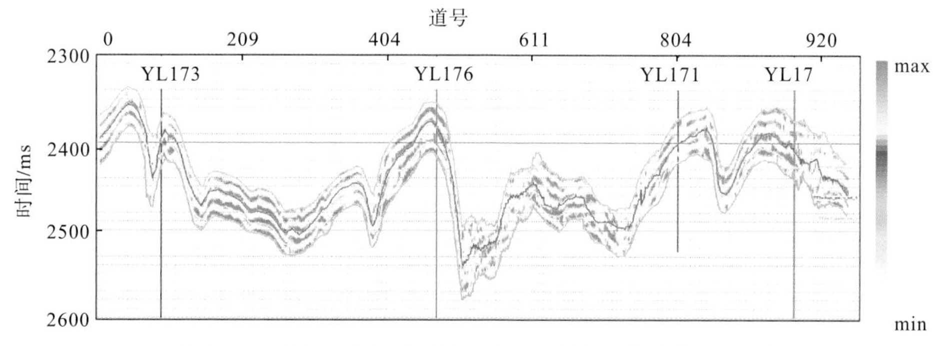

图 7-13　基于反褶积同步挤压广义 S 变换得到的流度属性剖面

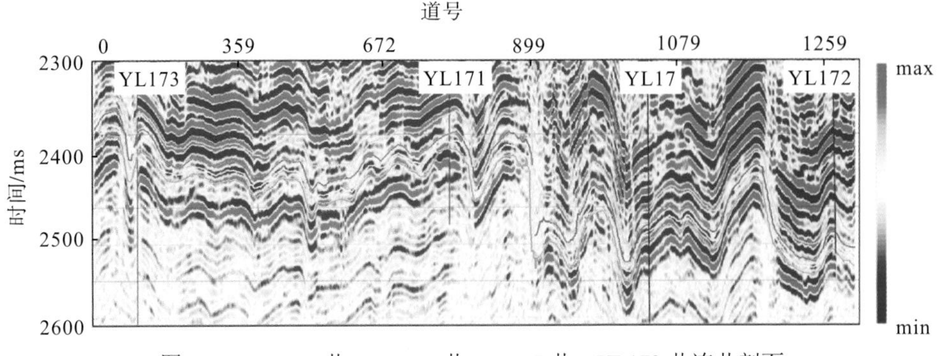

图 7-14 YL173 井、YL171 井、YL17 井、YL172 井连井剖面

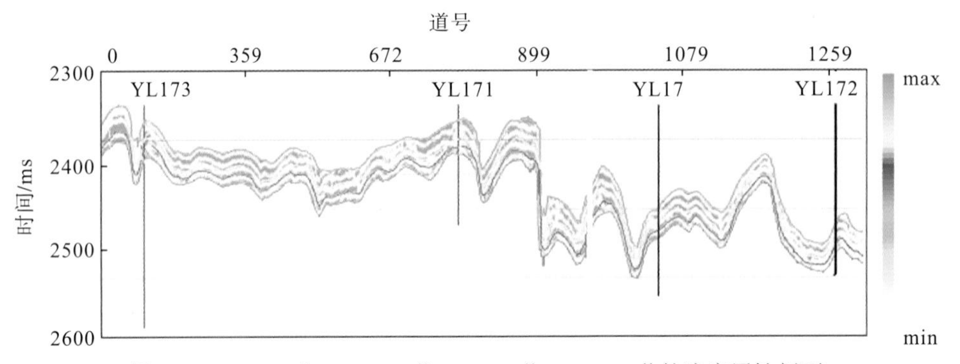

图 7-15 YL173 井、YL171 井、YL17 井、YL172 井的流度属性剖面

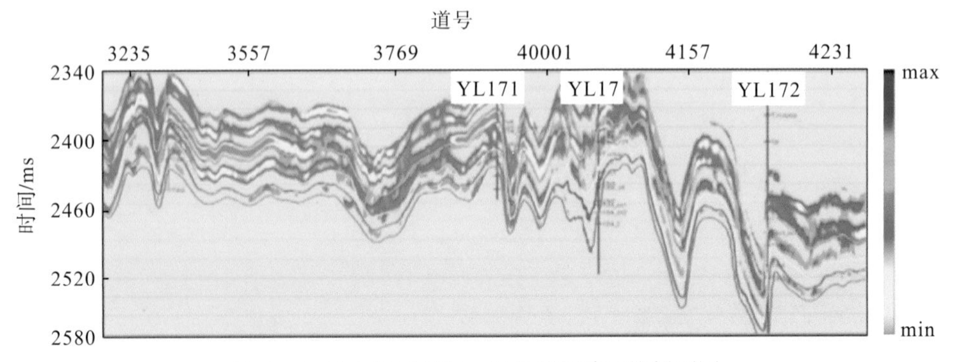

图 7-16 巴中地区须四上亚段储层波阻抗剖面图

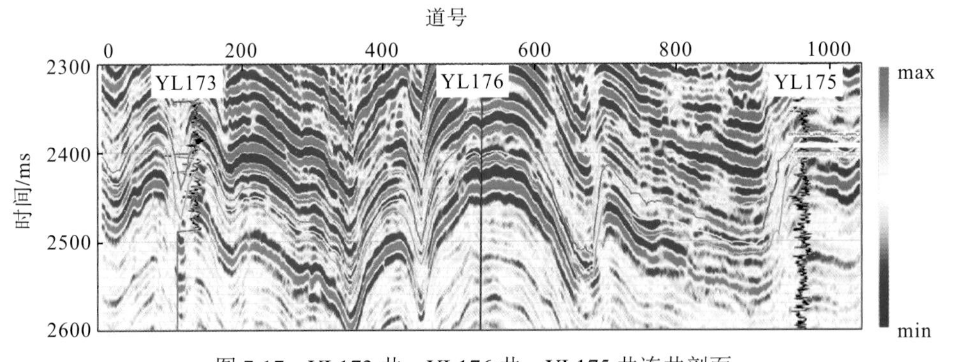

图 7-17 YL173 井、YL176 井、YL175 井连井剖面

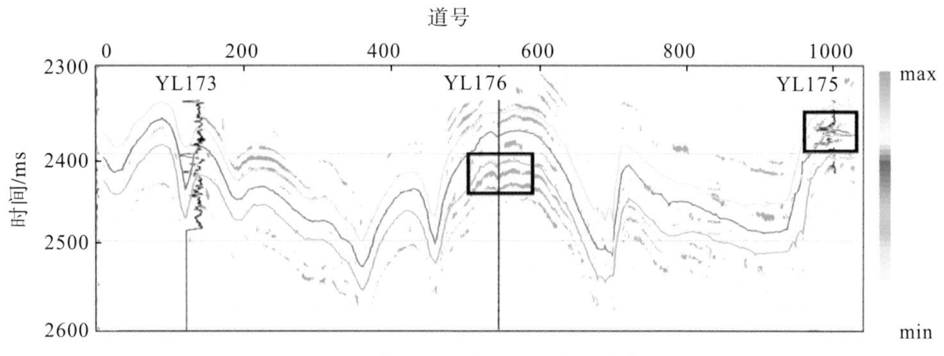

图 7-18 YL173 井、176 井、175 井的流度属性剖面

为进一步探明巴中地区有效裂缝带发育走向，我们在该工区提取了三维流度属性。图 7-19 为巴中须三段流度属性切片，图 7-20 为巴中须四上亚段流度属性切片，从切片中可以清晰地看出 YL17 井、YL171 井和 YL173 井均位于高流度区域，且同样也处于储层裂缝带上，而 YL172 井、YL175 井和 YL176 井均位于相对高流度区域和储层裂缝欠发育地区，说明流度属性与井的产能和裂缝带发育地区有效地联系起来。

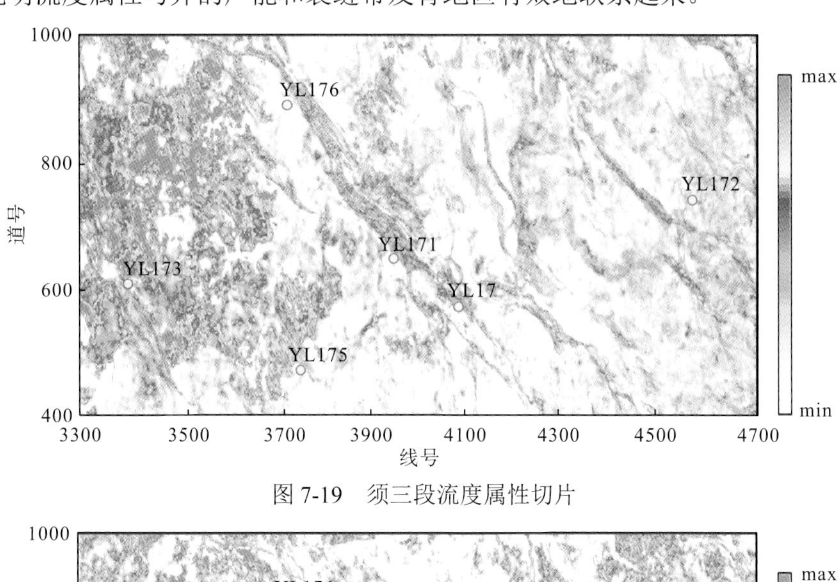

图 7-19 须三段流度属性切片

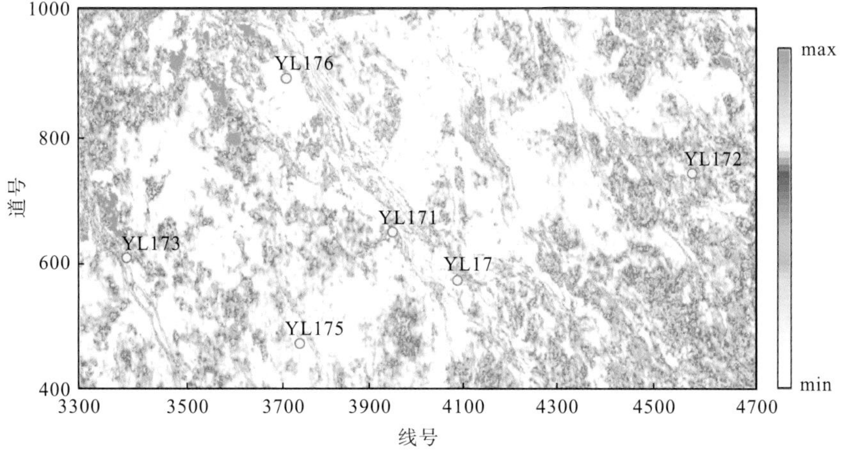

图 7-20 须四上亚段流度属性切片

7.4 方位体曲率应用效果分析

图 7-21 为 YL 地区 T_3x_3 层沿层方位曲率属性沿层切片，红色线框突出的是剖面中的裂缝，蓝色框和绿色框分别是 90°方向和 0°方向曲率切片，可以看出在其他方向很难分辨出的细小断裂利用方位曲率属性更容易分辨，原本湮没于大构造背景下的细微构造更加清晰，有利于地震资料的精细解释与分析。

图 7-22 为 YL 地区 T_3x_5 层沿层方位曲率属性沿层切片，图 7-22(b)、图 7-22(c)和图 7-22(d)分别为 0°、60°、90°方向的最小负曲率属性。从图中可以看出，不同方位其突出的信息各不相同，如 0°方向所突出的是纵向信息，在 90°方向切片上不能表达；而 90°方向的信息，在 0°方向切片上也无法突出，因为选取方向不同，所以突出的信息也不一样。对比切片可以发现，相比于其他方向曲率属性切片，0°方向其绿色线框内断开更明显，其突出的是横向信息，减少了纵向的一些干扰信息。与常规方法相比，在特定角度下，与其方向一致的地层构造进一步得到了增强和突出，使原本湮没于大构造背景下的细微构造更加清晰，细节也更为丰富，有利于地震资料的精细解释与分析。

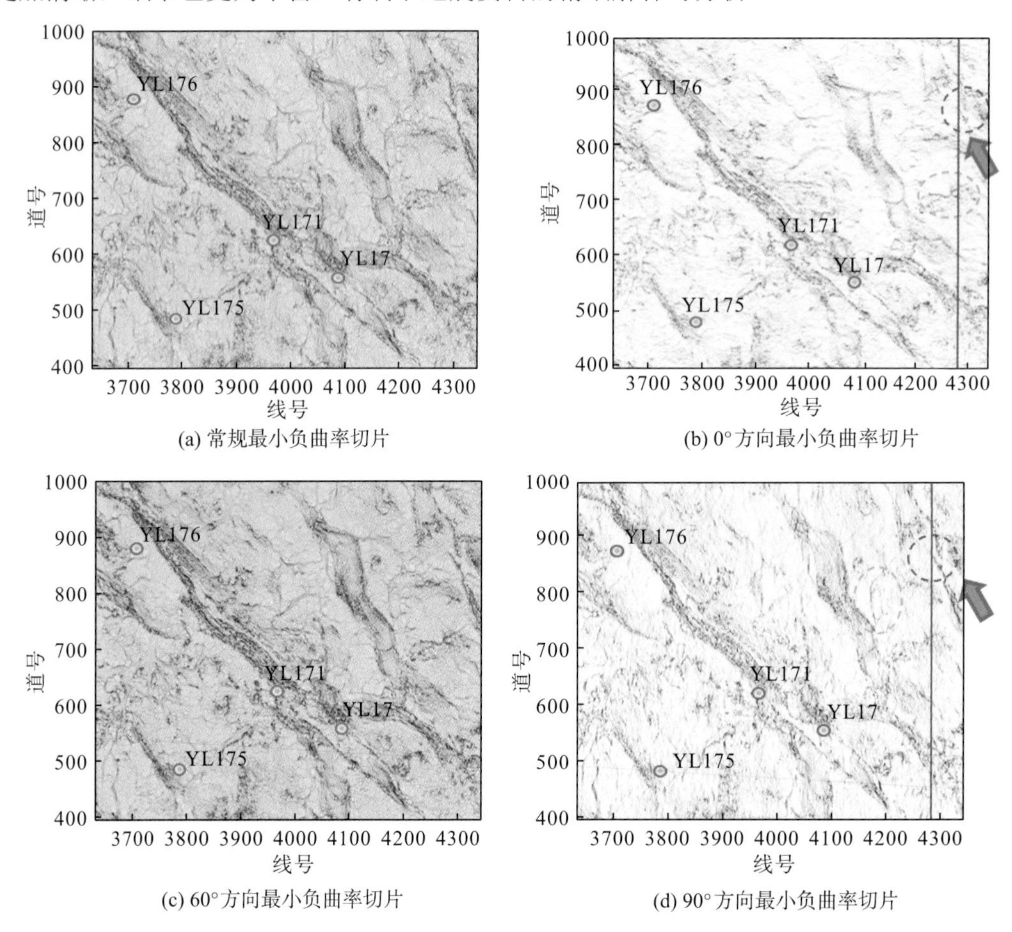

(a) 常规最小负曲率切片

(b) 0°方向最小负曲率切片

(c) 60°方向最小负曲率切片

(d) 90°方向最小负曲率切片

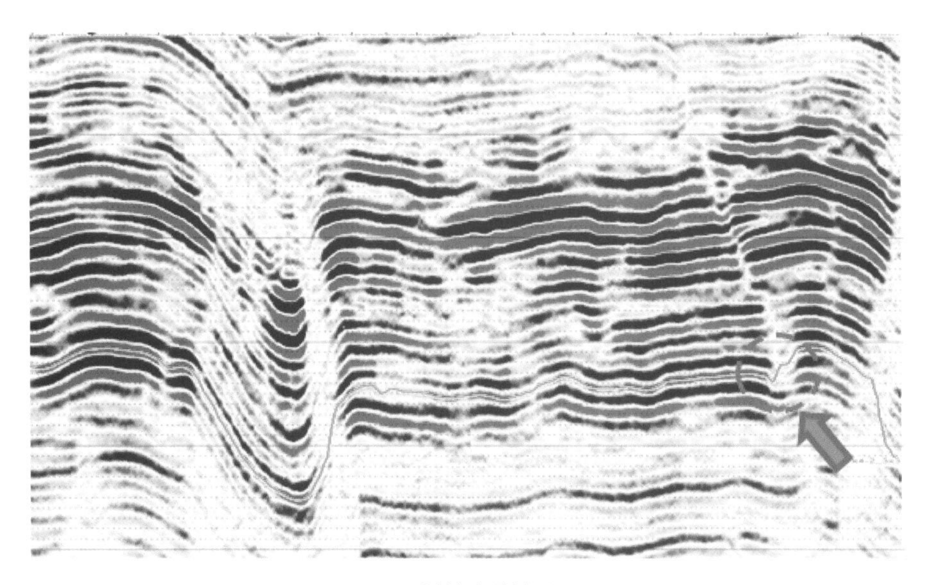

(e) 原始地震剖面

图 7-21 T_3x_3 层不同方位沿层曲率属性切片对比

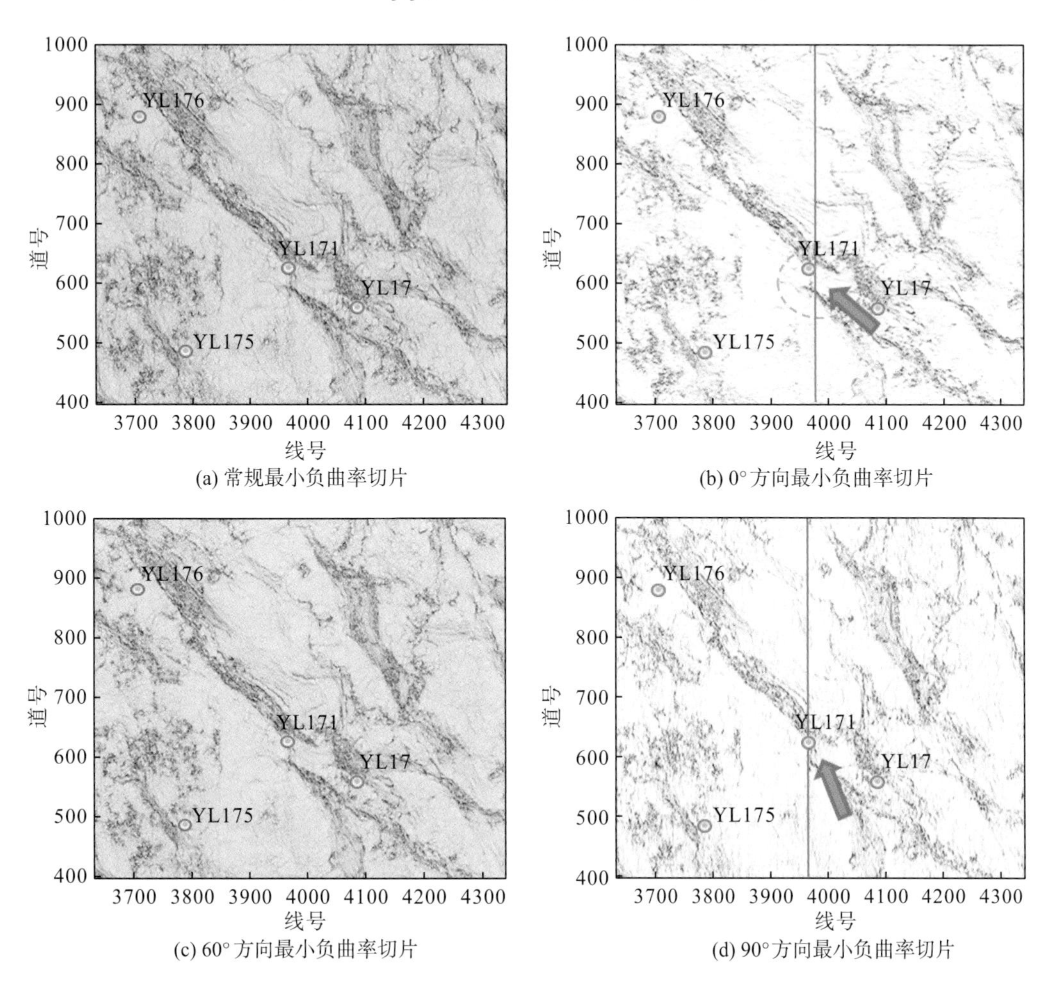

(a) 常规最小负曲率切片

(b) 0°方向最小负曲率切片

(c) 60°方向最小负曲率切片

(d) 90°方向最小负曲率切片

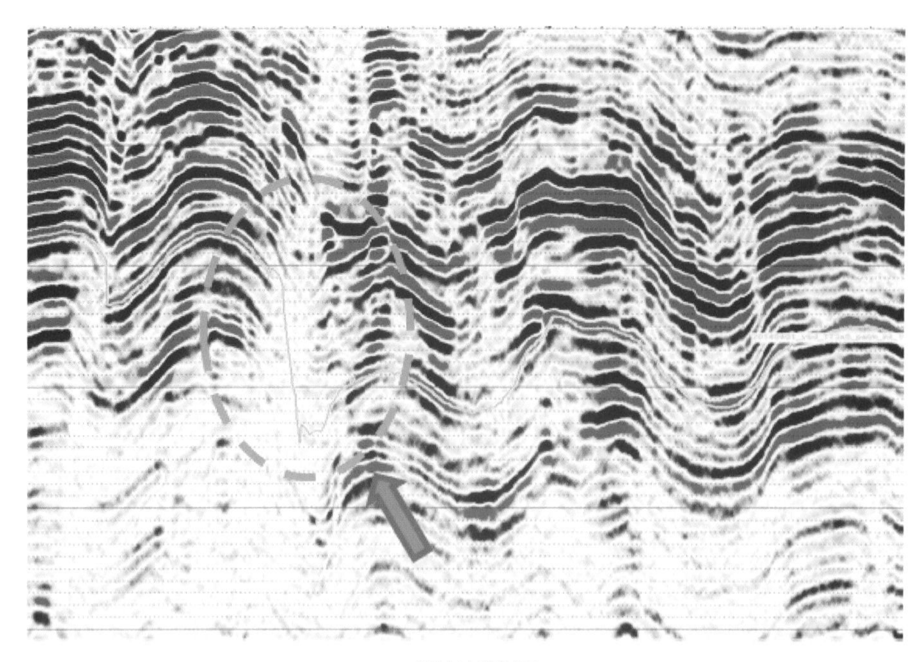

(e) 原始地震剖面

图 7-22 T_3x_5 层不同方位沿层曲率属性切片对比

7.5 近似支持向量机应用效果分析

研究区域内须四段的蚂蚁追踪属性、体曲率属性和品质因子 Q 值属性切片图如图 7-23 所示。利用近似支持向量机对工区内须四段裂缝带进行识别，预测结果如图 7-24 所示。图中白色表示储层裂缝带欠发育带，绿色表示储层裂缝较发育带，红色表示储层裂缝发育带。

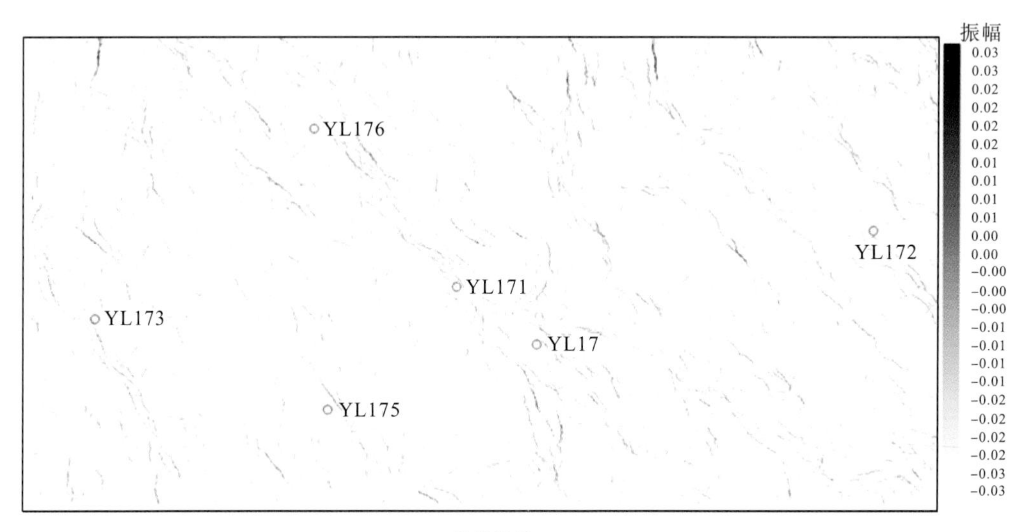

(a) 蚂蚁追踪

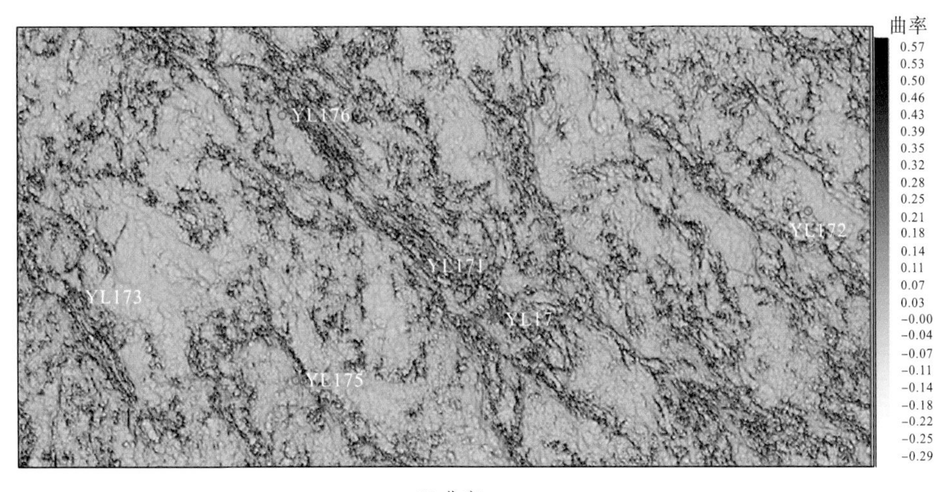

(b) 曲率

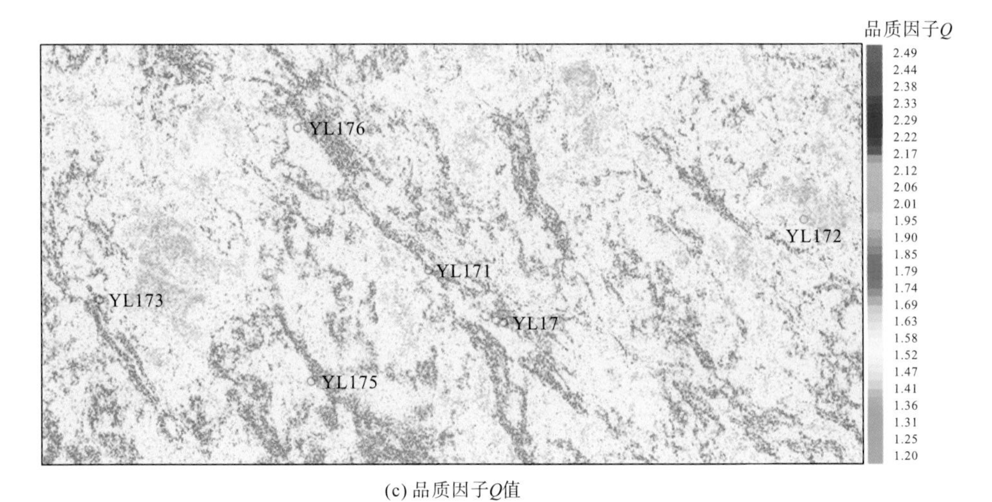

(c) 品质因子Q值

图 7-23 YL 地区须四段各属性切片图

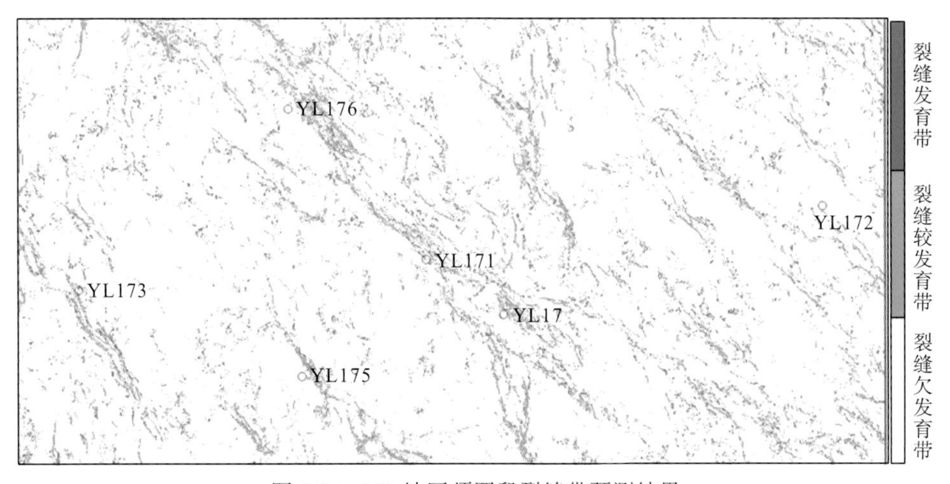

图 7-24 YL 地区须四段裂缝带预测结果

7.6 随机森林应用效果分析

利用随机森林算法对工区内须四段裂缝带进行识别，预测结果如图 7-25 所示。图中白色表示储层裂缝带欠发育带，绿色表示储层裂缝较发育带，红色表示储层裂缝发育带。从图中可以看出，随机森林算法预测的裂缝发育带宏观上呈 NW-SE 或 NNW-SSE 向展布；YL17、YL171、YL173 等高产井位于裂缝较发育带，其余井则远离裂缝发育带或较发育带，预测效果良好。

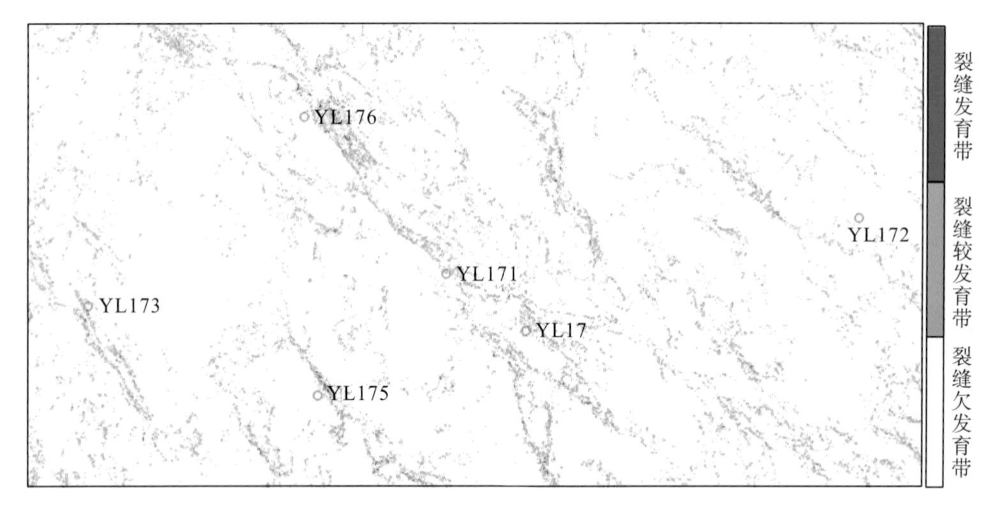

图 7-25　YL 地区须四段裂缝带预测结果

结　语

本书针对致密砂岩储层渗透率低、地震反射信号弱等特点，以三维地震叠前资料和叠后纯波带资料为基础，结合地质、测井、钻井、岩石物理测试等资料，通过对致密砂岩储层有效裂缝发育带地震响应特征的剖析，围绕弱信号提取、高分辨反演、各向异性分析等难点问题展开研究，最终优选出有效裂缝预测地球物理方法。本书取得的成果与认识如下。

1) 裂缝性储层数值模拟

(1) 针对致密砂岩中近垂直定向排列的裂缝，构建适用于 HTI 介质的岩石物理模型，并利用 Kuster-Toksöz 理论、Thomsen 裂缝介质理论和各向异性 Brown-Korringa 理论，建立了与研究区实际地质情况吻合度较高的地质模型，获得了数值模拟所需参数。

(2) 通过含流体介质的数值模拟发现：①渗透率增大能够对地震纵波速度产生十分剧烈的衰减，同时其存在十分明显的频变特征；②逆品质因子随渗透率的增大先增大后减小，也有明显的频变特征；③裂缝密度的增大和流体的存在均能对地震波的速度和能量造成一定的衰减，且存在明显的各向异性特征。

2) 有效裂缝预测

(1) 新发展的基于坐标变换的三维旋转表面曲率属性方法能够更为全面地刻画断层、裂缝带等地质构造的分布状态，较传统的曲率分析方法，本书方法能够更好地突出地质体的异常，能够分辨出常规方法难以分辨的微小断裂，展示出更多的构造细节。发展了高精度的各向异性 Q 值提取技术。项目组采用自己研发的 GSQI 反演公式，将自然对数谱比与频率的线性拟合改进为与一个新定义的参数 γ 的线性关系，消除了窗函数的频率响应，自然对数谱比与参数 γ 在更宽的频带内呈线性关系，从而提高了 Q 值反演精度。在工区的应用中，高精度 Q 值各向异性检测技术较常规振幅属性各向异性裂缝检测，结果更为准确，并且与测井资料相符合。基于坐标变换的曲率属性和基于 Lucy-Richardson 算法的广义 S 变换 Q 值提取能有效区分裂缝及围岩；其中后者对流体也有一定的响应。

(2) 提出基于反褶积广义 S 变换的流度属性提取，它兼备了反褶积短时傅里叶变换和广义 S 变换的优点，反褶积广义 S 变换的时频分布具有较高的时频分辨率和频率汇聚度，对非平稳信号中不同信号分量有较强的区分能力，更能适应非平稳地震信号流体流度属性的计算。实际应用表明，提取的流度属性能对流体流动性进行有效评价。

(3) 基于机器学习的裂缝带综合识别技术，发展了基于机器学习的裂缝带综合预测技术，包括基于近似支持向量机的裂缝预测技术、基于随机森林的裂缝预测技术。从近似支持向量机和随机森林的预测结果可以看出 YL17 井、YL171 井和 YL173 井均位于裂缝发育带上，而 YL172 井、YL175 井和 YL176 井均位于裂缝发育程度较低的地区。这与这 6 口井的岩心裂缝特征、单井日产量及测井解释等资料描述吻合。

参 考 文 献

蔡涵鹏，2012. 基于地震资料低频信息的储层流体识别[D]. 成都：成都理工大学.

陈程，文晓涛，郝亚炬，等，2015. 基于 White 模型的砂岩储层渗透率特性分析[J]. 石油地球物理勘探，50(4)：6，723-729.

陈怀震，2015. 基于岩石物理的裂缝型储层叠前地震反演方法研究[D]. 青岛：中国石油大学(华东).

陈怀震，印兴耀，高成国，等，2014. 基于各向异性岩石物理的缝隙流体因子 AVAZ 反演[J]. 地球物理学报，57(3)：968-978.

陈文爽，管路平，李振春，等，2014. 基于广义 S 变换的叠前 Q 值反演方法研究[J]. 石油物探，53(6)：706-712.

陈学华，贺振华，黄德济，2008. 广义 S 变换及其时频滤波[J]. 信号处理，24(1)：28-31.

陈学华，贺振华，黄德济，等，2009a. 时频域油气储层低频阴影检测[J]. 地球物理学报，52(1)：215-221.

陈学华，贺振华，文晓涛，等，2009b. 低频阴影的数值模拟与检测[J]. 石油地球物理勘探，44(3)：251-252，298-303，386.

陈志刚，李丰，王霞，等，2018. 叠前各向异性强度属性在乍得 Bongor 盆地 P 潜山裂缝性储层预测中的应用[J]. 地球物理学报，61(11)：4625-4634.

程学云，2009. PSVM 多类分类及其应用[J]. 信息技术，33(4)：12-14.

代双和，陈志刚，于京波，等，2010. 流体活动性属性技术在 KG 油田储集层描述中的应用[J]. 石油勘探与开发，37(5)：573-578.

董良国，马在田，曹景忠，等，2000. 一阶弹性波方程交错网格高阶差分解法[J]. 地球物理学报，43(3)：411-419.

段友祥，李根田，孙歧峰，2016. 卷积神经网络在储层预测中的应用研究[J]. 通信学报，37(S1)：1-9.

方匡南，2012. 随机森林组合预测理论及其在金融中的应用[M]. 厦门：厦门大学出版社.

付勋勋，徐峰，秦启荣，等，2012. 基于改进的广义 S 变换求取地层品质因子 Q 值[J]. 石油地球物理勘探，47(3)：357-358，457-461，518.

顾元，朱培民，荣辉，等，2013. 基于贝叶斯网络的地震相分类[J]. 地球科学(中国地质大学学报)，38(5)：1143-1152.

郭梦秋，巴晶，马汝鹏，等，2018. 含流体致密砂岩的纵波频散及衰减：基于双重双重孔隙结构模型描述的特征分析[J]. 地球物理学报，61(3)：1053-1068.

郭梦秋，巴晶，钱卫，等，2017. 致密砂岩中孔隙结构非均匀性及流体斑块饱合对弹性波速度频散的影响[C]//中国地球物理学会，中国地震学会，全国岩石学与地球动力学研讨会组委会，等. 2017 中国地球科学联合学术年会论文集(二十二)——专题 45：深地资源地震波勘探理论、方法进展. 北京：中国和平音像电子出版社.

何健，2020. 基于随机森林算法的储层预测[D]. 成都：成都理工大学.

何健，文晓涛，聂文亮，等，2020. 利用随机森林算法预测裂缝发育带[J]. 石油地球物理勘探，55(1)：10，161-166.

贺振华，黄德济，文晓涛，2007. 裂缝油气藏地球物理预测[M]. 成都：四川科学技术出版社.

李立平，何兵寿，2017. TTI 介质弹性波 FCT 有限差分数值模拟[J]. 地球物理学进展，32(4)：1584-1590.

李世凯，文晓涛，阮韵淇，等，2016. 基于黏弹各向异性理论的地震波场数值模拟与分析[J]. 科学技术与工程，16(26)：166-172.

李文秀，文晓涛，李天，等，2018. 近似支持向量机的 AVO 类型判别[J]. 石油地球物理勘探，53(5)：881-882，969-974.

李振春，杨富森，王小丹，2016. 基于 LS-RSGFD 方法优化的横向各向同性(TI)介质一阶 qP 波高精度数值模拟[J]. 地球物理学报，59(4)：1477-1490.

林利明，张广智，郑颖，等，2017. 压缩感知叠前三参数反演方法与应用[C]//中国地球物理学会，中国地震学会，全国岩石学与地球动力学研讨会组委会，等. 2017 中国地球科学联合学术年会论文集(四十二)——专题 81：应用地球物理学前沿、专题 82：工程结构性态化设计与地震韧性、专题 83：地球重力场及其地学应用. 北京：中国和平音像电子出版社.

刘财，胡宁，郭智奇，等，2018. 基于分数阶时间导数常 Q 黏弹本构关系的含黏滞流体双相 VTI 介质中波场数值模拟[J]. 地球物理学报，61(6)：2446-2458.

刘财，杨庆节，鹿琪，等，2014. 双相介质中地震波的频率-空间域数值模拟[J]. 地球物理学报，57(9)：2885-2899.

刘敏，郎荣玲，曹永斌，2015. 随机森林中树的数量[J]. 计算机工程与应用，51(5)：126-131.

刘倩，2016.致密储层岩石物理建模及储层参数预测[D]. 青岛：中国石油大学(华东).

刘小洪，冯明友，杨午阳，等，2011. 利用 Kohonen 神经网络划分二维地震相——以柴达木盆地 E 区风险勘探为例[J]. 岩性油气藏，23(4)：115-118，132.

刘晓晶，印兴耀，吴国忱，等，2016. 基于基追踪弹性阻抗反演的深部储层流体识别方法[J]. 地球物理学报，59(1)，277-286.

刘洋，2014. 波动方程时空域有限差分数值解及吸收边界条件研究进展[J]. 石油地球物理勘探，49(1)：35-46，300.

宁忠华，贺振华，黄德济，2006. 基于地震资料的高灵敏度流体识别因子[J]. 石油物探，(3)：15，239-241.

裴正林，2006. 双相各向异性介质弹性波传播交错网格高阶有限差分法模拟[J]. 石油地球物理勘探，41(2)：14，137-143，248.

石战战，夏艳晴，周怀来，等，2019. 一种基于 L_1-L_1 范数稀疏表示的地震反演方法[J]. 物探与化探，43(4)：851-858.

宋建国，高强山，李哲，2016. 随机森林回归在地震储层预测中的应用[J]. 石油地球物理勘探，51(6)：1052-1053，1202-1211.

孙瑞莹，印兴耀，王保丽，等，2016. 基于随机地震反演的 Russell 流体因子直接估算方法[J]. 地球物理学报，59(3)：1143-1150.

王圣川，2014. 正则化约束稀疏脉冲地震反演方法及应用研究[D]. 成都：电子科技大学.

王西文，杨孔庆，刘全新，等，2002a. 基于小波变换的地震相干体算法的应用[J]. 石油地球物理勘探，37(4)：328-331，432.

王西文，杨孔庆，周立宏，等，2002b. 基于小波变换的地震相干体算法研究[J]. 地球物理学报，45(6)：847-852，908.

王小杰，印兴耀，吴国忱，2011. 基于叠前地震数据的地层 Q 值估计[J]. 石油地球物理勘探，46(3)：327，423-428，500.

王志宏，韩璐，戚磊，2015. 随机森林分类方法在储层岩性识别中的应用[J]. 辽宁工程技术大学学报(自然科学版)，34(9)：1083-1088.

王宗俊，2015. 基于谱模拟的质心法品质因子估算[J]. 石油物探，54(3)：267-273.

魏佳明，韩家新，2018. 随机森林在储层孔隙度预测中的应用[J]. 智能计算机与应用，8(5)：79-82.

魏文，李红梅，穆玉庆，等，2012. 中心频率法估算地层吸收参数[J]. 石油地球物理勘探，47(5)：677-678，735-739，844.

吴国忱，2006. 各向异性介质地震波传播与成像[M]. 青岛：中国石油大学出版社.

辛维，闫子超，梁文全，等，2015. 用于弹性波方程数值模拟的有限差分系数确定方法[J]. 地球物理学报，58(7)：2486-2495.

杨宽德，杨顶辉，王书强，2002. 基于 Biot-Squirt 方程的波场模拟[J]. 地球物理学报，45(6)：853-862.

印兴耀，曹丹平，王保丽，等，2014. 基于叠前地震反演的流体识别方法研究进展[J]. 石油地球物理勘探，49(1)：22-34，46，300.

印兴耀，张世鑫，张峰，2013. 针对深层流体识别的两项弹性阻抗反演与 Russell 流体因子直接估算方法研究[J]. 地球物理学报，56(7)：2378-2390.

张丰麒，金之钧，盛秀杰，等，2017. 基于基追踪-BI_Zoepprita 方程广义线性脆性指数直接反演方法[J]. 地球物理学报，60(10)，3954-3968.

张会，赵腾飞，王云专，等，2011. 基于密度的 K-means 算法在识别含气、含水岩心中的应用[J]. 科学技术与工程，11(24)：5759-5763.

张金波，杨顶辉，贺茜君，等，2018. 求解双相和黏弹性介质波传播方程的间断有限元方法及其波场模拟[J]. 地球物理学报，61(3)：926-937.

张金海，王卫民，赵连锋，等，2007. 傅里叶有限差分法三维波动方程正演模拟[J]. 地球物理学报，50(6)：1854-1862.

张生强，韩立国，李才，等，2015. 基于高分辨率反演谱分解的储层流体流度计算方法研究[J]. 石油物探，54(2)：142-149.

张懿疆，文晓涛，刘婷，等，2017. 基于反褶积广义 S 变换的地震频谱成像方法研究[J]. 科学技术与工程，17(15)：12-18.

赵伟，葛艳，2008. 利用零偏移距 VSP 资料在小波域计算介质 Q 值[J]. 地球物理学报，51(4)：1202-1208.

周志华，2016. 机器学习[M]. 北京：清华大学出版社.

周竹生，唐磊，2012. 改进 BISQ 模型的双相介质地震波场数值模拟及频散校正[J]. 中南大学学报(自然科学版)，43(4)：1411-1418.

宗兆云，印兴耀，张峰，等，2012. 杨氏模量和泊松比反射系数近似方程及叠前地震反演[J]. 地球物理学报，55(11)：3786-3794.

Aki K，Richards P G，1980. Quantitative seismology：Theory and methods[M]. San Francisco：W.H. Freeman and Co.

Alterman Z，Karal F C Jr，1968. Propagation of elastic waves in layered media by finite diffenrence method[J]. Bulletin of the Seismological Society of America，58(1)：367-398.

Bai T，Tsvankin I，2016. Time-domain finite-difference modeling for attenuative anisotropic media[J]. Geophysics，81(2)：C69-C77.

Barnes A E，1996. Theory of 2-D complex seistmic trace analysis[J]. Geophysics，61(1)：264-272.

Berryman J G，1980. Confirmation of Biot's theory[J]. Applied Physics Letters，37(4)：382-384.

Biggs D S C，Andrews M，1997. Acceleration of iterative image restoration algorithms[J]. Applied Optics，36(8)：1766-1775.

Blanch J O，Robertsson J O，Symes W W，1995. Modeling of a constant Q：Methodology and algorithm for an efficient and optimally inexpensive viscoelastic technique[J]. Geophysics，60(1)：176-184.

Breiman I，2001. Random forests [J]. Machine Learning，45(1)：5-32.

Carcione J M，1990. Wave propagation in anisotropic linear viscoelastic media：Theory and simulated wavefields[J]. Geophysical Journal International，101(3)：739-750.

Carcione J M，2007. Wavefields in real media：Wave propagation in anisotropic，anelastic，porous and electromagnetic media[M]. Amsterdam：Elsevier.

Carcione J M，Helle H B，1999. Numerical solution of the poroviscoelastic wave equation on a staggered mesh[J]. Journal of Computational Physics，154(2)：520-527.

Chai X T，Wang S X，Yuan S Y，et al.，2014. Sparse reflectivity inversion for nonstationary seismic data[J]. Geophysics，79(3)：V93-V105.

Chen X H，He Z H，Zhu S X，et al.，2012. Seismic low-frequency-based calculation of reservoir fluid mobility and its applications[J]. Applied Geophysics，9(3)：326-332.

Chen X H，He Z H，Pei X G，et al.，2013. Numerical simulation of frequency-dependent seismic response and gas reservoir delineation in turbidites：A case study from China[J]. Journal of Applied Geophysics，94：22-30.

Chen X H，Zhong W L，He Z H，et al.，2016. Frequency-dependent attenuation of compressional wave and seismic effects in porous reservoirs saturated with multi-phase fluids[J]. Journal of Petroleum Science and Engineering，147：371-380.

Chichinina T，Sabinin V. Ronquillo-Jarrillo G，2004. P-wave attenuation anisotropy for fracture characterization：Numerical modeling in reflection data[J/OL]. SEG Technical Program Expanded Abstracts. https://doi.org/10.1190/1.1851123.

Chopra S，Marfurt K J，2011. Structural curvature versus amplitude curvature[J/OL]. SEG Technical Program Expanded Abstracts. https://doi.org/10.1190/1.3628237.

Claerbout J F，1985. The craft of wavefield extrapolation[M]//Claerbout J F. Imaging the earth's interior. Oxford：Blackwell Scientific Publications Ltd.

Crampin S，1987. Geological and industrial implication of extensive-dilatancy anisotropy[J]. Nature，328(6130)：491-496.

Dablain M A，1986. The application of high-order differencing to the scalar wave equation[J]. Geophysics，51(1)：54-66.

Di H B，Gao D L，2014. A new analytical method for azimuthal curvature analysis from 3D seismic data[J/OL]. SEG Technical Program Expanded Abstracts. https://doi.org/10.1190/segam2014-0528.1.

Di H B，Gao D L，2016. Efficient volumetric extraction of most positive/negative curvature and flexure forfracture characterization from 3D seismic data[J]. Geophysical Prospecting，64(6)：1454-1468.

Eshelby J D，1957. The determination of the elastic field of an ellipsoidal inclusion，and related problems[J]. Proceedings of the Royal Society of London. Series A，Mathematical and Physical Sciences，241(1226)：376-396.

Fatti J L，Smith G C，Vail P J，et al.，1994. Detection of gas in sandstone reservoirs using AVO analysis：A 3-D seismic case history using the Geostack technique[J]. Geophysics，59(9)：1362-1376.

Fung G，Mangasarian O L，2001. Semi-superyised support vector machines for unlabeled data classification[J]. Optimization Methods and Software，15(1)：29-44.

Gao Y J，Zhang J H，Yao Z X，2018. Removing the stability limit of the explicit finite-difference scheme with eigenvalue perturbation[J]. Geophysics，83(6)：A93-A98.

Gao Y J，Zhang J H，Yao Z X，2019. Extending the stability limit of explicit scheme with spatial filtering for solving wave equations[J]. Journal of Computational Physics，397：108853.

Gardner G H F，Gardner L W，Gregory A R，1974. Formation velocity and density—The diagnostic basics for stratigraphic traps[J]. Geophysics，39(6)：770-780.

Gazdag J，1981. Modeling of the acoustic wave equation with transform methods[J]. Geophysics，46(6)：854-859.

Gazdag J，Sguazzero P，1984. Migration of seismic data by phase shift plus interpolation[J]. Geophysics，49(2)：123-131.

Gholami A，2015. Nonlinear multichannel impedance inversion by total-variation regularization[J]. Geophysics，80(5)：R217-R224.

Gholami A，2016. A fast automatic multichannel blind seismic inversion for high-resolution impedance recovery[J]. Geophysics，81(5)：V357-V364.

Golab A N，Knackstedt M A，Averdunk H，et al.，2010. 3D porosity and mineralogy characterization in tight gas sandstones[J]. Society of Exploration Geophysicists，29(12)：1476-1483.

Goloshubin G M，Silin D B，Vingalov V，et al.，2008. Reservoir permeability from seismic attribute analysis[J]. The Leading Edge，27(3)：376-381.

Goloshubin G M，Van Schuyver C，Korneev V，et al.，2006. Reservoir imaging using low frequencies of seismic reflections[J]. Leading Edge，25(5)：527-531.

Golub G H，Meurant G，1997. Matrices，moments and quadrature Ⅱ；How to compute the norm of the error in iterative methods[J]. BIT Numerical Mathematics，37(3)：687-705.

Goodway B，Chen T W，Downton J ，1997. Improved AVO fluid detection and lithology discrimination using Lamé petrophysical parameters；"λ_ρ"，"μ_ρ"，& "λ/μ fluid stack"，from P and S inversions[J/OL]. SEG Technical Program Expanded Abstracts. https://doi.org/10.1190/1.1885795.

Grechka V，Kachanov M，2006. Seismic characterization of multiple fracture sets：Does orthotropy suffice?[J]. Society of Exploration Geophysicists，71(3)：D93-D105.

Hao Y J，Wen X T，Zhang B，et al.，2016. Q estimation of seismic data using the generalized S-transform[J]. Journal of Applied Geophysics, 135：122-134.

He Z，Zhang J H，Yao Z X，2019. Determining the optimal coefficients of the explicit finite-difference scheme using the Remez exchange algorithm[J]. Geophysics，84(3)：S137-S147.

Holberg O，1987. Computational aspects of the choice of operator and sampling interval for numerical differentiation in largescale simulation of wave phenomena[J]. Geophysical Prospecting，35(6)：629-655.

Huang G B，Zhu Q Y，Siew C K，2006. Extreme learning machine：Theory and applications[J]，Neurocomputing，70(1-3)：489-501.

Hudson J A，1981. Wave speeds and attenuation of elastic waves in material containing cracks[J]. Geophysical Journal International，64(1)：133-150.

Hudson J A，1986. The influence of joints on rock modulus[C]. Proceedings of the International Symposium on Engineering in Complex Rock Formations，Beijing，China.

Hunt L，Reynolds S，Hadley S，et al.，2011. Causal fracture prediction：Curvature，stress，and geomechanics[J]. Society of Exploration Geophysicists，30(11)：1274-1286.

Koene E F M，Robertsson J O A，Broggini F，et al.，2018. Eliminating time dispersion from seismic wave modelling[J]. Geophysical Journal International，213(1)：169-180.

Korneev V A，Goloshubin G M，Silin D B，2004. Seismic low-frequency effects in monitoring fluid-saturated reservoirs[J]. Geophysics，69(2)：522-532.

Kosloff D，Baysal E，1983. Forward modeling by the Fourier methodc[J]. Geophysics，(47)：1402-1412.

Kozlov E A，Baransky N L，Davydova E A，et al.，2006. Oil saturation，reflection amplitude，and frequency–direct or reverse proportionality? [C]//European Association of Geoscientists and Engineers. 2nd EAGE St Petersburg International Conference and Exhibition on Geosciences. Saint Petersburg：European Association of Geoscientists and Engineers.

Kozlov E，2004. Pressure-dependent seismic response of fractured rock[J]. Geophysics，69(4)：884-897.

Kuster G T，Toksöz M N，1974. Velocity and attenustion of seicmic waves in two-phase media，part Ⅰ：Theoretical formulations[J]. Geophysics，39(5)：587-606.

Lai M J，Xu Y Y，Yin W T，2013. Improved iteratively reweighted least squares for unconstrained smoothed ℓ_q minimization[J]. SIAM Journal on Numerical Analysis，51(2)：927-957.

Le Rousseau J H，De Hoop M V，2001. Modeling and imaging with the scalar generalized-screen algorithms in isotropic media[J]. Geophysics，66(5)：1551-1568.

Li J K，Castagna J，2004. Support Vector Machine (SVM) pattern recognition to AVO classification[J/OL]. Geophysical Research Letters，31(2). https://doi.org/10.1029/2003GL018299.

Liu C，Song C，Lu Q，et al.，2015. Impedance inversion based on L_1 norm regularization[J]. Journal of Applied Geophysics，120：7-13.

Liu Y，2013. Globally optimal finite-difference schemes based on least squares[J]. Geophysics，78(4)：T113-T132.

Liu Y，2014. Optimal staggered-grid finite-difference schemes based on least-squares for wave equation modeling[J]. Geophysical Journal International，197(2)：1033-1047.

Liu Y，Sen M K，2009. A practical implicit finite-difference method：Examples from seismic modeling[J]. Journal of Geophysics and Engineering，6(3)：231-249.

Lou Y F，Yin P H，He Q，et al.，2015. Computing sparse representation in a highly coherent dictionary based on difference of L_1 and L_2[J]. Journal of Scientific Computing，64(1)：178-196.

Lu W K，Zhang Q，2009. Deconvolutive short-time Fourier transform spectrogram[J]. IEEE Signal Processing Letters，16(7)：576-579.

Lucy L B，1974. An iterative technique for the rectification of observed distributions[J]. Astronomical Journal，79(6)：745-754.

Luo W P，Li H Q，Shi N，2016. Semi-supervised least squares support vector machine algorithm：Application to offshore oil reservoir[J]. Applied Geophysics，13：406-415.

Luo Y，Higgs W G，Kowalik W S，1996. Edge detection and stratigraphic analysis using 3D seismic data[C]//Society of Exploration Geophysicists. Expanded Abstracts of 66th SEG Annual International Meeting. Houston：Society of Exploration Geophysicists.

Mallick S，Craft K L，Meister L J，et al.，1998. Termination of the principle direction of azimuthal anisotropy from P-wave seismic data[J]. Geophysics，63(2)：692-706.

Marfurt K J，2006. Robust estimates of 3D reflector dip and azimuth[J]. Geophysics，71(4)：29-40.

Mavko G，Mukerji T，1998. Comparison of the Krief and critical porosity models for prediction of porosity and V_p/V_s ratios[J]. Geophysics，63(3)：925- 927.

Miao Z Z，Zhang J H，2020. Reducing error accumulation of optimized finite-difference scheme using the minimum norm[J]. Geophysics，85(5)：T275-T291.

O'Brien G S，2010. 3D rotated and standard staggered finite-difference solutions to Biot's poroelastic wave equations：Stability condition and dispersion analysis[J]. Geophysics，75(4)：T111-T119.

Reine C，Clark R，Mirko V D B，2012a. Robust prestack Q-determination using surface seismic data：Part 1—Method and synthetic examples[J]. Geophysics，77(1)：R45-R56.

Reine C，Clark R，Van Der Baan M，2012b. Robust prestack Q-determination using surface seismic data：Part 2—3D case study[J]. Geophysics，77(1)：B1-B10.

Reine C，Van Der Baan M，Clark R，2009. The robustness of seismic attenuation measurements using fixed- and variable-window time-frequency transforms[J]. Geophysics，74(2)：WA123-WA135.

Ren Z M，Liu Y，2014. Acoustic and elastic modeling by optimal time-space-domain staggered-grid finite-difference schemes[J]. Geophysics，80(1)：T17-T40.

Richardson W H，1972. Bayesian-based iterative method of image restoration[J]. Journal of the Optical Society of America，62(1)：55-59.

Ristow D，1994. Fourier finite-difference migration[J]. Geophysics，59(12)：1882-1893.

Robertsson J O，Blanch J O，Symes W W，1994. Viscoelastic finite-difference modeling[J]. Geophysics，59(9)：1444-1456.

Rusakov P，Goloshubin G M，Tcimbaluk Y，et al.，2016. An application of fluid mobility attribute for permeability prognosis in the crosswell space with compensation of the reservoir thickness variations[J]. Interpretation，4(2)：T171-T179.

Russell B H，Gray D，Hampson D P，2011. Linearized AVO and poroelasticity [J]. Geophysics，76(3)：C19-C29.

Russell B H，Hedlin K，Hilterman F J，et al.，2003. Fluid-property discrimination with avo：A biot-gassmann perspective[J]. Geophysics，68(1)：29-39.

Saenger E H，Gold N，Shapiro S A，2000. Modeling the propagation of elastic waves using a modified finite-difference grid[J]. Wave Motion，31(1)：77-92.

Saenger E H，Bohlen T，2004. Finite-difference modeling of viscoelastic and anisotropic wave propagation using the rotated staggered grid[J]. Geophysics，69(2)：583-591.

Saleh A D，Kurt J M，2006. 3D volumetric multispectral estimates of reflector curvature and rotation[J/OL]. Society of Exploration Geophysicists，71(5). https://doi.org/10.1190/1.2242449.

Sassen D S，Lasscock B，2015. A pre-stack seismic inversion with L1 constraints and uncertainty estimation using the expectation maximization algorithm[J/OL]. SEG Technical Program Expanded Abstracts. https://doi.org/10.1190/segam2015-5912098.1.

Satinder C，Somanath M，Marfurt K J，2011. Coherence and curvature attributes on preconditioned seismic data[J]. The Leading Edge，30(4)：369-480.

She B，Wang Y J，Zhang J S，et al.，2019. AVO inversion with high-order total variation regularization[J]. Journal of Applied Geophysics，161：167-181.

Sidler R，Carcione J M，Holliger K，2010. Simulation of surface waves in porous media[J]. Geophysical Journal International，183(2)：820-832.

Silin D B，Goloshubin G M，2010. An asymptotic model of seismic reflection from a permeable layer[J]. Transport in Porous Media，83(1)：233-256.

Silin D B，Korneev V A，Goloshubin G M，et al.，2004. A hydrologic view on Biot's theory of poroelasticity[R]. Berkeley：Lawrence Berkeley National Laboratory.

Stoffa P L，Fokkema J T，De Luna Freire R M，et al.，1990. Split-step Fourier migration[J]. Geophysics，55(4)：410-412.

Stovas A，Ursin B，2003. Reflection and transmission responses of layered transversely isotropic viscoelastic media[J]. Geophysical Prospecting，51(5)：447-477.

Taner M T，Koehler F，Sheriff R E，1979. Complex seismic trace analysis[J]. Geophysics，44(6)：1041-1063.

Thomsen L，1995. Elastic anisotropy due to aligned cracks in porous rock[J]. Geophysical Prospecting，43(6)：805-829.

Tibshirani R B，1996. Bias，Variance and Prediction error for classification rules[R]. Toronto：Statistics Department，University of Toronto.

Tonn R，1991. The determination of the seismic quality factor Q from VSP data：A comparison of different computational methods[J]. Geophysical Prospecting，39(1)：1-27.

Tsvankin I，Gaiser J，Grechka V，et al.，2010. Seismic anisotropy in exploration and reservoir characterization：An overview[J]. Society of Exploration Geophysicists，75(5)：75A15-75A29.

Virieux J，1984. SH-wave propagation in heterogeneous media：Velocity stress finite-difference method[J]. Geophysics，49(11)：1933-1942.

Virieux J，1986. P-SV wave propagation in heterogeneous media：Velocity-stress finite-difference method[J]. Geophysics，51(4)：889-901.

Walls J D，1982. Tight gas sands-permeability，pore structure，and clay[J]. Journal of Petroleum Technology，34(11)：2708-2714.

Wang Y F，2010. Seismic impedance inversion using l_1-norm regularization and gradient descent methods[J]. Journal of Inverse and Ill-Posed Problems，18(7)：823-838.

Wang L L，Zhao Q，Gao J H，et al.，2016. Seismic sparse-spike deconvolution via Toeplitz-sparse matrix factorization[J]. Geophysics，81(3)：V169-V182.

Wang X D，Yang S C，Zhao Y F，et al.，2018a. Lithology identification using an optimized KNN clustering method based on entropy-weighed cosine distance in Mesozoic strata of Gaoqing field，Jiyang depression[J]. Journal of Petroleum Science and Engineering，166：157-174.

Wang Y F，Ma X，Zhou H，et al.，2018b. $L_{1\text{-}2}$ minimization for exact and stable seismic attenuation compensation[J]. Geophysical Journal International，213(3)：1629-1646.

Wei P L，Li H Q，Shi N，2016. Semi-supervised least squares support vector machine algorithm：Application to offshore oil reservoir[J]. Applied Geophysics，13(2)：406-415.

Wolpert D H, Macready W G, 1999. An efficient method to estimate bagging's generalization error[J]. Machine Learning, 35(1): 41-55.

Wyllie M R J, Gregory A R, Gardner L W, 1956. Elastic wave velocities in heterogeneous and porous media[J]. Geophysics, 21(1): 41-70.

Xu J L, Zhang B Y, Qin Y X, et al., 2016. Method for calculating the fracture porosity of tight-fracture reservoirs[J]. Society of Exploration Geophysicists, 81(4): IM57-IM70.

Yan X F, Yao F C, Cao H, et al, 2011. Analyzing the mid-low porosity sandstone dry frame in central Sichuan based on effective medium theory[J]. Applied Geophysics, 8(3): 163-170.

Yang L, Yan H Y, Liu H, 2015. Optimal rotated staggered-grid finite-difference schemes for elastic wave modeling in TTI media[J]. Journal of Applied Geophysics, 122: 40-52.

Yang L, Yan H Y, Liu H, 2017. Optimal staggered-grid finite-difference schemes based on the minimax approximation method with the Remez algorithm[J]. Geophysics, 82(1): T27-T42.

Yin P H, Esser E, Xin J, 2014. Ratio and difference of L_1 and L_2 norms and sparse representation with coherent dictionaries[J]. Communications in Information and Systems, 14(2): 87-109.

Yin P H, Lou Y F, He Q, et al., 2015. Minimization of L_{1-2} for compressed sensing[J]. SIAM Journal on Scientific Computing, 37(1), A536-A563.

Yin X Y, Liu X J, Zong Z Y, 2015. Pre-stack basis pursuit seismic inversion for brittleness of shale[J]. Petroleum Science, 12(4): 618-627.

Yu S W, Zhu K J, Diao F Q, 2007. A dynamic all parameters adaptive BP neural networks model and its application on oil reservoir prediction[J]. Applied Mathematics and Computation, 195(1): 66-75.

Yuan S Y, Wang S X, Luo C M, et al., 2015. Simultaneous multitrace impedance inversion with transform-domain sparsity promotion[J]. Geophysics, 80(2): R71-R80.

Yuan Y, Liu Y, Zhang J Y, et al., 2011. Reservoir prediction using multi-wave seismic attributes[J]. Earthquake Science, 24(4): 373-389.

Zhang F C, Dai R H, Liu H Q, 2014. Seismic inversion based on L_1-norm misfit function and total variation regularization[J]. Journal of Applied Geophysics, 109: 111-118.

Zhang J H, Wang W M, Wang S Q, et al., 2010, Optimized Chebyshev Fourier migration: A wide-angle dual-domain method for media with strong velocity contrasts[J]. Geophysics, 75(2): S23-S34.

Zhang J H, Yao Z X, 2013a. Optimized finite-difference operator for broadband seismic wave modeling[J]. Geophysics, 78(1): A13-A18.

Zhang J H, Yao Z X, 2013b. Optimized explicit finite-difference schemes for spatial derivatives using maximum norm[J]. Journal of Computational Physics, 250: 511-526.

Zhang R, Castagna J, 2011. Seismic sparse-layer reflectivity inversion using basis pursuit decomposition[J]. Geophysics, 76(6): R147-R158.

Zhang R, Fomel S, 2017. Time-variant wavelet extraction with a local-attribute-based time-frequency decomposition for seismic inversion[J]. Interpretation, 5(1): SC9-SC16.

Zhu X, McMechan G A, 1991. Numerical simulation of seismic responses of poroelastic reservoirs using Biot theory[J]. Geophysics, 56(3): 328-339.

Zhu Y P，Tsvankin I，2006. Plane-wave propagation in attenuative transversely isotropic media[J]. Geophysics，71 (2)：T17-T30.

Zoeppritz K，1919. On the reflection and penetration of seismic waves through unstable layers[J]. Göttinger Nachrichten，1：66-84.

Zong Z Y，Yin X Y，Wu G Z，2012. AVO inversion and poroelasticity with P-and S-wave moduli[J]. Geophysics，77 (6)：N17-N24.

Zong Z Y，Yin X Y，Wu G Z，2013. Elastic impedance parameterization and inversion with Young's modulus and Poisson's ratio[J]. Geophysics，78 (6)：N35-N42.